湖相白云岩与致密白云岩储层
Lacustrine Dolomite and Tight Dolomite Reservoir

姚光庆 李 乐 蔡明俊等 著

科学出版社
北 京

内 容 简 介

本书以渤海湾盆地塘沽地区沙河街组下部湖相沉积白云岩地层为研究对象，采用综合技术与方法深入分析其沉积环境、形成机制、成岩模式、方沸石和白云岩成因模式，针对白云岩储层致密、裂缝发育、异常压力、油藏非均质特征，应用地质分析、测井解释、样品实验、数学模拟等方法表征致密白云岩储层，对白云岩储层质量和油气有利带进行评价预测。内容包括白云岩岩石学、地球化学、成岩作用、裂缝表征、储层物性、储层建模等地质学基础理论与实践问题。

本书可供高等院校地质学、资源勘查、油气田开发相关专业研究生参考，也可供从事油气地质勘探与开发技术人员参考。

图书在版编目（CIP）数据

湖相白云岩与致密白云岩储层=Lacustrine Dolomite and Tight Dolomite Reservoir/姚光庆等著. —北京：科学出版社，2017.7

ISBN 978-7-03-051464-6

Ⅰ. ①湖… Ⅱ. ①姚… Ⅲ. ①湖相－白云岩－研究②致密－储集层－研究 Ⅳ. ①P588.24②P618.130.2

中国版本图书馆CIP数据核字（2016）第320895号

责任编辑：万群霞　冯晓利／责任校对：郭瑞芝
责任印制：张　倩／整体设计：铭轩堂

科学出版社 出版
北京东黄城根北街16号
邮政编码：100717
http://www.sciencep.com

新科印刷有限公司 印刷
科学出版社发行　各地新华书店经销

*

2017年7月第 一 版　开本：787×1092　1/16
2017年7月第一次印刷　印张：17　插页：8
字数：403 000

定价：138.00元
（如有印装质量问题，我社负责调换）

前　言

　　白云岩广泛分布在前寒武纪海相地层中，构成了全球重要的大型油气田储集层。但中-新生代湖相白云岩在国外并不多见。相反，我国陆相地层发育，在众多中-新生代断陷盆地中陆续发现了厚层白云岩。东部地区典型案例有南襄盆地泌阳凹陷古近系、江汉盆地潜江凹陷古近系、松辽盆地上白垩统、渤海湾盆地和辽东湾盆地古近系等。随着深时环境变化研究及非常规油气田开发的深入，湖相白云岩研究逐渐成为研究热点。

　　目前，无论是海相白云岩还是陆相白云岩，其形成过程及成因演化一直是沉积学研究的热点，存在许多待解之谜。科学家们始终无法在常温、常压实验室条件下合成无机白云石，地质学家在现代沉积环境中，也难以观察到晶形良好的白云石，这与地质历史时期广泛分布的白云岩地层形成反差。最近研究表明，微生物的媒介作用是唯一被证明能促使白云石在地表条件下沉淀的机理，但这远不能解释产状如此众多的白云岩的成因。

　　我国陆续发现了丰富的湖相白云岩地层，它们既是有机质丰富的烃源岩，也是有储集意义的储集岩。白云岩地层一般以泥质含量高、细粒、致密、层薄、裂缝发育为特点，属于非常规致密油气储层范畴。随着油气勘探开发技术的深入，非常规白云岩油气藏必将成为油气地质研究和勘探开发热点。

　　2011年，钻井证实渤海湾盆地塘沽地区古近系沙河街组底部发育厚层白云岩层系，并在该层段白云岩地层中获得工业油流，从此开始了以该目的层段特殊岩性致密储层为代表的深入研究，相关主要的研究成果提炼汇集于该书中。全书共11章，主要内容包括三大方面：一是白云岩矿物岩石学特征；二是白云岩沉积环境及成因机理；三是白云岩储层表征与储层建模。

　　该书研究成果受国家"十三五"油气专项（2016ZX05024）及中国石油天然气集团公司（以下简称中石油）大港油田公司重点项目（DGYT-2012-JS-566）的联合资助。中国地质大学（武汉）地质过程与矿产资源国家重点实验室、生物地质与环境地质国家重点实验室、构造与油气教育部重点实验室，以及中石油勘探开发研究院廊坊分院、南京大学内生金属矿床成矿机制研究国家重点实验室，提供了样品测试分析支持。中国地质大学（武汉）先后参与研究工作的研究人员有：王家豪、谢丛姣、蔡忠贤、关振良等。大港油田公司参与的研究人员有：李东平、王娟、程远忠、刘永河、侯秀川、安振月、褚淑敏、朱淑英、张利平等。中国地质大学（武汉）参加专题研究的部分博士生及硕士生有：赵耀、王刚、高玉洁、蔡蓉、赵立明、李文静、李成海、崔鹏、吴维肖、林培贤等。在此一并表示感谢。

由于受作者水平和时间的限制，书中如有表述不当或者错漏之处，敬请读者批评指正。

作　者

2016 年 12 月

目　　录

第1章　绪　　论

　　湖相白云岩泛指形成于湖泊沉积环境中，白云石含量大于 50% 或白云石含量最多的碳酸盐岩。湖相白云岩储层指经过沉积、成岩、构造作用之后形成具有油气储集能力的湖相白云岩地层单元。与海相白云岩相比，湖相白云岩研究程度整体相对较低，可能的制约因素包括其全球分布局限、矿物组成复杂、储层致密、油气储量相对较小且油气田开发难度较大等。由于湖相白云岩是白云岩原生成因理论的发源地；同时湖相白云岩可作为储层赋存油气，也可与蒸发盐类矿物共存，能够同时提供这两种资源的开发及利用，其在解释白云岩形成机理及提供矿产资源方面均起着不可替代的作用。对于湖相白云岩所具有的特性和成因机制，目前已有的认识还较为匮乏，有些方面属于空白，典型研究案例也不多，制约了有效寻找、开发及利用这类岩石中赋存或伴生的资源。因此，湖相白云岩的研究具有重要的理论及实际意义。

1.1　湖相白云岩成因研究现状

1.1.1　白云岩研究回顾

　　据 Zenger 等（1994）转述，首次对白云岩的综合性描述记载于 Déodat de Dolomieu 1791 年在法国期刊 *Journal de Physique* 中的报道。自此之后，白云岩（石）及其带来的"白云岩（石）问题（the dolomite problem）"便成了众多沉积学家共同关注的热点科学问题之一。白云岩（石）问题主要包括两方面的难点（Land, 1992; Arvidson and Mackenzie, 1999; Meister et al., 2011）：①古代沉积物中白云岩的产出十分普遍，但在现代及全新世沉积物中白云岩（石）则显得十分稀少，这导致在解释古代白云岩（石）形成机理过程中缺乏一把现代实例的关键钥匙；②在实验室条件下（25℃左右及 1atm[①] 左右）尚未合成出有序度高及化学计量的白云石。

　　全球学者经过两百多年的研究，围绕白云岩问题，先后提出了 10 余种白云岩化及白云岩成因的模式。随着时间推移，一些经典成因模式的适用性不断被证明；同时，不同学者之间的争议从来没有停止过，质疑带来的创新不断涌现。近 20 年是白云岩问题研究的高潮期，研究实例不断增多、研究手段不断更新、新的认识不断涌现，代表性成果有：Braithwaite 等（2004）出版的 *The Geometry and Petrogenesis of Dolomite*

---

① 1atm = 0.1MPa。

Hydrocarbon Reservoirs；Warren（2000）在 *Earth-Science Reviews* 上发表的综述性文章 "Dolomite: Occurrence, evolution and economically important associations"；Purser 等（1994）出版的专著 *Dolomites: A Volume in Honour of Dolomieu*；Allan 和 Wiggins（1993）出版的专著 *Dolomite Reservoirs: Geochemical Techniques for Evaluating Origin and Distribution* [①]。Allen 等（1993）及 Purser 等（1994）根据前人研究成果分别系统地总结了白云岩化流行的五种模式，即萨布哈模式、回流渗透模式、海水淡水混合模式、海水模式和埋藏模式。2000 年，Warren 进一步更全面及系统地归纳了主流的白云岩（石）化模式，包括萨布哈型白云岩（石）（蒸发泵型）、库龙型（Coorong-style）白云岩（石）、卤水回流渗透型白云岩（石）、大气淡水混合型白云岩（石）、有机成因/甲烷化（methanogenic）型白云岩（石）、微生物型白云岩（石）、埋藏型白云岩（石）和热液型白云岩（石）（图 1-1）。Vasconcelos 等（1995）采用了巴西里约热内卢 Lagoa Vermelha 潟湖富硫酸盐还原菌的黑色污泥（black sludge）作为反应母质，首次在常温下通过实验沉淀出白云岩，并提出厌氧细菌的介入能够促使白云石在形成过程中突破动力学壁垒而成功成核，为人们进一步开展与微生物作用有关的白云岩成因研究打开了希望之门。郑荣才等（2003）率先提出了热水（液）沉积模式，在国内引起了热水白云岩研究热潮。

目前，研究者们怀着极大热情不断验证、质疑已有的各种白云石沉淀及白云岩化模式，在先进的测试分析技术和模拟技术的推动下，使新的模式也不断涌现。主流观点认为，湖相白云岩（石）成因与原生沉淀成因及准同生白云岩（石）化（蒸发泵模式）密切相关。Last（1990）提供了一份包括北美、澳州、欧州、亚州及非州更新世—近代湖相白云岩研究的综述性报道，其中 48 个实例（7 个未提供解释）中半数（20 个）被解释为原生沉淀成因，余下的则直接或间接地以次生准同生白云岩（石）化成因进行解释。此外，若仅按"由溶液中成核析出且并未出现明显的交代现象"来区分白云石的原生成因和次生成因，则本书归纳的近年来为国际研究热点的微生物白云岩（石），以及国内学者在西部盆地的研究中提出的创新性"热水沉积"白云岩同样可划入原生成因范畴，海侵（+火山喷发）及蒸发泵作用下形成的白云石则可归入次生准同生成因范畴。

1.1.2　湖相原生沉淀模式

近 40 年来，库龙型白云岩（石）模式曾被视为最"过硬"的原生白云石模式而被广泛记载于各类教材及专著中（Chilingar et al., 1967; Bathurst, 1972; 朱筱敏, 2008）。在新近研究报道中，认为库龙型白云石更可能是微生物参与形成的，并非由湖水中直接沉淀析出（Wright, 1999; Wright and Wacey, 2005; Wacey et al., 2007）。这一新认识是 Wright 团队结合实验室合成、岩样电镜观察及同位素分析得出的，他们对 1999 ～ 2007 年间库龙潟湖中的硫酸盐还原菌在克服白云石形成的动力学障碍中重要的作用进行了充分研究。因此，本书不再将原来库龙型作为典型原生白云岩模式加以讨论。

与库龙型白云岩（石）对应的另一重要原生白云岩（石）实例为美国加利福尼亚

---

①　该书经马锋、张光亚、李小地等译为中文，其中文著作于 2013 年出版。

深泉湖（Deep Spring Lake）白云石。Clayton 和 Jones（1968）在其同位素组成的分析报道中认为湖泊沉积物中的白云石是直接由水体溶液中结晶析出的。Meister 等（2011）则提供了一份更全面的报道，该报道包含对该地湖底沉积物矿物组成、孔隙水和湖水化学组成及孔隙水和主体沉积物（bulk sediment）中碳氧同位素组成所进行的综合分析，通过对白云石沉淀的时间及深度、热力学控制及动力学控制三个方面的探讨，其坚持认为沉积物中的白云石是在湖水中沉淀析出的。

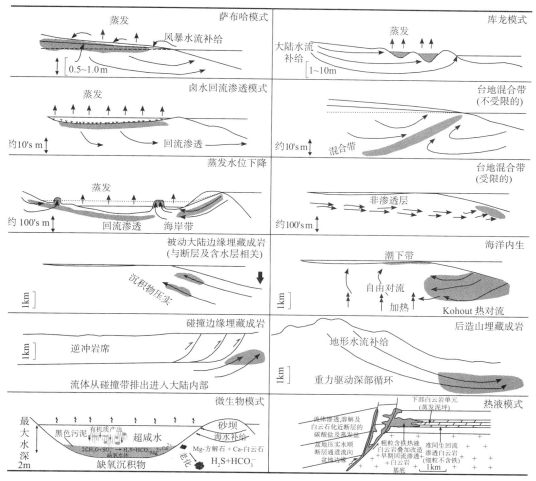

图 1-1　主要的白云岩（石）化模式图（引自 Warren，2000，有修改）

100's m 表示数百米

1. 美国加利福尼亚深泉湖现代沉积物

深泉湖是一个位于海拔 1500m 以上的小型间歇性咸水湖（intermittent saline lake），现代湖泊面积仅为 4km²，约有 1km² 全年被水体淹没。湖泊中部水深变化较大，在雨季可达 30cm，在旱季则可降至仅几厘米，现今湖水的供给主要源自环绕湖泊的泉水，原有的河流供给源因人工蓄水措施的完全消耗而不再有效（Jones, 1965; Meister et al., 2011）。

　　湖泊底部沉积物中包含着大量的白云石，其含量可达 50% 以上，其他共生矿物包括方解石、文石、石英、长石、无水芒硝、石盐、黏土矿物等。白云石具有良好的菱面体晶型，大小为 20nm～20μm。总有机碳含量为 0.5%～1.5%，并且显示出从湖泊边缘到中心渐低的趋势。有机质中 C/N（原子比）为 10～25。湖水中主要包括 Na^+（4500mM[①]）、K^+（300mM）、Cl^-（2000mM）、SO_4^{2-}（400mM）及总无机碳（DIC）（300mM），在表层（5cm）沉积物的孔隙水中，这些组分的浓度明显提升，再向下，Na^+、K^+ 及 Cl^- 浓度在 30cm 沉积物深度范围内显示出持续降低的趋势。从湖水到孔隙范围，文石、方解石及有序或无序白云石中的饱和度指数（SI）均出现明显降低。孔隙水中的 $\delta^{13}C$ 为 −2‰～−1‰（VPDB 标准，下同）。沉积物中碳酸盐 $\delta^{13}C$ 约为 3‰，考虑 18.5℃时（2007 年 3 月水体表面温度）白云石与二氧化碳之间及碳酸根离子与二氧化碳之间的分馏因素，该值与碳酸盐岩与周围孔隙水达平衡后的应得数值较匹配，$\delta^{18}O$ 为 0～4‰。根据白云石晶粒细小、呈现出极好的自形晶及并未以胶结物形式出现的结构证据，Meister 等（2011）认为白云石是在溶液中沉淀而得。白云石饱和度指数反映出的 Mg^{2+} 及 Ca^{2+} 浓度在湖水中过饱和而在孔隙水中的欠饱和的现象，暗示这些离子的扩散被非渗透层有效阻隔。因此，向下流动的 Mg^{2+} 及 Ca^{2+} 的量因过少难以促使白云石形成。除此之外，深泉湖周边被前寒武纪的岩石所环绕，会带入一些非自生碎屑白云石组分。但与自生白云石相比，这些碎屑组分的 $\delta^{18}O$ 会负偏 8‰，$\delta^{13}C$ 则会负偏 1‰。这在一定程度上表明白云石是原生沉淀的，并非由交代或其他前体白云石（precursor dolomite）发生老化所得。深泉湖中高碳酸盐碱度（carbonate alkalinity）很适宜沉淀碳酸盐矿物，水体中总无机碳浓度为 500～600mM，这已与 pH=9.3 时大气 CO_2 分压条件下水体中该参数平衡浓度相当，在此条件下，水体中因碳酸盐碱度（特别是由微生物作用诱发的）变化再诱发碳酸盐的过饱和是相对不敏感的（insensitive）；另外，由厌氧的硫酸盐还原菌引发的硫酸盐还原过程可能反而会降低水体的 pH，喜氧的甲烷菌氧化作用同样难以驱使水体 pH 超过 8。其他环境中参与碳酸盐形成的光合作用在深泉湖中同样不具有重要作用，因沉积物表面并未出现层状的光合作用微生物席。据此，Meister 等（2001）提出的微生物白云石模式中微生物可能并非是起热力学诱导作用（thermodynamic induction），而是起克服白云石沉淀动力学障碍的作用，并认为白云石沉淀动力学问题应从确定潜在抑制物（potential inhibitor）出发。SO_4^{2-} 阻碍白云石沉淀的观点已受到实验合成的质疑（Sánchez-Román et al., 2009），深泉湖中白云石可以形成于 SO_4^{2-} 含量高于 500mM 的环境中，SO_4^{2-} 浓度也并未明显受硫酸盐菌还原作用的影响。在碳酸盐沉淀过程中 Mg 抑制物则可被广泛观察到，这会导致球形、扭转或哑铃形晶体的产生，这种变形是晶形形成过程中各向异性抑制（anisotropic inhibition）的一种表现。深泉湖中白云石具有极好菱面晶可能说明其在生长过程中并未经受主要的动力学抑制，作为相应的解释，Meister 等（2001）提出水溶液中有效低离子浓度限制了白云石的生长速率，这种速率远低于其他热力学略不稳定的相成核速率。

---

① M 表示 mol/L。

2. 江汉盆地潜江凹陷古近系潜江组白云岩

张永生等（2006）在对江汉盆地潜江凹陷潜江组白云岩形成机理的研究中也采用了原生沉淀的观点。

江汉盆地是一个典型的陆相含油的盐湖盆地，潜江凹陷位于江汉盆地中部，是其中的七个凹陷之一。潜江组中白云岩主要与含盐岩系配套产出，纵向上可形成"石盐岩 -（含云泥）钙芒硝岩 - 含白云石泥岩（含泥白云岩）- 泥岩 - 白云岩 - 钙芒硝岩 - 石盐岩"这类反映水体由咸—淡—咸变化的旋回性沉积序列。潜江组上覆地层为荆河镇组所覆盖，下伏地层为发育棕色、紫红色泥岩、含膏泥岩夹粉砂岩的荆沙组（张永生等，2005）。

潜江组中白云岩按成分-结构分类法可划出晶粒白云岩、颗粒白云岩、含颗粒泥晶白云岩及泥晶白云岩四类。泥晶白云岩多呈灰色 - 深灰色，可呈薄纹层或层状、条带状或块状产出。岩石中80%的矿物为白云石，其他伴生矿物有陆源粉砂、泥质（5%～10%）、黄铁矿（0.5%～4%）、钙芒硝（1%～5%）、石膏及硬石膏。此外，岩石剖面中主要见含钙芒硝含泥泥晶白云岩及含泥（泥质）泥晶白云岩的复成分泥晶白云岩，这类白云岩中白云石含量略低，多大于50%。伴生矿物包括钙芒硝（1%～25%）、泥质（5%～25%）及硅质（1%～5%）。白云石为泥晶结构，有序度低，为0.137～0.143，平均为0.140。钙芒硝呈细 - 粗晶结构，以半自形 – 自形菱形板状晶或星散状分布于基质之中或以条带或透镜体产状产出。含颗粒泥晶白云岩主要由颗粒和泥晶组成，颗粒为粉屑和极细砂屑，少量砂屑，呈圆 - 椭圆形及压实变形的蝌蚪状。半自形 – 他形泥晶白云石与陆屑、钙芒硝及泥质等共同产出。以上岩石中的白云石在阴极发光下均呈红色及橙红色，粒屑则主要呈橙红色。无论是B、Sr、V单项数值，还是B/Ga、V/Ni、Sr/Ba三项比值均反映沉积环境水体具有较高盐度的特征。潜三段泥晶白云岩的 $\delta^{13}C$ 偏负（平均值为 $-4.191‰$），$\delta^{18}O$ 偏负（平均值为 $-2.189‰$），计算 Z 值（碳氧同位素盐度）平均为116，计算水温平均为34.1℃。潜二段泥晶白云岩的 $\delta^{13}C$ 偏负（平均值为 $-3.182‰$），$\delta^{18}O$ 偏负（平均值为 $-2.139‰$），计算 Z 值平均为118，计算水温平均为31.6℃。钙芒硝流体包裹体中均一温度为44～212℃，张永生等（2006）认为异常高温值是原生流体包裹体发生"卡脖子"式分裂造成的，不能代表原始沉积水体温度，并选定44℃为沉积古环境水体温度。以上述特征为基础，张永生等（2006）得出了如下认识：白云岩中缺乏能指示交代成因的方解石，形成水体温度具备非理想白云石直接沉淀临界温度（22℃），湖盆水体具备高 Mg^{2+}/Ca^{2+}（物质的量浓度比，余同）值条件，咸化介质及白云石有序度低。随后提出潜江组潜二段、潜三段间白云岩（含钙芒硝）中的泥晶白云石是在具有较高盐度的常年性分层古盐湖水体中，在较高温度和高 Mg^{2+}/Ca^{2+} 值的双重动力因素驱动下直接沉淀形成的高富钙、低有序度白云石，是沉积环境中原生沉淀的非理想准原生白云石。

1.1.3　湖相海侵（＋火山喷发）白云石化模式

以往学者在相关研究中提到海侵及火山喷发对白云石形成的促进作用，但并没有明确地提出该模式的名称，考虑各方学者提出理论的相似性及归纳的便利性，本书中将之定名为"湖相海侵（+ 火山喷发）白云石化模式"以方便描述。该模式的基本原理为：海水入侵内陆后提升了原湖盆水体的盐度及镁离子浓度，促使先期未固结成岩沉积物中的方解石矿物发生白云石化转变为白云石。这一模式的提出及应用主要见渤海湾盆地沙一段及松辽盆地嫩江组中白云岩的成因解释之中，另外准噶尔盆地二叠系风城组白云质岩中白云石的形成亦采用了类似观点，不过与前两者不同的是，火山喷发作用产物在提供 Mg^{2+} 方面亦起到了一定的作用。

1. 渤海湾盆地歧口凹陷及惠民凹陷古近系沙一段白云岩

邓运华和张服民（1990）对该段碳酸盐岩成岩作用研究进行了报道。歧口凹陷沙一下亚段的白云岩可分为泥晶白云岩、颗粒白云岩及灰质白云岩三大类。泥晶白云岩多为浅灰褐色，主要呈纹层 – 中层状（0.03 ～ 0.5mm），与泥岩呈纹层状互层产出，白云石晶粒粒径约 2.5μm，岩石中偶见细粉砂及生物碎屑。颗粒白云岩多为灰色或灰白色，多呈中层状，颗粒主要为鲕粒和 / 或生物碎屑（腹足类为主），岩石中亦见陆源碎屑的存在。灰质白云岩实际上是前两种白云岩中灰质组分较高的变种（廖静等，2008）。依据岩石中鲕粒圈层阴极发光中显示粉红色白云石层与桔黄色方解石层交替出现的现象，邓运华和张服民（1990）认为白云石层是湖水盐度及 Mg^{2+} 浓度高时的产物，方解石层则是盐度及镁离子浓度较低时候的产物。结合首旺 29 井研究层段电子探针分析显示大部分碳酸盐晶粒均为白云石的现象，邓运华和张服民（1990）提出，目的层白云石是准同生期产物，湖水盐度及 Mg^{2+} 浓度的断续增大则是海水间歇性涌入凹陷的结果。在这之后，廖静等（2008）对该段白云岩中白云石有序度及碳氧同位素特征进行了报道：其中，白云石有序度较低，为 0.415 ～ 0.680，平均值为 0.544，富 Ca^{2+} 离子，反映了快速交代的特征。白云石 $\delta^{18}O$ 为 -7.54‰～ -1.39‰，平均为 -4.91‰，$\delta^{13}C$ 为 -0.03‰～ 10.22‰，平均为 3.84‰。廖静等（2008）根据氧同位素计算的古温度（21.8 ～ 36.1℃，平均28.5℃）推测岩石形成期的气候属于较炎热类型，并依据碳氧同位素计算的 Z 值（80%样点大于 120）认为海水阶段性进入湖盆，促使盐度的提高。陈世悦等（2012a，2012b）结合岩石矿物学及地球化学分析先后对沙一下亚段白云岩形成环境及湖盆咸化原因进行探讨，镜下观察显示岩石中含有海绿石、胶磷矿和颗石藻等海相指向性化石；元素地球化学分析显示多项参数与海相沉积比值接近（Sr/Ba 为 1.13 ～ 4.21；V/Ni 为 1.20 ～ 7.13），锶同位素组成（0.70953 ～ 0.71095）接近同期海水。基于这些特征，其提出沙一下亚段沉积期湖盆发生过咸化的主要原因是海水入侵，海侵不仅为白云岩的形成提供了部分 Mg^{2+}，更重要的是改变了湖盆水体性质，促进了白云岩化作用。高胜利等（2012）对凹陷内齐家务地区沙一段白云岩中的 Z 值进行计算，并推断频繁海侵是使湖相碳酸盐岩沉积咸化的原因。杨扬等（2014）报道了凹陷中沙一段微晶白云岩及粒屑白云岩的稀土元素及流体包裹体特征。依据轻微的镧（La）正异常和铈（Ce）负异常，较高的钇（Y）正异常和岩石 Y/Ho（27.62 ～ 48.33，平均为 31.40），接近现代海水该值（44 ～ 74）等稀土元素特点，其提出目的层白云岩化流体受海水的影响；依据白云岩中明显 Eu 正异常及较高流体包裹体均一温度（89 ～ 143℃）的特点，亦提出岩石的形成受热液的改造。

　　除歧口凹陷沙一段白云岩实例，多位学者亦将惠民凹陷沙一段白云岩的成因与准同生期及海侵作用联系起来。王冠民等（2002）对凹陷中商河地区碳酸盐岩沉积特征进行了研究，该区沙一段白云岩是一套从低缓的中央隆起带向南发育的生物碎屑浅滩相沉积，具体包括内碎屑灰质白云岩、鲕粒灰质白云岩、球粒灰质白云岩、藻云岩、灰质螺云岩、含颗粒（灰质）白云岩、泥晶白云岩等。根据白云质含量高且出现于原始沉积的各类组分（包括内碎屑、生物碎屑、鲕粒及泥晶粒等），以及方解石主要表现为亮晶胶结物的特点，其提出了研究层段碳酸盐岩原始沉积组分是同生或准同生白云石。孙钰等（2007）根据前人的海侵认识（张玉宾，1997）及目的层白云岩中 Sr/Ba >1 的事实，提出白云岩的形成受海侵作用的影响，其根据与生物灰岩互层的白云岩中主要是灰质藻云岩及生物碎屑云岩，以及泥质白云岩裂缝中可见塔螺及方解石的充填，提出白云岩为准同生白云岩。

2. 松辽盆地嫩江组白云岩结核及层状白云岩

　　刘万洙和王璞珺（1997）对松辽盆地嫩江组灰色 - 灰绿色水平层理或断续水平层理泥岩中的一种结核状白云岩进行了报道。这种白云岩结核具有内部水平纹理，不切割周边层理，不具有核心和包壳结构，他们认为这一特征说明白云岩结核应为同沉积或早期成岩过程中形成。依据结核白云岩 Z 值为 120 ～ 135、初始 $^{87}Sr/^{86}Sr$（0.7091）与现代大洋锶同位素组成（0.7093±0.0005）几乎一致，以及"与海水有某种联系"的半咸水或微咸水生物在地层中比较常见等特点，因此认为白云岩的形成过程中存在海水注入事件。由于结核层出现在小型向上变深序列的中部，下部为介形虫（泥）灰岩，向上则过渡为代表深水沉积的油页岩，他们推断每一个结核层可能代表着一次小规模的海水注入事件。高有峰等（2009）对松科 1 井南孔嫩江组地层中发育半深湖 - 深湖沉积层状白云岩和椭球状白云岩的成因机理进行了报道，根据白云岩结核垂向截面的透镜形状、结核内部上凸下凹两端收敛的层理特点及在镜下观察到的白云石的雾心亮边结构和泥灰岩被局部交代产生的"豹斑状"，其认为嫩江组白云岩是湖相泥灰岩在准同生期被交代的产物。根据白云岩结核层出现于反映水体由深变浅的旋回沉积中（油页岩→浊流相关的泥质粉砂岩或粉细砂岩→介形虫碎屑灰岩或含介形虫泥岩→泥岩夹白云岩结核层），对白云岩结核的形成过程进行了还原假想：早期海侵促使有机质含量增加，由于海水与湖水盐度不同湖泊中形成水体分层，底层水缺氧，此条件下形成油页岩沉积；浊积沉积可能与水体盐度分层因素相关；水体盐度分层单因素不能导致大量介形虫突然死亡，浊积沉积产生时会破坏水体盐度分层，此外使介形类生存水体混浊及不稳定，致使介形虫大量死亡，介形虫化石死亡后保存良好说明其死后水体在长时间内仍处于富钙状态。浊积事件结束后，这种富钙的水体环境重回清澈和稳定，水体中形成泥灰岩沉积；在准同生阶段，由海水带入的储存在于沉积物孔隙水中的镁离子开始逐渐交代已经形成的泥灰岩层或者泥灰岩结核，形成嫩江组的层状白云岩和椭球状白云岩结核。高翔等（2010）通过 X 射线衍射（XRD）及电子探针分析将松科 1 井中白云岩中的白云石准确定名为含铁白云石，根据样品有序度低（0.40），提出这种含铁白云石应形成于不稳定、结晶速度较快的成岩环境中。结合白云岩中的重碳同位素（2‰～ 16‰，平均值为 9.73‰）、高 Z

值（平均 143）、高 Sr/Ba（1.81～4.21，平均值为 3.03）及 V/Ni 值（9.61～15.37，平均值为 11.93）、稀土配分模式右倾、强烈负铈（Eu）异常及黄铁矿普遍分布等特征，提出目的层白云岩的形成是在海水侵入、硫酸盐还原菌及甲烷厌氧氧化的共同作用下在准同生期发生次生交代白云岩化所形成的产物（高翔等，2011）。

3. 准噶尔盆地西北缘下二叠统风城组白云质岩

准噶尔盆地西北缘乌尔禾 - 夏子街地区二叠纪处于前陆盆地早期演化阶段，自下而上依次发育二叠系佳木河组、风城组、夏子街组及下乌尔禾组。风城组厚度为 500～1400m，向东尖灭，白云质岩即主要发育于其中。风城组沉积时期，研究区先后经历了构造抬升—沉降—再次构造抬升三个次级构造演化旋回。风一段沉积时期，火山活动剧烈，火山熔岩及火山碎屑岩大面积展布，同时北部物源形成小规模扇三角洲前缘砂体；风二段沉积时期，研究区湖水位上升，整体湖侵，扇体基本不发育；风三段沉积时期，火山活动减弱至消失，北部及百口泉地区扇三角洲前缘砂体大面积发育（王俊怀等，2014）。

风城组含白云石沉积岩的定名一直存在争议，有的学者用白云岩定为岩石主名（鲜继渝，1985；郭建钢等，2009；冯有良等，2011；薛晶晶等，2012），有的学者将之定为凝灰岩或沉凝灰岩（朱世发等，2013，2014），还有的学者则用白云质岩统称之（匡立春等，2012；王俊怀等，2014），本书中倾向采用"白云质岩"这一折中命名方案。白云质岩石主要由白云石、石英、钾长石、斜长石、方解石、黏土矿物组成，个别样品中有水硅钠硼石、角闪石、硅钠硼石、斜发沸石等（朱世发等，2013）。鲜继渝（1985）对风成城地区风城组岩石矿物特征的报道中提出：岩石中的白云石可根据结晶程度将分为准同生、成岩和成岩后生三种成因类型。其中，准同生白云石晶粒细小，粒度为 0.01～0.1mm，呈他形，如鱼子状聚集在一起，表面干净，局部被硅质交代；成岩白云岩粒度大小不等，一般粒度为 0.1～1mm，表面洁净，呈半自形 - 自形，云质泥岩中常见；成岩后生白云石主要为充填于裂缝中的白云石。尤兴弟（1986）发表了对风城组沉积相的探讨性认识并认为白云石是残留海相的沉积产物，薄片中见到的棘皮、有孔虫化石碎片、葛万藻、管状藻和伊万诺夫藻等藻类化石，海绿石矿物，B/Ga（6～13）及白云石颗粒细小不透明等特征证明存在海相沉积。盆地边缘及周边老山出露地层情况指示沉积时具有封闭条件。岩石中发育水平层理、微细水平层理、纹层理及微波状层理，盆地南缘塔什库拉组为发育微细水平层理的灰黑色泥岩，砂岩具对称波痕，盆地边缘下二叠统常见河流相砂砾岩，风城组之上为夏子街组洪积 - 冲积相及河流相沉积物覆盖，这一系列特征表明沉积具有湖相沉积的特征。冯有良等（2011）依据微量元素及同位素分析结果认为风城组白云岩形成于温度较高的咸水（Sr/Ba、B/Ga、V/Ni、Z 值）湖泊蒸发环境（氧同位素计算温度为 34.862～57.266℃），并强调基性火山岩水解及风化对白云石形成的促进性作用。白云石化反应的关键是要有充足的 Mg^{2+}。准同生期安静的半深水咸湖环境中，温度较高，水介质中有充足的 CO_3^{2-}、Ca^{2+} 和 Mg^{2+}；同时下伏或共生的中基性火山岩由于水解或风化作用游离出富含 Mg^{2+} 的流体直接进入或沿断层进入湖水，使碳酸盐灰泥发生白云石化作用生成白云岩，如辉石风化转化为蒙脱石时有阳离子

（Ca^{2+}、Na^{+}、K^{+}、Mg^{2+}）大量产出。除此之外，Mg^{2+} 还有可能来源于蒙脱石转化为高岭石、火山玻璃脱玻化作用等过程。风城组白云岩的分布与中基性火山岩的发育关系极为密切，发育大量的凝灰质白云岩及白云质凝灰岩是火山岩风化、水解释放 Mg^{2+} 及凝灰岩发生白云石化的证据之一。多位学者于 2012 ～ 2014 年对风城组白云质岩成因的研究中强调海侵及源区火山岩和火山碎屑岩的水解、风化作用在为白云石的形成提供 Mg^{2+} 方面所起的重要作用（匡立春等，2012；尹路等，2013；王俊怀等，2014），认为云质岩形成于残留海封闭后的咸化湖盆沉积环境，湖盆周围主要物源为巨厚的中基性火山岩、火山碎屑岩，这一方面决定了湖盆沉积碎屑岩的碎屑组成中中基性火山岩岩屑及中基性斜长石含量较高；另一方面提供了大量的 Ca^{2+} 和 Mg^{2+}。中基性火山岩中存在于辉石、角闪石等暗色矿物及玻璃质中的 Mg^{2+} 在表生条件下更易流失，有利于提高云质岩沉积中 Mg^{2+}、Ca^{2+} 离子比例，另外残留的海水及阶段性的海侵有利于提高湖水的盐度，有利于白云石的形成。张杰等（2012）综合矿物、微量元素及同位素特征认为岩石中的白云石是由富 Mg^{2+} 高盐度卤水与含高镁方解石和文石的凝灰质或粉砂质的灰泥组分反应后形成，白云石化过程中的 Mg^{2+} 来源包括火山玻璃脱玻化作用形成的 Mg^{2+}、矿物转化作用形成的 Mg^{2+}、地层水及沉积物孔隙水。朱世发等（2013，2014）在综合岩石学、同位素、元素分析等的基础上提出，发生白云岩化作用的母岩是火山凝灰物质，白云岩化的流体来自风城组干旱气候条件下形成的咸化滨浅湖卤水及下伏佳木河组和石炭系残留的富镁海水。风城组白云质沉积物并非是热水沉积产物，热水沉积观点难以解释白云质岩巨厚特征及火山岩屑质粉砂岩和砂岩中亦发育白云石的特征。

1.1.4 湖盆热水沉积模式

湖盆热水沉积模式的提出最早可追溯至郑荣才等（2003）的相关研究报道，与由构造断裂控制分布的热液白云岩（石）模式不同，湖盆热水沉积模式强调富含矿物质的热流体经由喷口涌出后在平面上扩散开来，形成层状产状的细粒白云岩。

1. 酒西盆地青西凹陷白垩统下沟组白云岩

酒西盆地是酒泉盆地的一个次级盆地，青西凹陷则位于酒西盆地东南部，为酒西盆地的沉降 - 沉积中心，面积约 $800km^2$，内部发育红南次凹、青西低凸起、青南次凹三个次级构造单元。下沟组湖相白云岩主要分布于青南次凹南部的深凹陷，与正常沉积的暗色页岩不等厚互层组成，夹薄 - 中层状粉 - 细粒砂岩，厚 800 ～ 1000m，属深湖相沉积，下沟组白云岩被认为是典型的湖盆热水沉积模式（郑荣才等，2006a，2006b；文华国，2008；文华国等，2014）。

郑荣才等（2003）在下沟组地层中纹层状"白云质泥岩"和"泥质白云岩"中识别出了几类特殊的矿物组合类型，包括铁白云石 - 钠长石 - 石英、铁白云石 - 钠长石 - 重晶石 - 石英、铁白云石 - 钠长石 - 方沸石 - 石英、铁白云石 - 地开石、仅铁白云石、钠长石、重晶石、方沸石及地开石多矿物组合。各类矿物多以隐晶质结构产出，少量铁白云石以粉细晶大小的晶粒出现，重晶石和方沸石则多以微晶大小赋存。岩石中主要发育纹层状构造，此外局部见热水碎屑结构、热水角砾结构、条带状构造、网脉状构造、旋涡状构造及同生变形层理。结合特殊类型及岩石结构，郑荣才等（2003）提出该套岩石为一种湖相"白烟型"喷流岩（热水沉积岩），并划分了出区域扩散、盆地沉积、水爆角砾、脉状充填四类具成因解释的喷流岩类型。2005～2014年不间断研究，郑荣才团队先后对该套岩体的碳氧同位素、稀土元素、锶同位素、流体包裹体等特征独立或整合性地进行广泛深入研究：碳氧同位素 $\delta^{13}C$ 偏正、$\delta^{18}O$ 偏负；铁白云石在多元矿物组合中的 $\delta^{13}C$ 更偏正及 $\delta^{18}O$ 更偏负；正常灰岩方解石中的碳氧同位素与同层位疙瘩状核形石灰岩及铁白云石相比存在负偏差，二者间相近的负偏差归因于同一热水系统中方解石与白云石同位素分馏效应的差异，平衡温度偏高（氧同位素换算）则被认为与热水沉积时伴随的湖底玄武岩喷溢活动相关（郑荣才等，2006a；文华国，2005）。在稀土元素方面，ΣREE（稀土元素总量）为 50～213.83ppm[①]，平均为 118.119ppm，远高于核形石灰岩、高于下沟组页岩及低于同期玄武岩；LREE（轻稀土元素）富集，HREE（重稀土元素）相对亏损，稀土配分模式具较好的一致性；δCe 轻度正异常，δEu 明显负异常，其异常特征与下沟组页岩及同期喷发的玄武岩具有良好的一致性（郑荣才等，2006a，2006b）。在锶同位素方面，岩石 $^{87}Sr/^{86}Sr$ 值为 0.71225～0.71781，平均为 0.71561，基于该值高于同期海水及玄武岩，略高于早白垩世藻灰岩（代表同期湖水）的锶同位素，以及低于基底壳源硅铝质岩的特点，文华国等（2009）提出早白垩世的湖底热流体可能为一种混合热流体，该种流体主要由富集硅铝质基底岩石的高放射成因锶的深循环下渗湖水与少量上升幔源岩浆水共同组成。在流体包裹体方面，岩石中主要赋存气液二相这一类原生包裹体，成矿流体为 $NaCl-H_2O$ 型热流体，温度为 90～200℃，结合之前的锶同位素分析结果，进一步确定热流体为下渗湖水与幔源岩浆水共同构成的混合碱性热卤水（文华国等，2010; Wen et al., 2013）。值得一提的是，因以纹层状产出矿物过于细小，难以识别出包裹体，故进行流体包裹体分析中所选取的包裹体"靶点"均位于各类切割纹层中的矿物脉之中。

2. 三塘湖盆地二叠系芦草沟白云岩

新疆三塘湖盆地二叠系芦草沟地层中白云岩的成因研究是湖相白云岩另一经典热水沉积原生白云岩案例，以柳益群等（2010，2011）为代表研究学者自2010年后开展过深入研究。

三塘湖盆地位于准噶尔盆地东部，是夹持于大哈甫提克山-苏海图山和莫钦乌拉山之间的叠合、改造型山间盆地。中二叠世时该区为一个以内碎屑为主的欠补偿陆内裂谷型深水湖盆。白云岩主要见于中二叠统芦草沟组之中，该组地层厚度为222m，底部为一套褐色砾岩及灰褐色劈理化凝灰质泥岩，夹薄层状灰岩；下部灰褐色凝灰质泥岩与白云岩平均以10：1的比例呈韵律层，白云岩普遍具有纹层状水平层理和微波状层理。芦草沟组下部为井子沟组，厚度大于160m，主要发育薄层页片状灰绿色凝灰岩，局部夹灰岩、砂砾岩及火山岩透镜体。芦草沟上部为条湖组中以灰褐色玄武岩为主，气孔细小但较发育（柳益群等，2011）。

柳益群等（2010）最先对芦草沟地层中的白云岩进行了相关报道，该套岩体主

[①] 1ppm=10^{-6}。

要由泥 - 粉晶级铁白云石、粉晶方沸石、泥级钾长石，泥晶石英构成，此外伴生伊利石、硬石膏、黄铁矿等多种矿物。白云岩纹层及方沸石岩纹层在该区常见，二者呈交替状互层产出。结合矿物组合、构造及相关背景信息，他们认为该套白云岩体是一种与湖底热液及火山作用相关的热水沉积产物。一年后，柳益群等先后补充报道了该套岩体的氧、锶同位素及稀土元素特征，其中，$\delta^{18}O$ 偏负，值为 $-5‰ \sim -21‰$，平均为 $-10.94‰$，其剧烈变化特点被解释为正好反映沉积期湖水与热液相互作用的结果；$^{87}Sr/^{86}Sr$ 为 $0.70457 \sim 0.706194$，平均值为 0.705360，高于壳源铝硅质岩锶同位素，接近幔源锶同位素的特点亦被认作岩石形成流体来源于地幔且受到湖水影响；在稀土元素方面，ΣREE 多数低于 120.81ppm，平均为 92.43ppm，低于条湖组玄武岩及下二叠统粗面岩，接近青西凹陷下沟组"热水沉积白云岩"，轻稀土元素富集，重稀土元素相对亏损。δCe 轻度正异常，δEu 负异常，同样，类似青西凹陷下沟组"热水沉积白云岩"。砂屑白云岩稀土元素特征接近条湖组玄武岩的特征被认为具有相似的物质供给来源，含砾白云岩缺乏 δEu 异常则被认为与下伏地层火山岩混入相关。结合地化特征，柳益群等（2011）进一步确认该套岩体为一种罕见的热液喷流型原生白云岩，热液来自于裂谷盆地的地幔之中。随后，李红等（2012a，2012b）分别侧重于岩石中的方沸石岩及白云岩进行了相关的报道，并在整体上保持了青西下沟组含方沸石白云岩"热水"成因认识。其中，在方沸石岩相关研究中补充了主量元素、微量元素及钕（Nd）同位素特征的相关信息，方沸石岩的主量元素中 Si、Al 和 Na 元素富集，而钛（Ti）亏损；微量元素中中等 - 强不相容元素如钡（Ba）、铷（Rb）、钾（K）、钽（Ta）、锶（Sr）、锆（Zr）和铪（Hf）相对富集，钍（Th）、铌（Nb）及 Ti 显示亏损，Nb 强烈亏损；$^{143}Nd/^{144}Nd$ 为 $0.512496 \sim 0.512713$，εNd 值[①]大小表明造岩物质存在深源物质的加入。据此，李红等（2012a，2012b）在原有流体来源认识基础上提出除大气水及壳源物质来源外，深部物质也可能加入了岩石的形成之中。柳益群等（2013）将该套岩石整体定名为"地幔热液喷积岩"，同时根据其物质来源、形成方式及结构构造三个方面划分出了四种相关岩石类型，包括喷爆岩、喷溢岩、喷流岩及嗜热嗜毒生物岩。

除此两项经典案例外，不同学者在辽东湾盆地辽中凹陷沙三段—沙二段（戴朝成等，2008）、辽河拗陷西部凹陷雷家地区沙四段（宋柏荣等，2015）、内蒙古二连盆地白音查干凹陷腾格尔组（郭强等，2012，2014；钟大康等，2015）的地层研究中亦发现了相似度极高的方沸石白云岩沉积，并均以热水沉积原生白云岩成因进行解释。近期活跃的研究成果报道显示，湖相白云岩热水沉积模式在国内占据主导，被广泛认可。

1.1.5 微生物模式

微生物模式的提出最早可追溯至 Vasconcelos 等（1995）在实验室低温条件下成功合成高有序度的含铁白云石，实验中采用巴西里约热内卢 Lagoa Vermelha 潟湖富硫酸盐还原菌的黑色污泥（black sludge）作为反应母质，同时 Vasconcelos 团队提出厌氧细菌的介入能够促使白云石在形成过程中突破动力学壁垒成功成核。两年后，Vasconcelos

---

① 样品 $^{143}Nd/^{144}Nd$ 与球粒陨石的偏差。

和 McKenzie（1997）在 Lagoa Vermelha 潟湖这个天然实验室（natural laboratory）进行了沉积物取心（sediment coring）及表层水取样（surface water sampling）的工作。通过对比 1.7m 岩心上部单元 I（0～1.2m）和上覆黑色污泥中的矿物类型组合、有机碳含量、碳氧同位素在纵向上的变化，以及结合研究区半干旱的气候背景、水介质特点、白云石形态及前期实验室的成果，Vasconcelos 和 McKenzie（1997）首次建立了微生物白云岩模式（microbial dolomite model）以解释该地区白云岩的成因。该模式中，干旱季节来临时，湖水面在强蒸发中下降，旁侧的海水则经砂坝渗流进入湖泊中，表层污泥自身便是一种无氧状态，致使下伏富有机碳沉积物同样处于缺氧条件下，这却为以硫酸盐还原菌为主的无氧细菌的活动提供了有利的条件。此外，卤水中富集的 SO_4^{2-} 为硫酸盐还原菌提供了丰富的食物来源，在该种细菌的作用下，亚微米级的高镁方解石及钙白云石成核析出，随后经历"老化（aging）"过程并伴随埋深增加不断调整其晶体形态。起初细菌还可在其表面赋存，后期经化石化作用及白云石在原基础上无机生长后，原先细菌组构则难以见到，白云石的晶形也逐渐变得规则，晶体结构也更为有序。该模式中强调的硫酸盐还原菌的还原作用解决了 Baker 和 Kastner（1981）提出的 SO_4^{2-} 存在时对白云石形成产生的阻碍作用的难题，此外还能提供 HCO_3^- 促进白云石的形成。在该区所形成的白云石具有如下的特征：碳同位素偏负，晶体形态并非为常规的菱面体形态，多呈三角柱状（triangular prism）及扭曲的哑铃状（twisted interlocking semi-dumbbells），这种形状被认为是细菌诱导沉淀所形成的。

　　Warthmann 等（2000）同样利用硫酸盐还原细菌及相关培养基于 30℃左右在实验室进行 30d 的"孵化（incubation）"后成功获取非化学计量的白云石，实验盐碱度条件类似 Lagoa Vermelha 潟湖，所合成的白云石具有和 Lagoa Vermelha 潟湖沉积物中白云石相似的形貌特征。Van Lith 等（2002）报道了 Lagoa Vermelha 潟湖及邻近潟湖 Brejo do Espinho 水体同位素特征变化，通过对比孔隙水硫酸盐中硫同位素与白云石分布的关系，提出盐度及硫酸盐还原作用是控制湖泊内白云石形成的主要因素，这为微生物白云岩化理论提供更多的实际依据。一年后，Van Lith 等（2003）根据实验结果又先后提出：细菌的化石化作用（bacterial fossilization）是其细胞表面介于碳酸盐沉淀过程中的结果，这在一定程度上表明化石化细菌躯体可用作为微生物诱导碳酸盐的识别标志（Van Lith et al., 2003a）。碳酸盐矿物仅在硫酸盐还原菌周围的微环境中成核，并不是所有的菌株能够在相似的实验条件下形成钙白云石，这则暗示了微生物的新陈代谢作用、活动及矿物沉淀速率对所形成的碳酸盐矿物均有影响（Van Lith et al., 2003b）。Bontognali 等（2010）报道了阿布扎比海岸萨布哈微生物席中白云岩的实例，通过地球化学、岩石学及扫描电镜分析后，该区白云岩显示了与微生物席之间的良好关联，认为微生物白云岩模式可以很好地解释在萨布哈环境中潮间带表层微生物席中形成的白云石，但却因潮上带埋藏席（buried mat）中的白云岩缺乏强烈微生物活动难以将该模式移用以解释其成因。Bontognali 等（2010）根据冷冻扫描电镜（Cryo-SEM）的观测结果提出了一个改进的微生物模式（revised microbial model），即微生物可以通过分泌胞外聚合物（extracellular polymeric substances，EPS）介入低温条件下白云石的形成，这些 EPS 分子则扮演着有机模板（organic template）的角色影响着诱发白云石沉淀时的元素组成。同年，Deng 等

（2010）利用国内青海湖的沉积物及硫酸盐还原菌 *Desulfotomaculum ruminis* 及嗜氧喜盐菌 *Halomonas marina* 在实验室条件下合成出了白云石，水化学资料及矿物特征表明伴随着 pH 和盐度的升高，白云石能克服动力学壁垒发生沉淀，EPS 及细胞壁则是可能的矿物成核区。Deng 等（2010）的实验一方面丰富了微生物白云岩模式理论；另一方面与 Bontognali 等（2010）理论的不谋而合有力地支撑了改进的微生物白云岩模式。湖湘白云岩微生物成因模式，代表新的研究方向，有许多未知数有待深入研究。

1.1.6　蒸发泵白云石化模式

1. 怀俄明州 Gosiute 湖始新统绿河组白云石

怀俄明州始新世绿河组地层沉积持续了 4 ～ 8Ma，Gosiute 湖面积最大时达 43500km^2，覆盖着怀俄明州西南部及犹他州和科罗拉多州的相邻部分的包括现今的 Green River、Washakie、Sand Wash 及 Great Divide 盆地。怀俄明州绿河组包括 Tipton、Wilkins Peak 及 Laney 三个段。Tipton 段与下伏的 Wasatch 组呈明显的（sharp）整合接触，接触处地层为含有大量腹足类 *Goniobasis*、双壳类及介形虫的灰岩层。Wilkins Peak 段沉积期气候开始炎热，蒸发量超过水体供给。主要沉积着反复出现的淡 - 中橄榄灰的油页岩、泥灰岩、灰岩及蒸发盐层，这些岩层与砂岩、粉砂岩及泥岩层呈互层状产出。Wilkins Peak 段与 Laney 段呈整合接触。Laney 段代表 Gosiute 湖历史时期所在的最长的沉积阶段，沉积期气候湿润，湖盆面积扩张致最大。在 Washakie 盆地中 Laney 段又可分为下部油页岩单元、Laclede Bed 及上部砂质单元、Sand Bute Bed。该段主要由淡 - 深橄榄灰及褐灰色互层的油页岩、泥灰岩、细粒砂岩、粉砂岩及少量灰岩层及蚀变凝灰岩所构成（Mason and Surdam，1992）。

Eugster 和 Surdam（1973）在对怀俄明州 Gosiute 湖绿河组地层沉积环境研究中提出了一个"干盐湖 - 正常湖模式（playa-lake model）"，该模式的提出推翻了 Bradley 和 Eugster（1969）提出的"水体分层湖模式（stratified lake model）"。Eugster 和 Surdam（1973）认为水体分层湖模式难以解释以下几个问题：① Ca-Mg 供给及 Mg 占主要地位；②白云质油页岩总出现在天然碱层底部；③缺乏现在可对比实例；④沉积构造中存在地表暴露、水流搬运，以及泥灰岩及白云质泥岩的碎屑属性（clastic nature）。结合所研究地区的地质特征，Eugster 和 Surdam（1973）提出，蒸发旋回强烈时，方解石由近地表毛细管带（capillary zone）中的地层水中析出，当蒸发作用持续时，水体 pH 及 Mg/Ca 逐渐增高，卤水亦慢慢向湖盆中心移动。当 Mg/Ca 值大于 12 时，原白云石开始沉淀。此时，水体盐度进一步增高逐渐变成一个适合天然碱（trona）沉淀的碱湖。如果 Gosiute 在干旱期发生洪水，那么方解石及白云石则会被带入正常湖之中，并在天然碱层中形成碱土金属碳酸盐夹矸（parting）。Wolfbauer 和 Surdam（1974）对怀俄明州 Green River 盆地绿河组 Laney 段中白云石的成因进行了探讨，碎屑、后期成岩、原生及准同生四类可能的白云石成因在文献中得以分别考虑。根据源区不可能提供古老的再旋回白云岩、白云石分布在倾向上分布主要受控于相带非后期成岩流体运移、湖水离子浓度条件不足以达到原白云石沉淀条件、缺少应伴随原白云石出现的镁方解石这些因素，以及结合古生物分析指示的温暖 - 亚热带气候条件及蒸发对沉积物中镁钙离子的影响，Wolfbauer 和 Surdam（1974）排除了前三种可能的白云石成因，认为准同生蒸发泵模式能够解释白云石在地层中的不同产出状态。Surdam 和 Wolfbauer（1975）报道了一则对"盐湖 - 正常湖模式"进行检验的案例，该案例主要结合 Gosiute 湖地表及地下沉积物特征从盆地尺度（basin-wide）对模式进行检验。Gosiute 湖内及周边的岩石沉积可划分为三个明显的相类型：湖盆边缘粉砂及砂、碳酸盐泥坪和湖泊。每一类岩相都具有特征碳酸盐矿物组合。湖盆边缘相主要方解石结核及钙质胶结物的产出为特征；泥坪相主要以方解石及白云石的产出为特征；湖相则主要以天然碱及油页岩（灰质或云质）的产出为特征。岩石相及矿物区带的区域分布模式与所提出的"盐湖 - 正常湖模式"相吻合。Lundell 和 Surdam（1975）对科罗拉多州的 Piceance Creek 盆地的绿河组沉积特征进行了报道，该盆地中绿河组地层具有如下的特征：①沉积构造组合与浅水沉积及频繁干燥（desiccation）的特征相匹配；②沉积发生于较低的地形坡度环境中；③旋回性沉积可由气候变化所解释；④互层的油页岩及蒸发盐沉积出现于湖盆中心；⑤结核状及层状苏打石可由现代盐湖 - 正常湖水文学及矿物平衡所解释；⑥季节性分层。依据这些特征，Lundell 和 Surdam（1975）认为盐湖 - 干盐湖模式与科罗拉多州 Uinta 湖盆系统中的沉积环境相匹配。Mason 和 Surdam（1992）提供了怀俄明州 Green River 及 Washakie 盆地绿河组中 Tipton、Wilkins Peak 及 Laney 段中沉积岩中碳酸盐碳氧同位素特征。其中，绿河组 $\delta^{13}C$ 为 $-1.3‰$～$7.5‰$，$\delta^{18}O$ 为 $-6‰$～$-0.8‰$。在与加利福尼亚州深泉湖、怀俄明州的 Flagstaff 湖古新系 — 渐新系沉积物中碳酸盐碳氧同位素组成分布进行对比后，Mason 和 Surdam（1992）认为绿河组中碳氧同位素的分布支持着碳酸盐泥坪中白云岩形成的蒸发泵机制，因为由分层湖中直接沉积形成的白云石应当具有更重的碳同位素组成及氧同位素组成。

2. 泌阳凹陷始新统核桃园组白云岩

泌阳凹陷位于南襄盆地东部，是秦岭槽皱带基底上燕山运动末期晚白垩世形成的断陷盆地，具有南断北超、南深北浅的特征。凹陷内核桃园组中下部（核三段—核二段）发育灰色、深灰色泥岩，砂岩、泥质白云岩、白云岩及油页岩和天然碱层，核一段以紫红色砂砾岩及泥岩为主，夹层状或结核状石膏。核桃园组下伏地层为大仓房组，主要发育紫红色砾岩、粗砂岩夹浅灰色砂泥岩及石膏团块；上覆地层为廖庄组，其岩性组成和核一段接近（王觉民，1987; 周建民和王吉平，1989）。

王觉民（1987）依据凹陷内安棚碱矿中不同类岩石的分布范围，提出白云岩和碱层皆为湖盆干旱蒸发期的盐类沉积，白云岩相带控制碱层的分布。在某种程度上，当有碱性物质存在时，白云岩层是寻找古代碱湖的一种指示标志。周建民和王吉平（1989）对核二段各类岩石的岩石学特征进行了归纳并将沉积期的环境条件约束为"浅水蒸发环境"。核二段的岩石构成为白云岩、油页岩、重碳酸盐岩及细 - 粉砂岩，其中白云岩多为灰色或绿灰色，厚度一般大于 3m，主要发育水平层理，波状层理和干裂构造同样很发育，与上覆细 - 粉砂岩接触的白云岩顶面还常发育冲刷构造。白云岩为微晶结构，局部发育具有内碎屑结构的白云岩。白云石含量为 52%～67%（酸溶法测定）；普遍含有沸石矿物，含量为 10% ～ 20%，类型包括方沸石及钠沸石。在碱层上、下的白云岩中，沸石含量可达 35% ～ 40%，局部可以超过 50%，形成白云质沸石岩。泥质含量为 5% ～ 15%，另普遍少量星散状的长石及石英粉砂，局部见零星的或呈菊花状、放射状排列的碳酸钠钙石集合体。粉砂岩中出现的波痕，白云岩中出现的小型冲刷、波状层理和干裂等沉积构造，以及白云岩中的内碎屑结构一致表明白云岩所在的含碱段形成于浅水环境。重碳酸盐矿物包裹体测量（两个样，45℃及 60℃）岩石沉积韵律、沉积构造剖面组合及岩石相平面分布则反映白云岩形成于一种干旱蒸发的沉积环境。孙永传等（1991）则将核三段—核二段的沉积划入盐湖沉积体系之中，并指出从核三段上部到核二段可划分出两个沉积旋回，每个沉积旋回从下到上主要由泥岩、白云质泥岩、泥质白云岩、白云岩和天然碱组成，反映了盐湖的蒸发浓缩过程和矿物的沉淀次序。从盆地边缘到沉积中心，上述沉积物呈现为"环带状"或"牛眼状"分布。黄杏珍等（1999）在对沁阳凹陷古近系湖盆沉积模式的归纳中指出泌阳凹陷是向苏打湖演化（沉积碱岩），这与大多数向盐湖演化（沉积盐岩）趋势不同。此外，他们间接提到"……碳酸盐岩单层厚度远大于碱层，表明湖水蒸发浓缩过程长，咸化为碱湖的沉积过程短，漫长的浓缩过程正是碳酸盐岩沉积时期……"。黄杏珍等（2001）提供了白云岩中白云石的化学组成及碳氧同位素组成。其中，电子探针分析结果 [Mg/Fe（原子比）大于 2] 指示白云岩主要组成为：$\delta^{18}O$ 为 –7.49‰ ～ –2.53‰，$\delta^{13}C$ 为 –2.71‰ ～ 2.37‰。结合白云岩的水化学特征，黄杏珍等（2001）提出有利于厚度大、分布稳定的湖相白云岩形成的主要条件为：①半潮湿和潮湿的较炎热的古气候；②沉积水体为碳酸盐型水化学类型，水体必须具有富 K^+、Na^+、HCO_3^- 和 CO_3^{2-}，贫 Ca^{2+} 和 SO_4^{2-} 的特点；③古水介质应偏碱性，pH 为 9，古盐度较低，一般为 3‰ ～ 10‰，即微咸水 - 半咸水，或更高的盐度范围，但白云岩沉积对盐度的要求并不严格；④具有湖泊全盛时期较稳定的浅湖、较深湖环境；⑤提高湖水 CO_3^{2-}、HCO_3^- 含量和增加 pH，降低 SO_4^{2-} 含量的生物化学作用强。

纵观湖相白云岩成因研究历史，每一地区白云岩从岩石学、矿物学、地球化学、生物学、气候学，到其沉积环境、水介质条件、沉积地质背景、后期成岩作用都有各自特点，都有一方面或几方面属性特征的差异，沉积模式可以概括其成因一般特点，显然不能决定其一切。本书重点研究的渤海湾盆地歧口凹陷塘沽地区沙三段湖相白云岩具有不同于上述模式的特殊性。

水平纹理广泛发育、矿物类型多样及晶粒细小为塘沽地区沙三 5 亚段湖相白云岩（简称"塘沽白云岩"）的典型特征。以上几例湖相白云岩中，唯酒西盆地青西凹陷白垩统下沟组、三塘湖盆地二叠系芦草沟组及辽河拗陷西部凹陷雷家地区沙四段具有相似的白云岩沉积报道。类似上述几例，塘沽白云岩同样产出于半深湖 - 深湖的咸水环境，但它的分布范围及成因模式和以上几例白云岩存在差异。在沙三 5 亚段，白云岩主要环绕区内古隆起或高地，它的形成则受到蒸发及母岩风化作用的强烈影响，这些特征将塘沽白云岩从其他湖相白云岩中区别开来，显示出了其独特性。

1.2　湖相白云岩储层研究现状

1.2.1　白云岩储层特征及综合表征技术

近 10 年来，随着碳酸盐岩油气田开发的不断深入及表征技术的不断更新，学术界对碳酸盐岩储层的研究认识日渐加深，相关成果总结不断涌现。除了前节介绍的几本有关白云岩成因重要出版物外，以下书籍在碳酸盐岩储层研究中具有标志性的作用：2001 年 Morre 编写出版 *Carbonate Reservoirs：Porosity Evolution and Diagenesis in a Sequence Stratigraphic Framework*；2006 年 AAPG 出版专辑 *Structurally Controlled Hydrothermal alteration of Carbonate Reservoirs*；Lucia 在 1999 年第一版的基础上，于 2007 年出版碳酸盐岩储层表征第二版专著 *Carbonate Reservoir Characterization，second edition*。这些出版物对碳酸盐岩储层岩石学、成岩作用、宏观和微观特征及研究方法进行了系统介绍，对包括白云岩研究在内的碳酸盐岩储层研究起到了推动作用。

与大规模发育的灰岩及海相白云岩相比，湖湘白云岩储层规模小，是典型的非常规致密储层。主要表现为：泥质含量普遍较高；晶粒细小，结晶程度低；孔隙喉道细小及配置复杂；一般为孔隙 - 裂缝型双孔介质型；局部发育溶蚀扩大孔隙。这些特征综合的结果即体现为湖相白云岩的极度非均质性，湖相白云岩油气藏的开发难度及开发成本因此增加。目前，湖相白云岩油田发现地区：东部地区有泌阳凹陷核桃园组裂缝型（孔 - 洞 - 缝型）白云岩油藏、渤海湾盆地多个凹陷中沙河街组一段及三段裂缝型泥质白云岩油藏及江汉盆地潜江组裂缝型（孔 - 缝型）泥质白云岩油藏；西部地区有准噶尔盆地风城组孔 - 缝型白云岩油藏、酒西盆地下沟组泥质白云岩油藏及三塘湖盆地芦草沟组白云岩油藏。

储集层宏观结构与分布、中观成层性与含油性、微观岩矿结构及孔隙结构等属性特征研究是储层研究的重点内容，核心问题是非均质性问题。解决碳酸盐岩及湖相白云岩储层各个层级上非均质性问题的核心则是表征技术的综合，需要重点分层次解决湖相白云岩宏观大尺度 - 中尺度结构与分布、中观小尺度成层性与含油性、微观孔隙结构，以及无尺度变化但对储层质量有极大影响的储层裂缝发育与分布规律（图 1-2）。技术层面，最重要的方法包括地质、岩心、测井、地震、测试、模拟、生产动态等综合分析方法。

1.2.2　储集空间类型及特征

湖相白云岩储层中储集空间比砂岩储层空间要复杂得多，表现为次生孔隙发育为其主要特点，一般为孔隙（次生）- 裂缝储集空间，或者裂缝 - 孔隙（次生）为主，也有储层表现为溶洞 - 裂缝 - 孔隙三介质型储集空间。湖相白云岩储层主要的储集空间类型常见为孔隙和裂缝两大类，二者根据产出位置及成因可进一步细分类型（表 1-1）。

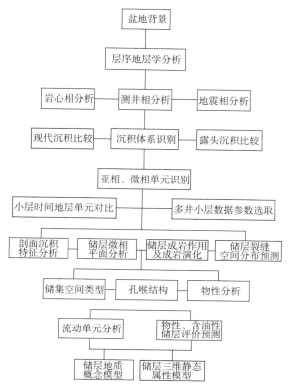

图 1-2　白云岩致密储层综合表征流程图

表1-1　湖相白云岩储层主要储集空间类型划分方案

储集空间类型			产出位置		成因	实例
次生	孔隙	晶间孔	白云石晶粒间		白云石化、重结晶	A、B、C、E
		溶孔（洞）	矿物	基质中天然碱	溶蚀	A
				基质中钠长石		A、D
				基质中方沸石		A、C
				基质中白云石		B、E
				基质中方解石		B、E
				基质中石膏		B
				基质中长石		B
				基质中硅硼钠石		B
				裂缝或溶孔充填		B、E
			碳酸盐岩颗粒	介形虫内		E
				腹足内		
				鲕粒内		

续表

储集空间类型		产出位置	成因	实例
次生	裂缝			
	构造缝	任何位置	构造破裂	A、B、C、D、E
	溶蚀缝	构造缝内	构造破裂 + 溶蚀改造	C、D
	层间溶蚀缝	沿层面	溶蚀	C
	压溶缝	沿层面	压实压溶	E
	泄水缝	与层面单向相交	溶蚀	C

注：表中 A 为泌阳凹陷始新统核桃园组白云岩；B 为准噶尔盆地西北缘下二叠统风城组白云岩；C 酒西盆地青西凹陷白垩统下沟组白云岩；D 为三塘沽盆地二叠系芦草沟组白云岩；E 为渤海湾盆地歧口凹陷古近系沙一段白云岩。

1. 孔隙

白云岩储层中孔隙首先可以按照大小进行分类（图 1-3），主要包括微孔（microporosity）、中孔（mesoporosity）、大孔（macroporosity）及宏孔（megaporosity）四类；其中前三类可进一步细分，微孔可划出小型微孔（small micropore）及大型微孔（large micropore），中孔可划出小型中孔（small mesopore）及大型中孔（large mesopore），大孔可划出小型溶孔（small vug）、中型溶孔（medium vug）及大型溶孔（large vug）（Luo and Machel, 1995）。

按照成因可划分出晶间孔（重结晶）及溶孔 / 洞（溶蚀）两大类，溶孔 / 洞可根据溶蚀组分分为"矿物溶蚀孔"及"碳酸盐岩颗粒溶蚀孔"两个亚类，两个亚类中则可根据矿物或碳酸盐岩颗粒类型更进一步地划分。

晶间孔的形成主要解释为白云石化或重结晶作用后白云石因体积发生变化产生的孔隙。在准噶尔盆地西北缘下二叠统风城组（殷建国等，2012）及歧口凹陷沙一段（曾德铭等，2010）白云岩储层研究之中，这类孔隙被视作为白云石化作用产物；但在泌阳凹陷核桃园组（钟大康等 2004）及酒西盆地青西凹陷白垩统下沟组白云岩储层的研究之中（孙维凤等，2015），将该类孔隙被解释为重结晶作用的产物。

溶孔和洞的发育主要由岩石中矿物或碳酸盐岩颗粒部分或全部溶蚀后形成。其中，溶蚀矿物可以为基质中的石膏、天然碱、碳酸钠钙石、钠长石或方沸石，这些矿物溶蚀后可以产生数微米（溶孔）到数十厘米（溶洞）的储集空间，因这类矿物溶蚀形成的溶孔和洞在泌阳凹陷核桃园组白云岩中较典型（姚光庆等，2004；钟大康等，2004），三塘湖盆地吉木萨尔凹陷芦草沟组及青西凹陷下沟组白云岩中亦见到此类孔隙产出的相关报道（李军等，2004；匡立春等，2013）。溶蚀矿物也可以是基质中的白云石、石膏、长石、硅硼钠石及裂缝中的方解石等矿物，这些矿物溶蚀后在可以产生大至 6cm 的溶洞，部分颗粒发生强烈溶蚀后可形成铸模孔，溶蚀后形成的孔隙内往往被沥青所充填，这一类溶孔和洞的发育主要以准噶尔盆地西北缘下二叠统风城组白云质岩中较为典型（鲜继渝，1985；潘晓添等，2013；邹妞妞等，2015）。此外，歧口凹陷沙一段的颗粒（鲕粒、生屑）微晶白云岩中及泥 - 微晶灰岩中亦有报道经溶蚀后形成的溶蚀孔，前者溶蚀对象为灰泥基质或者胶结物，所形成的孔隙形状很不规则，直径变化可从几十微米到几毫米；后者溶蚀对象为基质中白云石，孔径小，大小为 5～10μm，自形程度较高的白云石所组成的白云岩中溶蚀孔发育程度更高，多呈孤立孔存在，平面上形态似串珠状，少量与微裂缝连通。可溶蚀的碳酸盐岩颗粒包括介形虫及腹足类等生屑和鲕粒等，部分颗粒内溶蚀强烈时会仅保留原始颗粒外形，偶见边缘存在一层泥晶套作为铸模孔的边界，孔隙直径可从几十微米到几毫米变化，碳酸盐岩颗粒溶蚀所形成溶孔的报道主要见于歧口凹陷沙一段的生屑或鲕粒白云岩之中（肖春平，2007；曾德铭等，2010；李聪，2011）。

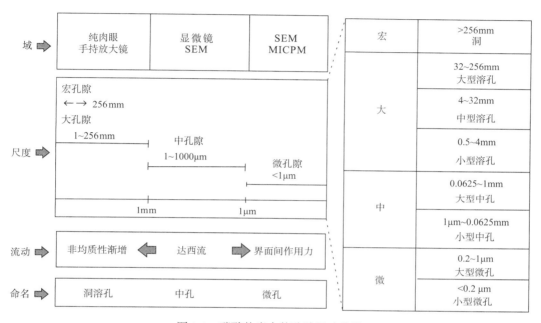

图 1-3　碳酸盐岩中的孔隙尺寸分类

尺度中的计量为孔隙直径，引自 Luo 和 Machel（1995），有修改

2. 裂缝

岩石裂缝将岩体分为两块或多块的机械断裂或不连续单元，是外界受力达到岩石强度（rock strength）时的一种响应（Gudmundsson, 2011）。与其他沉积岩类相较白云岩的抗拉强度及抗压强度均较高（表 1-2），这意味着在同等应力条件下白云岩并不比其他沉积岩更易形成裂缝。对白云岩自身而言，其抗拉强度远弱于抗压强度，因而在拉张应力背景下岩石中易于形成裂缝。众多野外调查和地下油藏勘探实践显示：白云岩地层厚度大、较致密、成分单一，岩石内裂缝往往广泛发育，这应与白云岩地层经历的构造演化及成岩演化息息相关。

表1-2　各类沉积岩抗压强度及抗拉强度统计表

岩石类型	干密度 ρ_r /（g/cm³）	抗压强度 C_0 / MPa	抗拉强度 T_0 / MPa
灰岩	2.3～2.9	4～250	1～25
白云岩	2.4～2.9	80～250	3～25

岩石类型	干密度 ρ_r /(g/cm^3)	抗压强度 C_0 / MPa	抗拉强度 T_0 / MPa
砂岩	2.0 ～ 2.8	6 ～ 170	0.4 ～ 25
页岩	2.3 ～ 2.8	10 ～ 160	2 ～ 10
泥灰岩 / 泥岩	2.3 ～ 2.7	26 ～ 70	1
白垩	1.4 ～ 2.3	5 ～ 30	0.3
硬石膏	2.7 ～ 3.0	70 ～ 120	5 ～ 12
石膏	2.1 ～ 2.3	4 ～ 40	0.8 ～ 4
岩盐	1.9 ～ 2.2	9 ～ 23	0.2 ～ 3
砂、砾	1.4 ～ 2.3		0
黏土	1.3 ～ 2.3	0.2 ～ 0.5	0.2

注: 引自 Gudmundsson（2011）。

按照地质学的观点，白云岩中的裂缝主要在构造作用及成岩作用的影响下形成，裂缝类型可包括构造裂缝及成岩裂缝两大类。其中，构造裂缝是该区域构造应力合力超过了岩石弹性限度致岩石发生破裂所形成的储集空间，其发育与褶皱、断层、隆升、火山作用等地质构造活动有关，尤其是断裂作用与裂缝有密切关系。构造裂缝则可按实验力学机制、裂缝开度及与岩心轴夹角进一步细分。成岩裂缝主要与溶蚀及压实压溶作用相关，多见溶蚀缝、泄水缝及压溶缝三类。

按照实验力学机制，裂缝可分为三类（Nelson, 2001）：①剪裂缝（shear fracture），由剪切应力形成的，三个主应力都是挤压时形成的，具有位移方向与破裂面平行的特征；②扩张裂缝（extension fracture），三个主应力都是挤压状态下诱导的扩张应力形成的裂缝，具有位移方向与破裂面垂直并远离破裂面的特征；③拉张裂缝（tension fracture），位移方向与破裂面垂直并远离破裂面，至少有一个主应力是拉张时形成的（应力值为负数）。

按照开度尺寸，裂缝可分为大裂缝（>15000μm）、宽裂缝（4000 ～ 15000μm）、中裂缝（1000 ～ 4000μm）、细裂缝（60 ～ 1000μm）、毛细管裂缝（0.25 ～ 60μm）及超毛细管裂缝（<0.25μm）六类（穆龙新等，2009）。

按照裂缝与岩心轴夹角，裂缝可分为高角度缝、斜交缝及低角度缝三类，三类裂缝的区间分界点为60°及40°（穆龙新等，2009）。

构造产生的裂缝在白云岩储层中最常见。青西凹陷下沟组白云岩储层中斜角缝、层间缝、高角度缝及网状缝均有发育（孙星等，2011；孙维凤等，2015），总体上以斜交缝和层间缝为主，缝宽为0.5 ～ 4mm，一般为1mm。层间缝一般被铁白云石、黄铁矿等充填，并伴有局部溶蚀现象。高角度一般发育在白云石含量较高的岩石中。三塘湖盆地马朗凹陷芦草沟组中发育垂直缝、水平裂缝、高角度缝及低角度缝，除低角度缝外其他三种类型均较为发育，裂缝内多被方解石全充填或半充填，未充填处普遍含油（唐勇等，2003）。准噶尔盆地西北缘风城组云质岩中主要见高角度缝及网状缝，另外斜交缝亦较为常见，裂缝开启程度高，有效性较好，斜交缝中部分被碳酸盐或石膏矿物所充填

（邹妞妞等，2015）。歧口凹陷沙一段白云岩中研究区内构造裂缝其边缘多平直，延伸较远，成组出现，具有明显的方向性，可分为宏观缝和微观缝，宏观缝在岩心上就明显可见，缝宽约 1mm，微观缝多在显微镜线可以观察到，通常小于 1mm（李聪，2011）。泌阳凹陷核桃园组白云中构造裂缝类型包括水平裂缝、X 形共轭剪裂缝、低角度裂缝、早期高角度裂缝及晚期高角度裂缝，早期高角度裂缝及晚期高角度裂缝中普遍不含油，其他几类裂缝则多含重质油（姚光庆等，2004）。

成岩过程形成的裂缝类型多，成因机制也复杂，但是常见的主要有溶蚀缝、泄水缝和压溶缝等。

溶蚀缝一般是在构造缝的基础上经后期溶蚀改造形成。溶蚀缝往往形状多变、缝宽不一及方向多样。该类裂缝在歧口凹陷沙一段、青西凹陷下沟组白云岩储层研究之中均有所报道（李军等，2004; 李聪，2011）。

泄水缝是一种与层面溶蚀缝伴生的裂缝类型，它多与层面溶蚀缝单向相交，缝面弯曲裂缝宽度较大，相关报道主要见于青西凹陷下沟组白云岩裂缝特征及成因的研究中（李军等，2007）。其成因解释为：三元纹层岩中，由于泥质纹层相对较厚，在溶蚀程度相对较高的部位，层面溶蚀缝间距较大，烃类及地层水在顺层运移的同时，进行垂向运移，纵向沟通多个层面缝形成泄水裂缝。

压溶缝主要是因沉积负荷引起的压实及压溶作用形成，与地层的压力温度及其原岩中泥质含量有关。缝合线多呈锯齿状整体平行层面产出，也可见少量垂直层面的缝合线，其成因解释为由水平挤压作用形成的伴随后期的化学压实作用，形成成组出现的顺层缝合线。

1.2.3　储层物性及主控因素

按照国家标准 SY/T 6285—2011《油气储层评价方法》（国家能源局，2011）中孔隙度、渗透率分类，不同层系中湖相白云岩储层孔隙度类型主要可归为低孔 - 特低孔类型；渗透率类型则归为低渗 - 特低渗类型（表 1-3）。但是值得注意的是，多数报道在对白云岩储层物性参数统计时并未对裂缝发育类型岩石的物性数据进行单独统计，由此笼统平均后获取的孔、渗特性用于评价岩石基质的储集性能较难。裂缝发育对储层物性产生的影响可由各白云岩地层中的统计结果反映出来，裂缝发育的白云岩中孔隙度及渗透率值均得到了大幅提高（表 1-3）。其中，泌阳凹陷核桃园组和青西凹陷下沟组中裂缝发育样品渗透率明显高于无裂缝发育样品，部分甚至高出 1～2 个数量级。此外，风城组、芦草沟组及沙一下亚段白云岩中孔隙度、渗透率值波动较大，这也可能与裂缝发育相关（表 1-3）。

在湖相白云岩储层主控因素研究方面，沉积、成岩及构造三个层次的控制作用仍是探讨的主要切入点，另外部分学者亦考虑超压因素对储层质量的影响。

（1）沉积层次。优势沉积相的发育控制储层空间的展布，它不仅可以提供原生孔隙（多被成岩破坏）及可供成岩溶蚀改造的岩石组分，被视为储层发育的先决性基础条件。对于歧口凹陷沙一段，滨浅湖生物滩及鲕粒滩是两类最有利于储层形成的沉积相，浅滩中较强的水动力条件可将生物介壳打碎、磨蚀、淘洗，将鲕核反复扬起和滚动，使生物颗粒和鲕粒间的灰泥基质被淘洗干净，形成大量生物体腔孔、介壳遮蔽孔和粒间孔等，这些孔隙则为后期的成岩改造提供了基础（曾德铭等，2010）。对于准噶尔盆地西北缘风城组，白云质岩主要分布于湖湾环境，向湖盆方向随着碎屑含量减少，泥岩含量逐渐增加，云质碎屑岩类发育程度增强，扇三角洲相带白云质碎屑岩类发育受到抑制。风城组沉积时处于最大湖泛面期，白云质碎屑岩类储层的厚度和展布都较大，尤其是风二段沉积期。沉积期中岩石内形成方解石、长石、硅硼钠石等自生矿物，另外还可以形成一些原生粒间孔等（邹妞妞等，2015）。

表1-3　湖相白云岩储层孔隙度及渗透率统计表

地层	孔隙度 /%			渗透率 /mD			备注	来源
	最大值	平均值	最小值	最大值	平均值	最小值		
核桃园组		8.2			7.5		存在渗透率小于1mD样品	A
		16.1			893.1		裂缝发育	
风城组	16.72	4.42	0.06	1016.01	0.19	0.02		B
下沟组		4.4			4.18			C
芦草沟组	6		1	1		0.05		D
沙一下亚段	35.0	15.25	2.2				鲕粒白云岩	E
	26.7	8.7	1.5		0.06		泥晶白云岩	

注：A来自姚光庆等（2004）；B来自邹妞妞等（2015）；C来自孙维凤等（2015）；D来自黄志龙等（2012）；E来自肖春平（2007）。

（2）成岩层次。压实、压溶及胶结作用往往被归入破坏性成岩作用之中，原生孔隙的损失与这些成岩作用密切相关。白云石化与溶蚀作用则为典型的建设性成岩作用，其中白云石化具有两方面的作用：①创造晶间孔或粒间孔；②提升岩石脆性，使其更易形成裂缝的同时进一步扩大溶蚀作用的作用范围。歧口凹陷沙一段白云岩生物体腔孔、介壳遮蔽孔及粒间孔等原生孔隙在压实、压溶和胶结作用下基本消耗殆尽。白云石化作用会在鲕粒白云岩、螺白云岩等岩石中产生粒间孔和晶间孔发育，该类岩石中孔隙喉道较大，有效孔隙度和渗透率也较高，为后期溶蚀作用提供了良好的通道条件；在泥晶白云岩中则主要产生晶间孔隙。溶蚀作用在同生-准同生期及埋藏期均可发生，前者可在大气淡水和混合水条件下发生，可大概提供了 0～10% 的粒间溶孔，但这些孔隙多为粒状亮晶方解石充填；后者则与有机质热演化过程中释放的有机酸、H_2S 和 CO_2 及暗色泥页岩受压实作用产生的酸性流体有关，这些酸性流体可沿早期云化滩体发育部位、白云石晶间孔及微裂缝运移，对方解石、白云石、石膏及石盐等矿物进行溶蚀、形成晶间溶蚀孔、粒间溶孔、铸模孔及溶蚀缝等（曾德铭等，2010）。对准噶尔盆地西北缘风城组白云质岩而言，白云质岩实际上由白云质、火山凝灰质、火山岩屑砂岩和少量的泥质、钙质在沉积及成岩作用下混合形成。白云石化的基质为火山凝灰物质及陆源细粒凝灰质碎屑砂岩，火山凝灰质中火山玻璃的蚀变不仅可为白云石化作用提供必需的 Mg^{2+}，亦可在蚀变过程中形成溶孔，这类溶蚀在后期可被胶结充填增加岩石的脆性，或受大气淡水淋滤进一步发展为溶洞。该区白云石化增加了岩石脆性，进而导致更易产生裂缝，白云石交代文石和高镁方解石引起矿物体积减少，孔隙空间增加，对储层物性的影响则仍需要深入研究。此外，风城组白云质岩石中的白云石、方解石、长石、硅硼钠石等矿物均易发生溶蚀而形成溶蚀孔。

（3）构造层次。与裂缝的形成密切相关，产生于岩石中的裂缝主要扮演着两个角色：①流体储集空间；②流体运移通道。从运移通道中通过的流体不仅可以是油气也可以是酸性流体，这种酸性流体带来的溶蚀则可进一步改善储层的质量。对于歧口凹陷沙一段白云岩，在东营期和早明化镇末—晚明化镇早期的拉张作用和区域构造抬升影响下，地层中得以形成正断层，构造缝及层间缝等裂缝也伴生，这些裂缝可为油气运移及酸性成岩流体提供运移通道，促进埋藏溶蚀作用，大量次生孔隙及溶蚀缝的产生则极大了改善了储层的物性（曾德铭等，2010）。对于准噶尔盆地西北缘风城组白云质岩，早二叠世海西运动促始褶皱活动强烈即产出了大量断裂，后期的印支和燕山等多期次幕式推覆构造运动使断裂广泛分布，并衍生出许多次生断裂。裂缝易于出现在靠近断裂带及构造曲率大的位置，该区成像测井及岩心观察也证实越靠近断裂，裂缝发育程度越高。风城组沉积期存在与火山喷发活动相关的深部热液流体运动，热流体会使研究区地温增高，促使烃源岩进入生排烃高峰期，有机质大规模成熟过程中释放出大量含有机酸、CO_2 等酸性成分的溶蚀流体，这些流体会沿着断裂进入风城组对岩石进行溶蚀改造及产生溶孔，裂缝发育处溶孔也相对富集，二者具有良好的配置关系（邹妞妞等，2015）。

（4）超压层次。由于白云岩沉积地层位于凹陷中心，岩性致密，厚度大，与泥岩互层，具备形成超压的条件。实际实例中，白云岩地层一般多见超压。在准噶尔盆地乌尔禾地风城组，异常高压可以起到保存次生孔隙及促进微裂缝发育这两方面与储层质量相关的作用（潘晓添等，2013）。本书研究区目的层段也是超压发育层段。

1.2.4 塘沽地区致密白云岩储层概述

与上述几例湖相白云岩储层对比，塘沽地区致密白云岩储层独具特色，其储集空间类型、吼喉结构、物性，以及受控因素等与上述几例间均存在着明显的差异：

（1）储集空间。

塘沽白云岩具有独特的孔隙类型。宏观尺度，微裂缝及溶蚀孔为纯肉眼可查储集空间类型，其中前者产出频繁，后者略为少见。这两类虽在其他湖相白云岩中亦可观察到，但是产出于这两类孔隙中的方沸石充填再溶蚀孔却鲜有报道；微观尺度，方沸石及铁白云石等矿物内及矿物间的晶内、晶间孔普遍发育，虽晶间孔类孔隙研究已有报道，但方沸石与铁白云石之间的晶间孔、方沸石晶内孔及白云石晶内孔尚缺乏相关研究。

（2）孔喉结构。

塘沽白云岩提供了全面的孔喉信息。微 - 介孔大量产出、孔隙形状多变、喉道细小弯曲等特征复杂化了储层岩石孔隙及喉道在三维空间的组合配置关系。

（3）物性。

塘沽白云岩缺少同类比照对象。多样的空间类型及复杂的孔喉结构创造出孔隙性较好但渗透性极差的储层类型。塘沽白云岩储层岩石的中低孔特征尚能与其他湖相白云岩储层进行对比，但配合上特低渗特征则难觅有效比较对象。

（4）控制因素。

塘沽白云岩提供了新的思路。从沉积、成岩及构造三个方面对物质及空间的加工改造无疑已在储层的形成中产生了一种叠加效果。与矿物组分相关的沉积及成岩作用被视作储层孔隙性的主控因素，成岩作用及构造作用则被视作渗透性的主控因素（李乐等，2015）。

塘沽白云岩作为罕见储层岩石的同时增大了研究的难度，虽然目前的研究已在一定程度地揭示了该类储层的特征及其主控因素，但由于储层岩石的特殊性及其成因具有争议，还需持续及深入的研究，以更新和完善相关认识。

第2章 塘沽地区白云岩形成的地质背景

2.1 构造特征及构造演化

渤海湾盆地为我国东部重要的中、新生代裂谷盆地，以中生界地层为基底。沙一末至东营组沉积时期，黄骅拗陷发育最强烈的构造活动，断裂走向由 NE 向 EW 转变，近 EW 向的新港、海河及塘北断层的活动形成塘沽-新港潜山构造带（周立宏等，2011）。塘沽地区位于黄骅拗陷的北塘次凹、歧口主凹、板桥次凹的结合部，即塘沽-新港潜山隆起部位，在沙三段沉积时期仍为洼陷（冯有良等，2010），地层产状总体上向北、西、东三面倾斜，构造主体被北东、北西向两组断层相交或切割，形成多个断块圈闭。地理上，塘沽地区位于中国东部的天津市滨海新区境内。区域构造单元、地层组成及研究区构造顶面如图 2-1 所示。

塘沽-新港地区在区域构造应力场的控制下，经过多期构造作用，断裂发育，研究区内二、三级断层非常发育，二级断层有海河、塘北两条断层，断层走向主要为 NW 向，断层性质主要为正断层。中部发育断垒，整体呈中部高、四周低的构造格局。区内断裂活动强烈，7 个断块的沙三 5 顶面埋深为 2800 ～ 4520m，断距为 10 ～ 280m（图 2-1）。

塘沽-新港潜山隆起带沙三段、沙一段底面构造图显示，沙三段底面断裂走向以 NE 向为主，沙一段底面断裂走向以 NEE 向为主，表明研究区始新世末（沙三段之后）应力场发生右旋偏转的重大变革（图 2-2）。

2.1.1 主要断裂特征

塘沽-新港地区断裂较为发育，共落实断层 90 余条。其中，二级断层 2 条，为海河断层和塘北断层；三级断层 4 条，为 TG29-3 井断层、TG11 井断层、TG39-1 井断层及 TG1 井断层（图 2-1、图 2-3）；其余为四级小断层。断裂系统整体特征一致，按断层走向和断层组合关系可大致分为海河 EW 走向转 NW 走向断裂带、塘北 EW 走向转 NEE 走向断裂带，研究区内局部发育近 N 向走向断层。以下主要针对区内的二级断层特征进行详细描述。

1. 海河断层

该断层为研究区南侧的边界断层，断穿了整个沉积盖层深切结晶基底，断面延伸到 6000m 以下，西起沧州断层下降盘，向东一直伸向海域的新港地区，自西向东呈衰退趋势，走向由 NWW 转 EW 再转 NEE 向，倾向近于南倾，研究区内长度为 6.7km。

海河断层形成于印支 - 燕山早期，古近系沙三段沉积时活动较弱，新近系活动频繁。

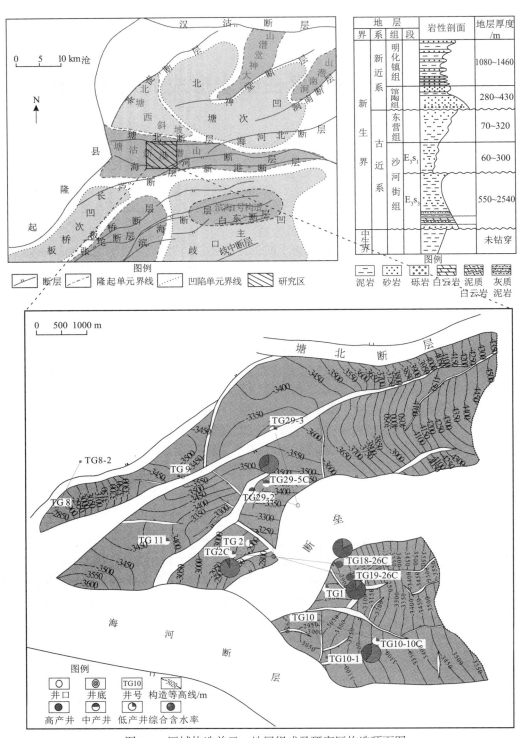

图 2-1　区域构造单元、地层组成及研究区构造顶面图

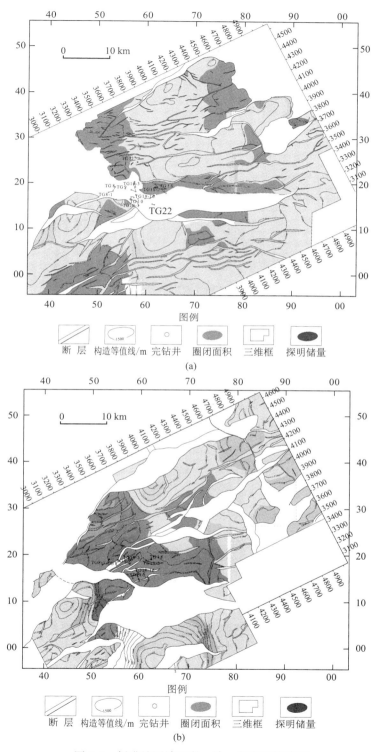

图 2-2　新港地区沙三段、沙一段底面构造图

2. 塘北断层

该断层位于塘沽构造北翼，走向由 W 到 E、由 EW 向转成 NEE 走向。西起 TG6 井附近，向东北至 TG13 井北侧向东北方向延伸，倾向由 NE 转成 NW，研究区内长度 为 10.8km，断至基底，是分割塘沽、新村两构造的重要断层。塘北断层于燕山晚期形 成并控制中新生代沉积。

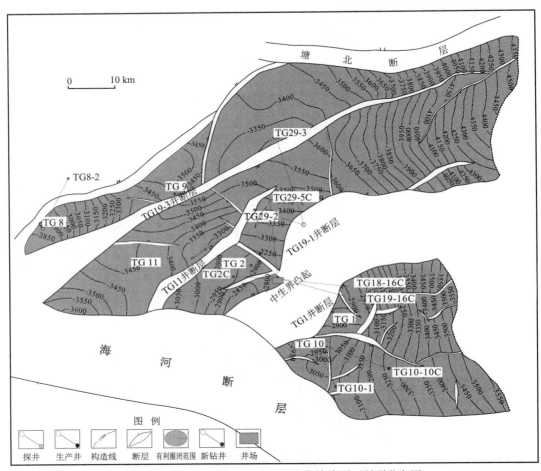

图 2-3　塘沽地区沙三 5 亚段特殊岩性体顶面断裂分布图

2.1.2　构造演化特点

前期研究认为，塘沽地区所在凸起的古近纪构造演化可以概括为三幕断裂活动、 一幕反转隆升和二期广泛暴露剥蚀的过程[①]，其构造演化如图 2-4 所示。

---

① 姚光庆，王家豪，谢丛娇，等 .2013. 塘沽地区沙三 5 亚段特殊岩性体沉积特征及油藏综合评价研究报告 . 武汉：中国地质大学（武汉）.

1. 三幕断裂活动

三幕断裂活动分别对应沙三 5 亚段、沙三 4—沙三 1 亚段、沙一段—东营组沉积时期。

沙三 5 亚段沉积时期，以塘北断层的强烈活动为特色。塘北断层为一条 NE 走向、NW 倾向的铲式正断层，伴生断层少。东南部发育 F_1 断层，其活动性远不及塘北断裂，形成小的断阶（图 2-4）。两者的联合作用，在研究区东南部形成了一个地垒构造，该水下古地貌高地是白云岩沉积的理想场所；西北部则呈半地堑的构造格局，该半地堑阻隔了西部沧县隆起碎屑物源供给的影响。因此，塘北断层对沉积相展布具有重要控制作用。

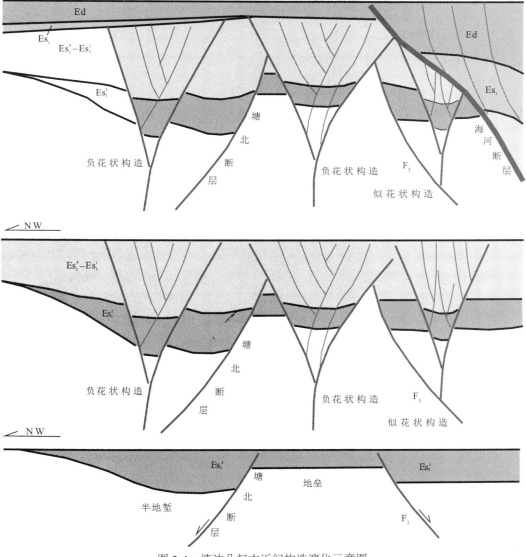

图 2-4　塘沽凸起古近纪构造演化示意图

沙三 4 亚段—沙三 1 亚段沉积时期。塘北断裂继续强烈活动，随后逐渐减弱—停滞。与此同时，研究区新生 2～3 个似花状构造，控制了的 2～3 个局部的沉降中心。似花状构造具有主干断裂根部较直立插入基底，断面往往扭曲，上部撒开并与次级断裂反复交叠呈花状，指示了该时期张扭性应力作用。在早期地垒基础之上，该时期发育似花状构造及伴生密集的次级断裂对白云岩裂缝的发育具有重要意义。

沙一段—东营组沉积时期。沙一段是区域应力场由左旋向右旋的转折时期，塘北凸起之上沙一段薄，沉积记录不完整。东营组沉积时期，拗陷作用增加，凸起之上断裂活动弱；基底沉降较沙一段时期增强，向 NE 方向幅度逐渐增大，造成研究区西南高、东北低的总体趋势。另外，该时期新港断层强烈活动，其走向近 EW、向南倾斜，呈铲式，之上伴生 5～6 条次级断层，直接造成北塘凹陷与歧口凹陷沉降、沉积作用的差异演化。

2. 一幕反转隆升

东营组与下伏地层之间呈角度不整合接触，尤其是在研究区中部地震同相轴削截现象突出，并与沙三 1 亚段直接接触，对应沙三 1—沙三 5 亚段地层厚度大，上述现象记录该部位由长期的快速沉降（沉降中心）—反转隆升—长期暴露剥蚀的过程。断垒位置处呈大型背斜构造，但沙三 4 亚段—沙三 3 亚段地层厚度大，为该时期沉降中心；沙一段缺失，东营组与沙三段之间为角度不整合接触，且内部向背斜轴部超覆，由此厘定反转隆升发生在沙河街组沉积之后、东营组沉积之前。

3. 二期广泛暴露剥蚀

二次隆升剥蚀分别发育在沙二段、沙一段和东营组沉积之后。前人对黄骅拗陷中区的层序地层研究，将古近系划分为三个二级层序，分别对应沙三段—沙二段、沙一段、东营组，三个二级层序之间存在明显的不整合。与以上三个二级层序对应，研究区也存在二期暴露剥蚀，且由于研究区特殊的构造位置，剥蚀造成的地层缺失量较大。

沙二段是整个黄骅拗陷中区的湖盆萎缩期充填沉积，分布范围小，歧口凹陷沙二段岩性呈紫红、褐红等氧化色调，体现了湖平面大幅度下降。塘沽凸起全部缺失该套地层。塘沽凸起沙一段地层薄，分布范围小，仅在西北部有少量残留。东营组底面为一个重大角度不整合面，下伏地层长期暴露剥蚀的原因在于反转隆升。

总体看来，研究区在沙三段时期基底沉降幅度大，在沙三 5 亚段—沙三 4 亚段发育厚层深湖相暗色泥岩，推测与歧口凹陷为统一的湖盆；在沙一段—东营组时期反转及较弱的沉降，使之成为分隔北塘与歧口凹陷的凸起构造单元。

2.2　地层发育特征

2.2.1　地层剖面

黄骅拗陷形成期经历了多期构造抬升及构造沉积，位于其西北部的塘沽地区所在构造亦经历了相似的演化致使地层遭受了不同程度的剥蚀，纵向上缺乏连续性与完整性。自下而上，研究区钻井揭露地层分别为：下古生界奥陶系，上古生界石炭系，中生界，古近系沙河街组沙三段、沙一段和东营组，新近系馆陶组—明化镇组及第四系平原组（表2-1）。沙二段在沙三沉积末期的构造抬升中剥蚀殆尽，地层缺失；东营沉积期地层再度抬升，沉积间断地层受强烈剥蚀，东营组残余地层与上覆地层不整合接触。各地层详细特征如下。

表2-1　塘沽地区地层简表

地层				岩性剖面	厚度/m	岩性描述
界	系	组	段	亚段		
新	第四系	平原组			262.3～394.3	土黄、灰、深灰色黏土为主
新	新近系	明化镇组			1082～1457	以灰黄、棕红色泥岩与棕黄、灰色细砂岩及灰色泥质粉砂岩不等厚互层
		馆陶组			277.5～426.5	上中部以浅灰色含砾不等粒砂岩为主，下部以杂色砂砾岩为主，夹薄层绿灰色泥岩
生	古近系	东营组			69.5～313.5	浅灰色-灰色细砂岩、泥质砂岩与深灰色泥岩互层
		沙河街组	沙一段		64.5～297.5	深灰色泥岩、灰色细砂岩、粉砂岩、泥质粉砂岩互层
			沙三段	1	213～490	深灰色泥岩，顶部微含砂
				2	205～470	深灰色泥岩
界				3	131.5～675.5	深灰色泥岩与砂岩互层
				4	159.5～318.5	深灰色泥岩夹砂岩和薄层白云质灰岩和泥灰岩
				5	29.5～282.86	上部为深灰色泥岩及白云质泥岩，中部发育白云岩及泥质白云岩，下部夹有薄层泥质粉砂岩和砂岩
中生界					未钻穿	以棕红、紫红色泥岩为主

第四系平原组：钻厚 262.3～394.3m，以土黄、灰、深灰色黏土层为主，夹浅灰、土黄色粉-细砂层，底界为厚层状土黄色中-细砂层。局部中见大量蚌壳碎片，个别较完整。

新近系明化镇组：钻厚 1082～1457m，灰黄、棕红色、绿灰色泥岩与浅灰色、灰色细砂岩、泥质粉砂岩等呈不等厚互层。

新近系馆陶组：钻厚 277.5～426.5m，上部为灰白色、浅灰色含砾细砂岩，夹薄层灰绿色、紫红色泥岩；中部以暗红色、灰绿色泥岩为主，夹薄层状浅灰绿细-粉砂岩及薄层紫红色泥岩，含钙质团块；下部与为杂色砂砾岩层，夹薄层灰绿色泥岩薄层，常见黄铁矿小晶体。

古近系东营组：钻厚 69.5～313.5m，深灰绿色泥岩夹薄层状浅灰绿色细-粉砂岩。底部砂岩含砾及见黄铁矿晶体，局部见灰黑色生物灰岩。层段内化石各类多样，保存较好，见短脊东营虫，辛镇华花虫，胖多瘤华花虫，具角华花虫等。东营组超覆沉积于沙河街组之上，与下伏地层呈不整合接触关系。

古近系沙河街组沙一段：钻厚 64.5～297.5m，以灰色、灰绿色、深灰色泥岩，砂质泥岩为主，夹灰色细砂岩、粉砂岩、泥质粉砂岩。滨浅湖沉积环境。

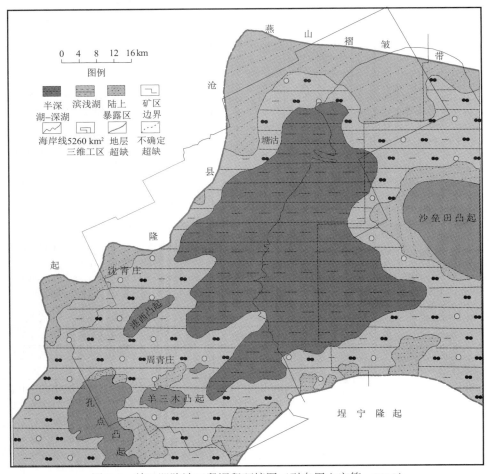

图 2-5　歧口凹陷沙三段沉积环境图（引自周立宏等，2013）

古近系沙河街组沙三段：钻厚 738.5～2236.86m，包含 5 个亚段。沙三 1 亚段主要为深灰色泥岩，夹薄层浅灰色细砂岩；沙三 2 亚段以深灰色泥岩夹薄层泥质砂岩，细砂岩及含砾不等粒砂岩，局部钻遇玄武岩；沙三 3 亚段以深灰色泥岩与浅灰色泥质砂岩，细砾岩，含砾不等粒砂岩互层为主；沙三 4 亚段上部浅灰色含砾不等粒砂、深灰色砂质泥岩及深灰色泥岩互层，下部浅灰色细砂岩、浅灰色泥质砂岩、深灰色砂质泥岩及深灰色泥岩，底部为灰色泥岩，局部区域见浅成侵入岩辉绿岩；沙三 5 亚段以上部以深灰色 - 黑色泥岩、白云质泥岩为主，夹油页岩薄层，中部为厚层灰白色白云岩及浅灰色泥质白云岩，下部为深灰色泥岩。沙三段沉积于半深湖 - 深湖沉积环境（图 2-5），白云岩类沉积为半深湖环境产物，沙一段中白云岩可产出滩坝、浅湖、半深湖、深湖（孙钰等，2007）或湖盆局限洼地及灰云坪沉积环境（李聪，2011）。

中生界：钻厚 500～2000m，为大面积厚层状分布的一套地层，塘沽地区的 14 口井均钻遇，岩性以棕红、紫红色泥岩为主，夹灰白、浅灰色、棕红色粉砂岩和砂岩，见有少量灰绿色泥岩。

上古生界石炭系：在塘沽地区鼻状构造的 TG9 井、TS1 井、TG33 井钻遇，钻遇厚度为 124～410.5m，为一套灰色泥岩为主，夹灰黑色含泥灰岩和煤层及灰色砂岩粉砂岩，底部为厚约 16m 的灰白色铝土质泥岩。

下古生界奥陶系：在塘沽地区鼻状构造的 TG9 井、TS1 井钻遇，钻遇厚度为 75.08～300m，为一套灰色灰岩夹有褐色、灰白色和暗棕红色灰岩，地层未钻穿。

2.2.2　沙三 5 亚段地层细分对比

选择取心井 TG2C 井及高产井 TG19-16C 井为关键井，利用钻井岩心资料、录井资料、测井资料及地球化学资料，进行单井旋回性分析，确定地层细分方案，即沙三 5 亚段白云岩层系可划分出 1、2、3 小层，其中，2、3 小层可进一步划分出 2-1、2-2、3-1 及 3-2 四个单层（图 2-6、图 2-7）。

在关键井划分和确定分层方案基础上，通过过关键井连井剖面，完成了全部 16 口井的地层细分工作，图 2-8 代表工区近 NW-SE 向连井地层对比图。通过全区单层细分，为沉积相制图分析打好基础。

地层总垂厚分布相对稳定，一般厚度为 96.06～128.49m；垂厚平均值为 108.6m。1 层垂厚分布为 14.55～22.44m，垂厚平均值为 17.79m；2-1 层垂厚分布为 15.73～25.92m，垂厚平均值为 19.48m；2-2 层垂厚分布为 23.92～35.35m，垂厚平均值为 29.56m；3-1 层垂厚分布为 16.24～29.63m，垂厚平均值为 22.31m；3-2 层垂厚分布为 15.82～24.95m，垂厚平均值为 20.14m（表 2-2）。

表2-2　塘沽地区沙三5亚段地层厚度统计表

井号	各单层厚度 /m					地层总厚度 /m
	1	2-1	2-2	3-1	3-2	
TG1	15.58	20.75	7.83*	*	*	44.16*
TG2	17.4	17.48	24.87	19.5	19.67	98.92
TG2C	16.4	16.37	25.64	23.28	18.07	99.76

井号	各单层厚度 /m					地层总厚度 /m
	1	2-1	2-2	3-1	3-2	
TG8	19.92	16.88	29.2	28.12	20.83	114.95
TG8-2	17.16	23.04	31.12	29.1	23.05	123.47
TG9	20.12	20.68	34.84	29.63	*	*105.27
TG10	16.56	21.31	35.35	17.95	*	*91.17
TG10-1	14.55	19.06	23.92	20.7	20.76	98.99
TG10-10C	21.85	25.92	31.78	23.99	24.95	128.49
TG11	22.44	15.73	28.8	27.88	22.96	117.81
TG18-16C	16.85	18.14	21.62	14.58	10.57	81.76
TG19-16C	14.47	18.82	22.9	16.95	14.68	87.82
TG22	20.94	18.88	32.08	21.96	18.7	112.56
TG29-2	*	*	*6.75	18.55	20.62	*45.92
TG29-3	*	*	*7.19	16.24	19.82	*43.25
TG29-5C	14.65	16.99	32.04	19.15	19.81	102.64
TG32	14.72	17.91	28.36	19.25	15.82	96.06

* 代表过断层，表中厚度均为垂厚。

2.3　火山作用与火山岩

在西太平洋板块俯冲欧亚板块的构造背景之下，火山活动在中国东部新生代亦较为活跃。黄骅拗陷中古近纪—新近纪的火山活动可划分出两大旋回及六大喷发期。两大旋回为：①始新世晚期到渐新世早—中期旋回；②渐新世晚期到中—上新世旋回；六大喷发期由老至新分别为：孔一期、沙三期、沙一期、东一期、馆陶期和明化镇期。火山作用高峰期在孔一期—沙三期和东一期—馆陶期两个阶段，火山活动产物为基性岩，喷出岩集中于孔一段、沙三段、东一段与馆陶组下部四套地层之中，侵入岩则集中于孔二段、孔一段、沙一段及东三段（大港油田科技丛书编委会，1999）。

喷发岩在上部地层，侵入岩则出现于下部层位，二者并不在同一地层中出现，在同一套地层中的侵入岩与喷出岩之间亦并不具有紧密关联。拗陷中火成岩在分布主要沿构造隆起带展布，与深断裂带一致，具体表现为北区以 NW 向为主分布、中区呈 NE 向与 NW 向交叉、南区则以 NE、NNE 向为主。拗陷内火山作用高峰期与火成岩发育期正好对应断裂活动发育期，这表明深断裂为岩浆来源的重要通道（大港油田科技丛书编委会，1999；Lee，2006）。

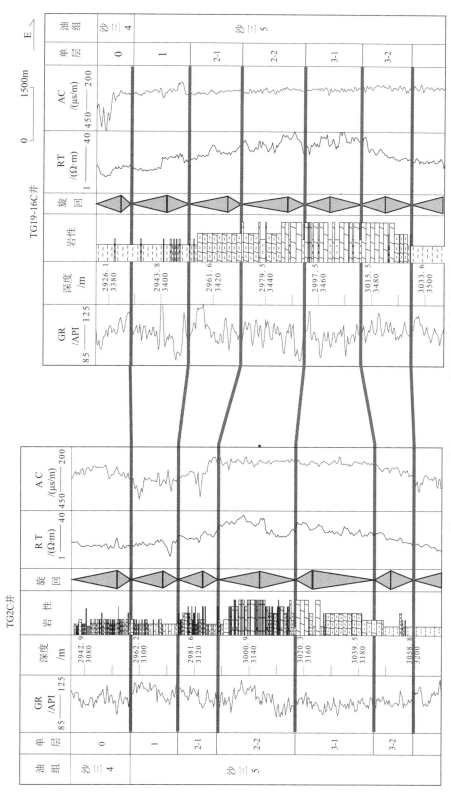

图 2-6　TG2C 井与 TG19-16C 井测井旋回对比剖面图

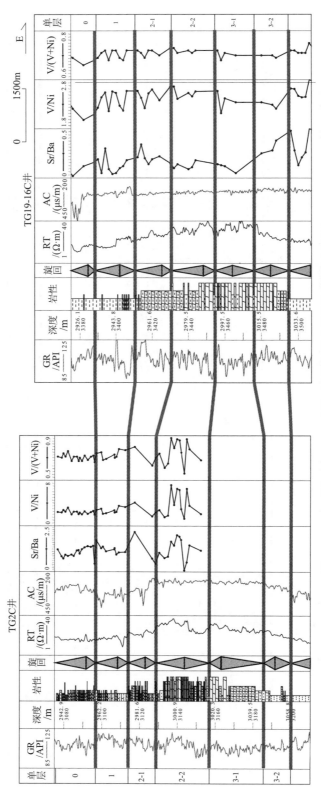

图 2-7　TG2C 井与 TG19-16C 井沙三 5 亚段微量元素演化对比剖面图

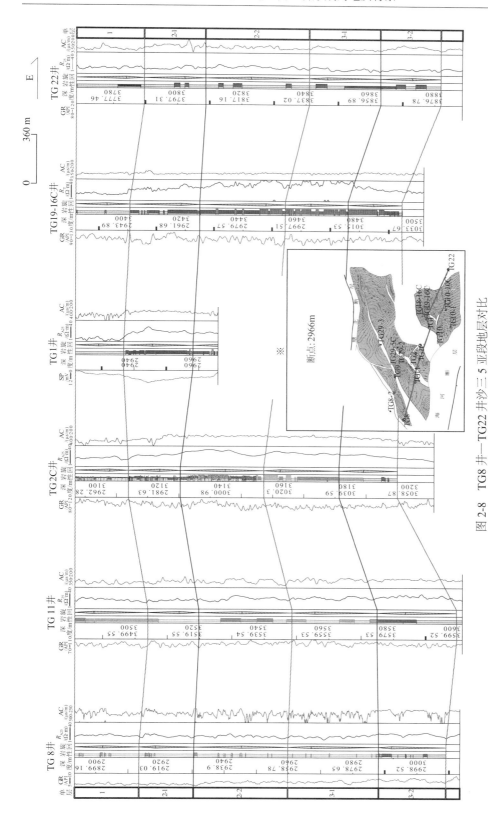

图 2-8　TG8 井—TG22 井沙三 5 亚段地层对比

塘沽地区沙河街组火成岩在其内部的三段中均有产出。其中，沙三段主要见浅成侵入的辉绿岩（表2-3），厚度从9.5～72.5m不等，层数最多可达五层，早期研究认为其为东营—馆陶期岩浆活动产物（大港油田科技丛书编委会，1999）；玄武岩在部分井点中亦有钻遇，厚度最厚可达218m，其层数为1～3层。沙二段仅发现少量辉绿岩，尚未发现喷发性质火成岩（表2-3）。沙一段中均钻遇两大类火成岩，其中港海3-1井中的玄武岩厚度虽然不大（约15m），但具有层位稳定的特征，为沙一晚期火山喷发的产物（大港油田科技丛书编委会，1999）。将已有资料中记录钻遇火成岩的井位投点于研究区平面图（图2-9），图中显示研究区火山岩分布整体呈线性展布居于中央隆起带两侧，与黄骅拗陷火成岩整体分布状况较为一致。

表2-3　塘沽地区火成岩钻井显示统计表

层位	井号	岩性	层数	总厚度（垂厚）/m
沙一段	港海3-1	玄武岩	?	15
	TG34-1	辉绿岩	?	134
沙二段	?	辉绿岩	?	?
沙三段	TG10	辉绿岩	1	9.5
	TG1	玄武岩	1	14
	TG10-10C	玄武岩	3	23.98
	TG28	玄武岩	3	216
	TG28-1	辉绿岩	5	72.5
	TG29-1	玄武岩	5	32.5

注："?"表示未知。

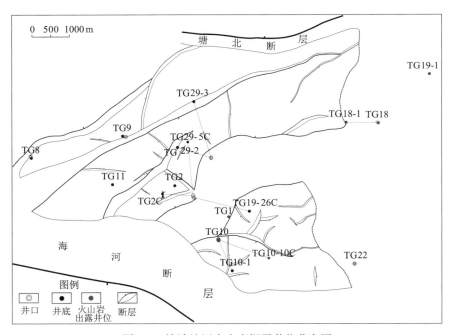

图2-9　塘沽地区火山岩揭露井位分布图

2.4　白云岩油藏概况

塘沽 - 新港地区自 1964 年开始勘探，1972 年完钻的 7 口井中 TG0 井、TG1 井等 3 口井获工业油流，尤其 TG0 井在沙三 4 射开 2619 ～ 2625m 段，试油获日产油 34.0t，天然气 5070m^3，不含水。截至 2010 年 5 月底，塘沽地区共钻井 59 口，其中探井 55 口，开发井 4 口，其中试油获工业油流 24 口（其中高产油井 15 口），低产油井 11 口，试油及地质报废井 24 口。在塘沽构造、炮台构造、新村构造探明 16 个含油断块，主要目的层为沙三段砂岩油藏，从 1972 年 3 月至 2011 年 4 月，共有 17 口井投入试采，由于位于城区，施工难度大，加之原来地震采集资料品质较差，构造认识不清。

2011 年，在采用三维地震资料、加强精细构造研究及储层预测的基础上，优选 TG0 井区进行先期评价，先后对部署井中的 TG19-15C、TG19-16C、TG19-1C 三口井进行钻探实施。其中，TG19-16C 井在沙三 5 亚段特殊岩性油藏评价取得重大发现，在 3390 ～ 3398m 钻遇 8m 灰褐色荧光泥质碳酸盐岩，岩屑薄片鉴定为泥质泥晶白云岩与白云质泥岩不等厚交互的特殊岩性；录井解释油层为 31m，低产油层为 37m。同年 11 月，在 TG19-16C 井沙三 5 亚段的 3429 ～ 3454m（厚度为 25m）射孔、压裂后获高产油流，成为近年来大港油田在特殊岩性油藏获得高产的第一口井。

2012 年以来，塘沽地区沙三 5 亚段特殊岩性油藏评价取得突破性进展。在 TG0 井区 30km^2 面积内，在四个区块部署了 TG19-16C、TG10-10C、TG2C、TG29-5C、TG18-16C 共五口井，其中 TG18-16C 为大斜度井，TG2C 井进行全井段系统取心（图 2-1）。截至 2013 年 7 月 24 日，上述五口井的累计产油量已达 1.064×10^{4}t，其中，TG19-16C、TG18-16C、TG29-5C 日产油量趋于稳定，分别为 8t、7t 和 5 ～ 6t。综合各井试油试采数据，认为储层致密，使油水分异较差、油水过渡带厚度大、无统一油 - 水界面，属于断块 - 岩性油藏（图 2-10）。

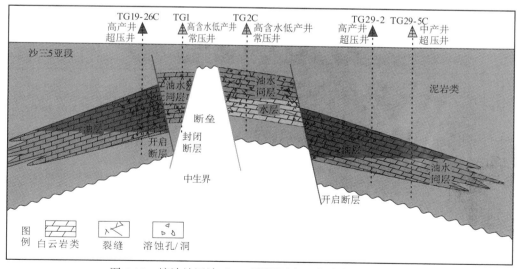

图 2-10　塘沽地区沙三 5 亚段深层白云岩油藏剖面简化图

第3章　湖相白云岩岩石矿物学特征

3.1　岩石相特征

塘沽地区白云岩地层集中在沙三 5 亚段，TG2C 井获取了较完整的白云岩地层岩心，连续取心长度 77.45m。依据岩心观察，对白云岩层系的岩性类型、岩石相类型及其组合进行识别与划分。

3.1.1　岩性类型

1. 岩性构成

岩性是依据岩石定名规则确定的最基础和最重要的岩石特征。通过详细岩心观察描述，在 0 号层、1 号层和 2 号层中共识别出了九种常规岩性，分别为白云岩、含泥白云岩、泥质白云岩、白云质泥岩、含白云泥岩、泥（页）岩、灰质粉砂岩及灰质泥岩，还可见一种薄层状炭质沥青，因其在白云岩层段中较为频繁出现，本书将其作为一种其他特殊岩性处理（表 3-1）。白云岩、含泥白云岩及泥质白云岩三种岩性以白云岩成分为主，可以统称为白云岩类。白云质泥岩、含白云泥岩、泥（页）岩及灰质泥岩四类以泥质岩为主，可以统称为泥质岩类。灰质粉砂岩及炭质沥青在岩心中少见，归入其他类（表 3-1）。

表3-1　塘沽地区单层岩心岩性所占比例统计表

单层号	总厚度/m	白云岩类				泥质岩类					其他类		
		白云岩	含泥白云岩	泥质白云岩	比例/%	白云质泥岩	含白云泥岩	泥（页）岩	灰质泥岩	比例/%	灰质粉砂岩	炭质沥青	比例/%
0	38.7		0.1	1.4	7.6	7.8	7.2	2.6	0.2	90.9	0.3		1.4
1	17.1				0.0	3.7	13.4			100			0.0
2-1	14.2		0.8	2.9	25.9	4.3	6.2			74.1			0.0
2-2	26.7	8.1	7.8	5.8	81.5	3.1	1.7			17.9		0.2	0.6

以单层为统计单元，分别对取心段各类岩性厚度进行统计，结果显示（表 3-1）：白云岩类（白云岩、含泥白云岩及泥质白云岩）在 2-2 单层中最为发育，其含量可高达 81.5%，2-1 号单层中次之，含量为 25.9%；泥质岩类（白云质泥岩、含白云泥岩及泥岩）

则在 1 号和 0 号层中广泛发育，其含量分别 100% 及 90.9%；此外，值得一提的是，炭质沥青层厚度虽仅有 0.2m，但其在白云岩层段异常密集，10.6m 的岩心段中出现了 56 层，密度近 5 层 /m，亦集中出现于 2-2 号层。

为了减少过渡岩性表征的繁琐，将白云岩层系的 9 种岩性类型，合并为主要的 4 种类型，即白云岩（白云岩及含泥白云岩，泥质含量小于 25%）；泥质白云岩（泥质白云岩，泥质含量为 50%～25%）；白云质泥岩（泥质含量为 50%～75%）；泥岩（含白云泥岩、泥岩、灰质泥岩）（表 3-2）。以下重点描述这四类岩性的岩石特征。

表3-2　塘沽地区TG2C井沙三5亚段取心段各岩性参数统计表

岩性		总厚度 /m	占百分比 /%		
			水平纹理	块状层理	揉皱层理
白云岩类	白云岩	16.8	32.8	55.3	11.9
	泥质白云岩	10.1	67	18.1	14.9
泥岩类	白云质泥岩	18.9	86.9	12.5	0.6
	泥岩	31.2	97.9	0	2.1

2. 白云岩

白云岩类中的主体岩性，主要集中在层段的中部，总厚度约为 16.8m。岩石颜色主要为灰白色，晶粒细小肉眼难辨，为隐晶质结构。岩石中块状层理较发育，所占百分比达 55.3%（表 3-2），局部块状层理发育处可见溶孔［附录图 1（a）］，疑为早期石膏类化学结核在后期溶蚀后形成。该类层理白云岩中亦见一类黑色有机质结构［附录图 1（a）］，其来源及成因尚未探明；水平纹理构造在白云岩类中亦较为常见（表 3-2），经后期薄片鉴定查明其构成纹层类型主要有四类：富方沸石纹层、富铁白云石纹层、富粉砂纹层及富干酪根纹层。前三类纹层中，富方沸石纹层在岩心中多呈暗黄色［附录图 1（b）］，富铁白云石纹层则多呈灰白色［附录图 1（b）］，富粉砂纹层则呈浅灰色［附录图 1（a）］，各类纹层厚度为 0.5～3mm；后一类的富干酪根纹层，主要呈褐色，厚度极薄，为 0.01～0.06mm［附录图 1（c）］，岩心中呈细线状展布，在垂向上以多层密集或分散产出。除以上两类层理构造，白云岩中亦见少量揉皱层理（表 3-2），揉皱内见各类纹层经受了强烈的扭曲变形［附录图 1（d）］。

3. 泥质白云岩

泥质白云岩在岩心中相对少见，主要集中于层段中下部及中上部，厚度约为 10.1m，由于泥质含量增加多呈浅灰色、褐灰色及暗黄色等，同样为隐晶质结构。该类岩石中水平纹理产出频率较高，达 67%［附录图 1（e）、附录图 1（f）］，纹理中的组成纹层类型主要为富铁白云石纹层、富方沸石纹层、富泥纹层及富干酪根纹层，纹层厚度为 0.1～3mm。由于泥质含量的升高，在浅灰色岩心样品中已较难区分富方沸石纹层及富铁白云石纹层，仅能通过薄片观察进行相应分析［附录图 1（e）］。泥质白云岩中亦见块状层理的发育，主要以夹黑色泥岩中的形式产出［附录图 1（g）］，层段内相对少见。揉皱层理在该类岩石中也可见到，但总体上不如上述两类层理多见［附录图 1（h）］。

4. 白云质泥岩

白云质泥岩在岩心中较为常见，主要集中于下部及中上部，厚度约为 18.9m。为泥质含量进一步增加后的沉积产物，颜色多变，可呈浅褐色、深灰色及青灰色等，岩心中难以识别晶粒大小，为隐晶质结构。水平纹理为主要的岩心沉积构造［附录图 1（i）、附录图 1（h）］，产出比率可达 86.9%（表 3-2）。其中，浅褐色水平纹理白云质泥岩为褐灰色水平纹理泥质白云岩泥质含量增加后的一种渐变类型，二者的区分主要依据泥质纹层出现频率的高低。块状构造的白云质泥岩在局部亦有见到，多呈深灰色与水平纹理泥岩在垂向上交替出现。揉皱层理在该类岩石中则极少见到。

5. 泥岩

目的层的另一类主体岩性，主要集中在层段上部及下部，层段上部泥岩多呈灰黑色［附录图 1（k）、附录图 1（l）］；层段下部的泥岩多呈褐色，可能为其中铁元素经氧化所致，为浅褐色白云质泥岩的过渡类型，但其颜色比它更深，泥岩并不纯，局部夹薄层粉砂岩，含有少量的白云石。几乎所有的泥岩都发育水平纹理（表 3-2），岩心中亦可见揉皱层理。

3.1.2　岩石相类型及其组合

岩石相是能够反映沉积环境的岩石特征综合，白云岩岩石相指反映其沉积成岩环境的岩石颜色、岩石成分、沉积构造、成层性及含有物等属性特征的综合。根据 TG2C 井岩心中所观察到的沉积现象，按照"含有物 + 沉积构造 + 岩性"的命名方式，对岩心中岩石相进行划分，共划分出 11 种岩石相，详细划分方案见表 3-3。重要的 6 种岩石相类型分别描述如下。

表3-3　塘沽地区TG2C井沙三5亚段岩石相划分方案表

序号	岩石相类型	特征
1	块状层理白云岩相	由灰白色白云岩组成，泥质含量很低，内部成分均一，呈块状产出
2	含溶孔块状层理白云岩相	由灰白色白云岩组成，块状层理发育，见豆状大小溶孔，内部为方沸石充填
3	块状层理泥质白云岩相	由浅灰色、暗黄色泥质白云岩组成，块状层理发育
4	变形构造白云岩相	由灰白色白云岩组成，发育揉皱变形构造
5	变形构造泥质白云岩相	由褐灰色泥质白云岩组成，发育揉皱变形构造
6	变形构造白云质泥岩相	由深灰色白云质泥岩组成，发育揉皱变形构造
7	水平纹理白云岩相	由灰白色白云岩组成，富白云石纹层及富方沸石纹层在垂向上交替出现
8	水平纹理泥质白云岩相	由褐、青灰色泥质白云岩组成，富白云石纹层及富泥纹层在垂向上相互交替出现
9	水平纹理白云质泥岩相	由褐、青灰色白云质泥岩组成，富泥纹层及富白云石纹层在垂向上交替出现，富泥纹层出现频率更高

序号	岩石相类型	特征
10	水平纹理、块状层理泥岩相	由灰黑色泥岩组成，发育块状层理或水平纹理
11	炭质沥青相	由层状黑色炭化沥青组成，疏松多孔，污手

1. 块状白云岩相

由白云岩渐变至泥质白云岩，泥质含量渐高，成分均一，内部难见纹层，呈块状产出 [图 3-1（a）～图 3-1（c）]，反映了水体较浅的半深湖环境特征。

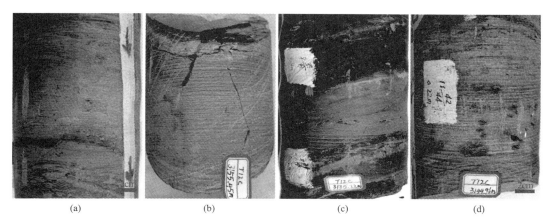

(a)	(b)	(c)	(d)

图 3-1　塘沽地区沙三 5 亚段块状层理白云岩 / 泥质白云岩相及含溶孔块状白云岩相

（a）块状层理白云岩相（上）及变形构造泥质白云岩相（下），3141.72m，TG2C 井；（b）块状层理白云岩相，3155.45m，TG2C 井；（c）块状层理泥质白云岩相（中）及水平纹理泥岩相（上、下），3135.22m，TG2C 井；（d）含溶孔块状层理白云岩相，见孔径为 0.5 ～ 2mm 的溶孔，3144.96m，TG2C 井

2. 含溶孔块状层理白云岩相

溶孔仅见于发育块状层理的白云岩之中，在其他类别岩石相中难以见到。溶孔孔径为 0.5 ～ 2mm。经镜下观察，认为所溶物质为石膏一类蒸发盐矿物。白云岩内部难见纹层，呈均匀块状产出 [图 3-1（d）]，该类岩相反映了水体较浅、蒸发作用强烈、相对浅水的半深湖沉积环境。

3. 变形构造白云岩 / 泥质白云岩 / 白云质泥岩相

揉皱变形在白云岩、泥质白云岩及白云质泥岩中均可见到，具体表现为岩石内部发生强烈的扭曲变形 [附录图 1（d）、附录图 1（h）]，推测岩石中的变形构造为松软沉积形成尚未固结成岩之前因发生滑坡形成。变形构造白云质泥岩相主要反映其形成于水体相对较深的深湖沉积环境，变形构造白云岩或泥质白云岩相则反映其形成于水体相对较浅的半深湖沉积环境。

4. 水平纹理白云岩 / 泥质白云岩 / 白云质泥岩

水平纹理岩石相为研究区内特征岩石相，表现为不同岩性以纹层（厚度小于 3mm）

形式在纵向上高频交替出现，具体在岩心中的表现则为富白云石纹层及富泥纹层等在纵向上的交互组合［附录图 1（a）～附录图 1（c）、附录图 1（e）、附录图 1（f）、附录图 1（i）～附录图 1（l）］。其中，水平纹理白云岩相及水平纹理泥质白云岩相反映了水体较浅的半深湖沉积环境岩相特征；水平纹理白云质泥岩相反映了水体较深的深湖沉积环境岩相特征。

5. 水平层理或块状层理泥岩相

泥岩中发育块状层理或水平层理［附录图 1（k）、附录图 1（l）］，反映了水体较深的深湖沉积环境中岩相特征。

6. 炭质沥青相

炭质沥青相亦为研究区的特征岩相，因其纵向上出现频繁（5 层 /m）且主要赋存于白云岩相之中，此处将其单独划分出来。炭质沥青相单层层厚为 0.2 ～ 2cm（图 3-2）。本书认为该类岩石相的形成与微生物大量繁殖发育，所富集的有机质后期经热演化后强烈降解相关；因其多与白云岩伴生，本书认为该类炭质沥青相的形成反映了水体为相对较浅的半深湖沉积环境中的岩相特征。

|　　　　　　（a）　　　　　　　　　　　　　　　　（b）|

图 3-2　塘沽地区沙三 5 亚段炭质沥青相

（a）炭质沥青层，厚约为 1.5cm，3143.97m，TG2C 井；（b）炭质沥青层，厚约为 1cm，截面图，3144.28m，TG2C 井

研究区泥质白云岩系中反映沉积环境变化的岩性组合主要有两种：①反映相对浅水沉积环境的白云岩类组合为泥质白云岩—含泥白云岩—白云岩—含泥白云岩（图 3-3）；②反映深水沉积环境的泥质岩类组合为泥质白云岩—白云质泥岩—含白云泥岩—泥页岩（图 3-4）。

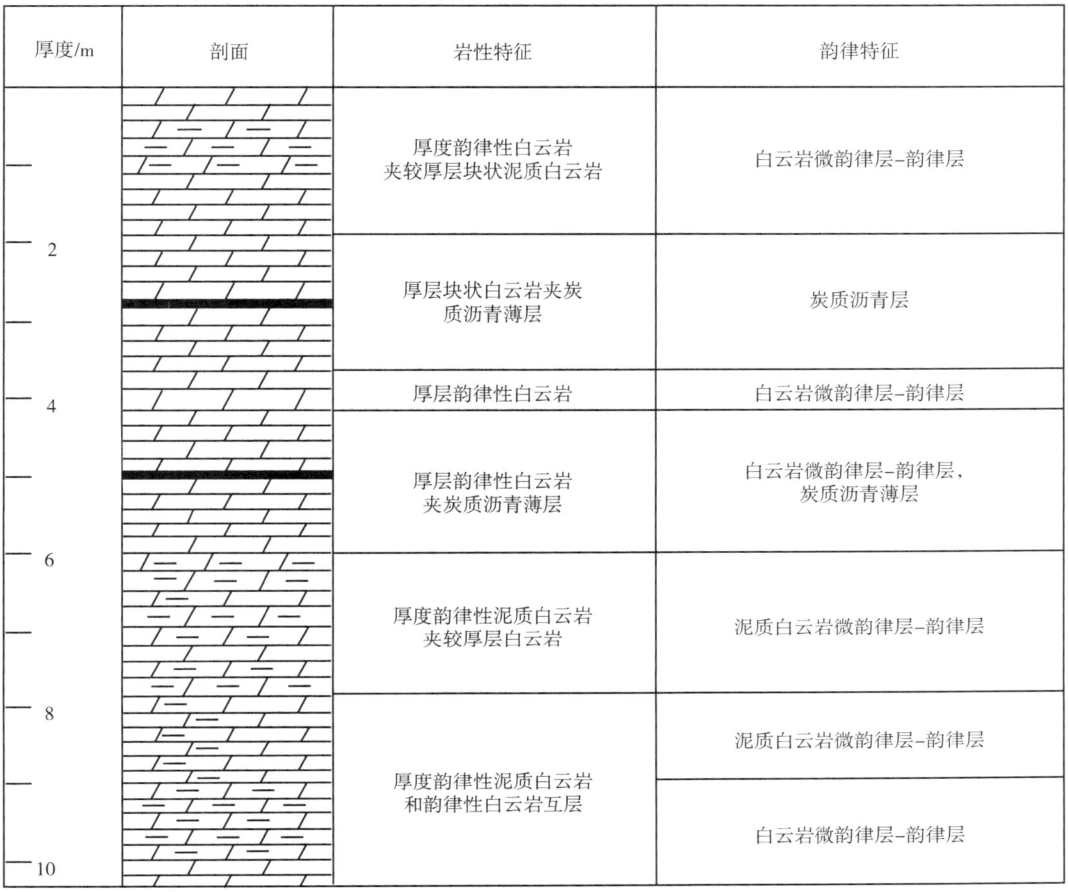

厚度/m	剖面	岩性特征	韵律特征
2 4 6 8 10		厚度韵律性白云岩 夹较厚层块状泥质白云岩	白云岩微韵律层–韵律层
		厚层块状白云岩夹炭 质沥青薄层	炭质沥青层
		厚层韵律性白云岩	白云岩微韵律层–韵律层
		厚层韵律性白云岩 夹炭质沥青薄层	白云岩微韵律层–韵律层， 炭质沥青薄层
		厚度韵律性泥质白云岩 夹较厚层白云岩	泥质白云岩微韵律层–韵律层
		厚度韵律性泥质白云岩 和韵律性白云岩互层	泥质白云岩微韵律层–韵律层
			白云岩微韵律层–韵律层

图 3-3　塘沽地区相对浅水沉积环境的白云岩类组合

　　研究区岩心中韵律非常发育，对 TG2C 井不同岩性组合中的韵律层进行统计（表 3-4）。相对浅水沉积岩性组合中，主要为厚层水平纹理泥质白云岩和水平纹理白云岩。在泥质白云岩中，富泥层及富白云石纹层发育，纹层近水平，厚度为 0.2～3mm，平均值为 1.5mm，富白云石纹层层密度 157 层/m，富泥纹层层密度 79.8 层/m。白云岩中富白云石及富方沸石纹层发育，纹层近水平，厚度为 0.2～6mm，平均值为 1.5mm，富白云石纹层层密度为 105.9 层/m，富方沸石纹层层密度为 83.8 层/m；此外，富干酪根纹层厚度为 1～10mm，平均值为 2.5mm，层密度为 17.2 层/m。深水沉积岩性组合中，主要为厚层水平纹理泥（页岩）夹水平纹理白云质岩。白云质泥岩中富泥纹层及富白云石纹层发育，厚度为 0.2～2.5mm，平均值为 2mm，富白云石纹层层密度为 41.3 层/m，富泥纹层层密度为 185.9 层/m。泥（页）岩中富泥纹层发育，纹层近水平，厚度为 0.2～4mm，平均值为 1.5mm，纹层层密度为 238 层/m。

厚度/m	剖面	岩性特征	韵律特征
		较厚层韵律性泥岩和白云质泥岩互层，夹页岩	泥岩微韵律层–韵律层
			页理发育
2			白云质泥岩与泥岩微韵律层–韵律层
		较厚层钙质粉砂岩	块状
		厚层泥页岩	泥岩微韵律层–韵律层
4		较厚层韵律性泥岩和白云质泥岩互层	白云质泥岩与泥岩微韵律层–韵律层
6		厚层韵律性泥岩夹较厚层白云质泥岩	泥岩微韵律层–韵律层
8		厚层韵律性泥质白云岩	白云质泥岩微韵律层–韵律层
		厚层韵律性泥岩夹薄层泥质白云岩	泥岩微韵律层–韵律层
10		厚层韵律性白云质泥岩夹薄层泥质白云岩	泥质白云岩与泥岩微韵律层–韵律层
12		厚层韵律性泥岩和白云质泥岩互层	泥岩微韵律层–韵律层
			泥质白云岩与泥岩微韵律层–韵律层

图 3-4　塘沽地区相对深水沉积环境的泥质岩类组合

表3-4　塘沽地区TG2C井岩心纹层韵律性统计表

组合	岩性	纹层类型	纹层数	纹层厚度 /mm 最小值	平均值	最大值	统计层厚 /m	纹层密度 /（层 /m）
浅水	白云岩	富白云石纹层	144	0.2	1.5	6	1.36	105.9
		富方沸石纹层	114					83.8
		富干酪根纹层	15	1	2.5	10	0.87	17.2
	泥质白云岩	富白云石纹层	132	0.2	1.5	3	0.84	157
		富泥纹层	67					79.8
深水	白云质泥岩	富白云石纹层	38	0.2	2	2.5	0.92	41.3
		富泥纹层	171					185.9
	泥（页）岩	富泥纹层	394	0.2	1.5	4	1.65	238

上述两种岩性组合韵律，共同呈现由水退到水进的过程。白云岩类沉积代表相对浅水、蒸发环境，之后湖平面上升，代表深水环境的泥岩类沉积在白云岩类上部（图3-5）。

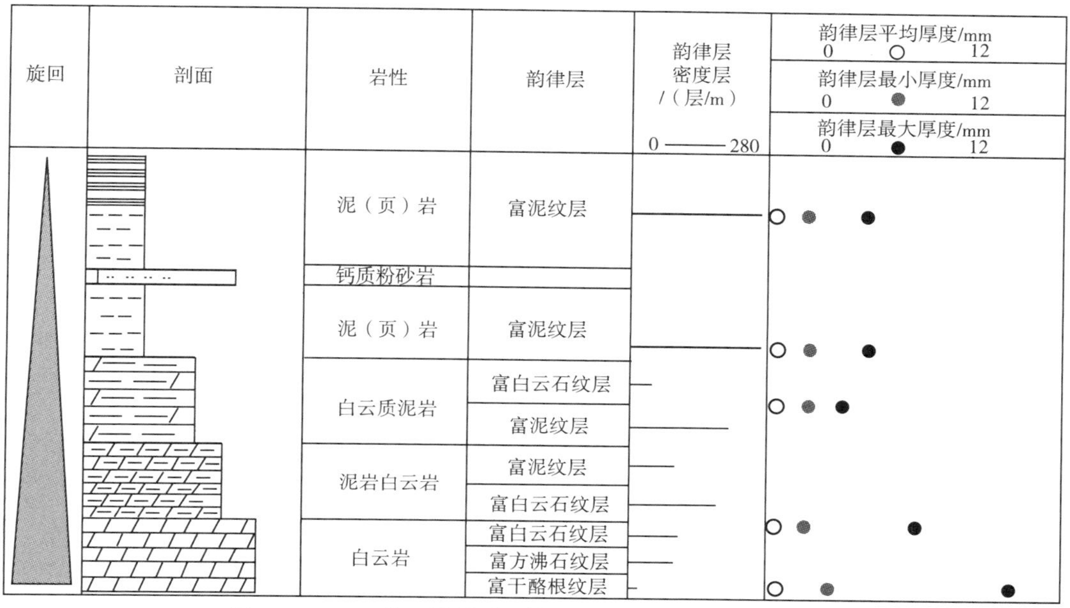

图 3-5　TG2C 井 2 号层至 0 号层沉积旋回岩性组合示意图

3.2　矿物学特征

在岩性分析基础上，在实验室综合薄片鉴定、XRD 分析、扫描电镜及能谱分析等技术手段，重点对研究区目的层的白云岩类岩性加以深入研究，识别出铁白云石、方沸石、石英、长石（正长石及钠长石）、黏土矿物（伊利石）、黄铁矿及重晶石等矿物。

XRD 半定量分析结果显示岩心中识别的白云岩及泥质白云岩中富含方沸石，石英及长石含量也不低（图3-6，表3-5），但应为该类岩性主体的白云石含量则变化较大，显示该类岩石为一类矿物组成极为复杂的"特殊岩性"，其岩性应定名为"含粉砂方沸 - 白云岩"或"含粉砂白云 - 方沸岩"，但考虑到上述岩心岩性命名原则，仍将将白云岩及泥质白云岩合并统称为"白云岩类"。

3.2.1　白云石

白云石是白云岩类岩的主要构成矿物，岩石铁氰化钾 + 苯素红染色及阴极发光测试表明白云石内富含铁元素，能谱分析结果显示：白云石中 Fe/（Fe+Mg）为 0.40 ～ 0.86（表 3-6），含铁白云石与铁白云石界限为 0.4（陈丽华等，1994），表明其为铁白云石一类。值得一提的是，白云石晶格中普遍可见 Al、Si、Na 等元素，这些元素可能由围绕白云石分布的铝硅酸盐矿物带入，并非存在于晶格内部。铁白云石的含量在白云岩类中变化较大，白云岩中其含量为8%～40%，泥质白云岩中则为25%～52%，泥质白云岩中"似乎"更富含白云石（表3-5）。

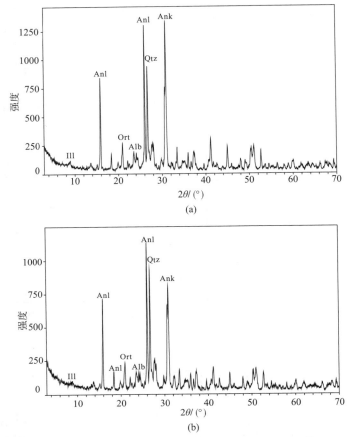

(a)

(b)

图 3-6　塘沽地区沙三 5 亚段水平纹理白云岩及水平纹理白云质泥岩 XRD 分析谱图

Ank 为铁白云石；Anl 为方沸石；Qtz 为石英；Alb 为钠长石；Ort 为正长石；Ill 为伊利石

表3-5　塘沽地区沙三5亚段白云岩类岩石中矿物含量统计表

编号	深度 /m	岩性	Ank/%	Anl/%	Qtz/%	Alb/%	Ort/%	Ill/%	白云石晶粒大小	有序度
K1	3121	块状层理泥质白云岩	42	27	14	3	3	11	泥晶	0.30
K2	3127.41	水平纹理泥质白云岩	52	22	10	5	4	7	泥晶	0.21
K3	3142.02	水平纹理泥质白云岩	25	38	14	7	8	8	泥晶	0.48
K4	3143.47	块状层理白云岩	19	44	16	6	12	3	粉晶	0.60
K5	3143.69	块状层理白云岩	26	36	17	7	8	6	泥晶	0.39
K6	3144.13	块状层理白云岩	26	39	16	5	7	7	泥晶	0.43
K7	3145.2	块状层理白云岩	25	30	15	7	10	13	泥晶	0.49

续表

编号	深度 /m	岩性	Ank/%	Anl/%	Qtz/%	Alb/%	Ort/%	Ill/%	白云石晶粒大小	有序度
K8	3145.28	水平纹理白云岩	20	41	16	6	8	9	粉晶	0.64
K9	3146.83	块状层理白云岩	39	32	11	6	7	5	泥晶	0.31
K10	3147.78	块状层理白云岩	30	36	12	8	9	5	泥晶	0.36
K11	3148.1	块状层理白云岩	35	25	15	9	6	10	泥晶	0.33
K12	3148.28	水平纹理白云岩	31	34	14	7	9	5	泥晶	0.33
K13	3148.76	水平纹理白云岩	40	32	13	4	5	6	泥晶	0.35
K14	3148.86	水平纹理白云岩	35	30	16	6	8	5	泥晶	0.34
K15	3149.02	块状层理白云岩	32	34	14	7	6	7	泥晶	0.42
K16	3151.57	水平纹理白云岩	32	37	12	8	7	4	泥晶	0.32
K17	3152	水平纹理白云岩	37	33	12	5	6	7	泥晶	0.33
K18	3158.78	水平纹理白云岩	8	65	6	6	11	4	粉晶	0.61
K19	3160.39	水平纹理泥质白云岩	28	36	12	8	6	10	泥晶	0.41

就分布特征而言，除微裂缝及孔隙外，铁白云石在岩石中的各种组构中均有分布，可归纳出基质均匀分散 [附录图 2（a）～附录图 2（e）] 及纹层型 [附录图 2（g）～附录图 2（k）] 两种产状，前者主要为块状层理白云岩类中产状，后者则主要指水平纹理状白云岩类中产状。镜下观察中，铁白云石主要呈泥晶级质点（2～4μm）产出，亦见由粉晶级（18～30μm）晶粒构成的白云岩类岩石，晶粒的大小与沉积构造、岩性及产状之间并见到明显关联。

其在均匀分散对应的块状层理白云岩类中，呈泥晶级均匀分散状的泥晶铁白云石晶形难辨，在扫描电镜观察中则因其与其他矿物混杂，较难分辨出其晶形，结合能谱分析，可见他形似球型结构 [附录图 2（l）～附录图 2（m）]。该类铁白云石常多与疑为黏土矿物的暗色物质混杂显得极为污浊 [附录图 2（a）、附录图 2（b）]，阴极发光除个别碎屑颗粒的多色发光外整体较为昏暗 - 不发光 [附录图 2（c）]；由粉晶铁白云石构成的白云岩类岩石则整体较为洁净，其高级白干涉色的特征亦较为明显 [附录图 2（d）]，晶体自形程度相对较高，为半自形 - 自形，在扫描电镜观察中可见到对应的菱面体晶型 [附录图 2（n）、附录图 2（o）]。在阴极发光测试中该类白云石的阴极发光虽整体亦较昏暗，但其亮度较泥晶级白云石的高，此外，也可见到个别明亮橙红色发光的晶粒 [附录图 2（e）]，表明其含铁量较低甚至不含铁，推测其为普通的白云石，染色薄片中部分并未染成蓝色的晶粒辅证了该推测 [附录图 2（f）]。至于纹层富集产状中的白云石，泥晶及粉晶铁白云石具有类似块状层理白云岩类中的矿物学特征 [附录图 2（g）～附录图 2（k）]，值得一提的是，其他类型纹层中同样赋存铁白云石，岩心中观察中的富泥纹层内含有一定量的铁白云石 [附录图 2（j）]，富方沸石矿物纹层中铁白云石同样为另一种主要构成矿物 [附录图 2（k）]，岩心中难以识别的富粉砂纹层内部亦存在着铁白云石，此处归纳的富集纹层产状仅针对岩心中可见并在镜下可确认白云石聚集的纹层。

　　根据 XRD 分析资料中铁白云石（015）及（110）晶面的反射峰强度计算的晶体有序度（$\delta=I$（015）$/I$（110））（Füchtbauer and Goldschmidt, 1965）显示：粉晶白云石有序度明显高于泥晶白云石一类，前者有序度为 0.60～0.64，平均为 0.62；后者有序度为 0.21～0.49，平均为 0.36。这可能暗示粉晶白云石经过成岩调整从而变得相对有序。

表3-6　塘沽地区沙三5亚段白云岩类白云石元素组成

编号	岩性	元素含量 /wt[①]%								Fe /（Fe+Mg）
		Na	Mg	Al	Si	K	Ca	Fe	O	
D1	水平纹理白云岩	1.74	13.49	2.25	5.17	0.47	32.65	10.68	33.56	0.44
D2	水平纹理泥质白云岩		9.96	3.54	10.04	1.17	27.22	12.29	35.77	0.55
		2.56	2.18	16.10	1.48	25.14	15.73	36.81	0.86	
		3.93	0.93	1.83			44.91	19.41	28.99	0.83
D3	水平纹理泥质白云岩		9.79	3.10	12.52	1.65	23.87	12.24	36.83	0.56
		15.03	1.26	3.56	0.55		34.44	12.62	32.54	0.46
D4	水平纹理白云岩	2.83	10.91	4.97	11.41	0.97	22.37	8.62	37.48	0.44
		1.23	10.70	2.47	7.75		29.80	12.84	34.33	0.55
D5	水平纹理白云岩		12.06	0.97	2.43	0.65	37.48	15.36	31.06	0.56
		1.27	16.11	2.11	3.85		32.05	10.61	33.48	0.40
		1.59	10.84	2.61	6.40		30.33	14.63	33.60	0.57

　　① 为尊重行业习惯，质量百分数用 wt% 表示。

3.2.2　方沸石

　　方沸石是目的层白云岩类岩石中的另一种主体矿物，亦为研究区岩石中的特征矿物。目前，海相白云岩的研究中尚未见到方沸石产出的报道，但近年来国内学者在对湖相白云岩成因的研究中则持续出现了多例产出报道。例如，酒西盆地青西凹陷下沟组、新疆三塘湖盆地二叠系芦草沟组、辽西凹陷沙四段及内蒙古二连盆地白音查干凹陷腾格尔组白云岩。在这些案例中，方沸石主要呈纹层富集状产出，晶粒以泥 - 粉晶大小为主（Liu et al., 2012; Wen et al., 2013），亦见粗晶 - 砾晶大小的报道（钟大康等，2015）。另外，亦有报道方沸石以裂缝充填（宋柏荣等，2015）或呈角砾状（Liu et al., 2012）的形式产出。与以上案例中的方沸石相较，塘沽地区沙三 5 亚段中的方沸石产状类型及结构特征更为多样，暗示着其形成过程的复杂性。

方沸石在白云岩中含量为 25% ～ 65%，泥质白云岩中为 26% ～ 38%。鉴于高值点处对应的 K18 岩性变化并不明显，其异常高可能是由于分析中恰好选取了方沸石含量较高部分测试所致。排除掉该值，方沸石含量在白云岩类岩石中整体变化较为稳定。由于方沸石具有均质体特性（王濮等，1982），镜下对其进行有效鉴定存在着一定的困难。通过镜下详察，确定方沸石在白云岩类中主要具有两种明显的分布样式，即基质型及充填型，其中基质型包括纹层型及斑块型两种；充填型则可划分出裂缝充填型及溶孔充填型两种（表 3-7）。

表3-7　塘沽地区沙三5亚段白云岩类中方沸石特征表

产状		产出特征
基质型	纹层型	聚集于纹层中，多与白云石、石英及长石呈镶嵌状产出；晶粒细小，为泥晶级，呈近球型
	斑块型	呈斑块状富集，斑块可呈近三角形或椭球形等，内部仅见白云石；晶粒细小，为泥晶级
	分散状	镜下难辨，呈泥晶大小的方沸石与其他基质矿物均匀混杂产出
充填型	裂缝充填型	充填于裂缝之中，晶粒较基质型粗，为粉 - 细晶级；内部纯净，难见其他矿物的产出，偶见沥青残留
	溶孔充填型	充填于易溶矿物形成的模孔中，晶粒较粗，为粉 - 细晶级，内部难见其他矿物产出，偶见沥青残留

纹层型方沸石在白云岩及泥质白云岩中均有产出，单偏光下富方沸石纹层多呈浅黄褐色［附录图 3（a）、附录图 3（b）］或灰白色［附录图 3（c）］，正交光下因全消光明显变暗［附录图 3（d）～附录图 3（f）、附录图 3（j）］，借此可将之与周围矿物区分开来。值得注意的是，泥质白云岩中的富方沸石纹层中方沸石含量更高，内部仅含有少量稀疏分布的白云石，白云岩中的富方沸石纹层内白云石含量则相对较高。富方沸石纹层层厚为 0.2 ～ 2mm，其中的方沸石晶粒细小，皆为泥晶（小于 4μm）级大小，晶形难辨。借助扫描电镜对此类方沸石的形貌进行了观察，发现晶体接近于球形，表面凹凸不平［附录图 3（m）］。通过能谱分析结果（表 3-8），获取了此类方沸石中的 Si/Al 值，该值为 2.09 ～ 2.36，属于 Coomb 和 Whetten（1967）划分出的 C 组贫硅方沸石一类。

充填型产状中，溶孔充填型主要出现在白云岩中，裂缝充填型则在白云岩和泥质白云岩中皆有产出。该类方沸石在单偏光下为无色透明状，内部洁净，较难观察到其他矿物［附录图 3（g）、附录图 3（h）、附录图 3（j）、附录图 3（k）］，与纹层状方沸石具明显差别。绝大多数充填型方沸石均表现为全消光特征，但部分裂缝充填的方沸石内可见聚片双晶特征，这种微弱光性的产生可能与失水、变形或 Si、Al 原子有序化所致相关（王濮等，1982）。充填型方沸石晶体晶粒相对粗大，多为粉 - 细晶大小（大于 4μm），扫描电镜观察中可见其自形程度高，具有典型的四角三八面体晶形［附录图 3（n）、附录图 3（o）］。能谱分析结果显示（表 3-8），该类方沸石的 Si/Al 为 2.38 ～ 2.75，整体属于 Coombs 和 Whetten（1967）提到的 A 组富硅方沸石。

斑块型方沸石较为少见，可呈多边形或近球形产出于岩石基质之中。单偏光下多呈灰白色，正交境下因消光而变暗，内部仅见白云石矿物的产出。该产状中方沸石晶粒同样细小，皆为泥晶（小于 4μm）级大小［附录图 3（i）、附录图 3（l）］。

　　除了上述三类明显的产出形式，研究区岩石中的方沸石应还具有一种"均匀分散状"的产状。XRD 全岩矿物定量分析显示其方沸石含量大于 25%。此外，在扫描电镜观察中，方沸石比白云石更容易在镜下被发现，这一现象亦可从侧面证明方沸石含量较高。结合以上分析，认为最为合理的解释是岩石基质中同样存在很大一部分的泥晶方沸石，由于其与岩石中其他的细粒矿物均匀混杂，使偏光镜下观察中难以对其进行有效识别。

表3-8　塘沽地区沙三5亚段白云岩类中方沸石元素组成

编号	产状类型	元素含量 /wt%							Si/Al
		C	Na	Al	Si	O	K	Fe	
1	基质及富集纹层	17.29	6.3	7.87	19.28	51.76			2.36
2		11.69	5.33	6.26	15.22	60.3	0.84	0.35	2.34
3		9.82	8.26	7.62	17.99	56.31			2.27
4		12.02	6.8	6.69	15.97	58.52			2.3
5		13.53	6.72	6.1	13.99	59.3		0.36	2.21
6		15	6.16	5.3	12.5	61.05			2.27
7		7.52	7.04	9.12	21.37	54.95			2.26
8		14.05	5.44	5.95	13.43	60.15	0.51	0.46	2.17
9		13.33	5.53	6.63	14.37	59.79	0.35		2.09
10		7.52	7.04	9.12	21.37	54.95			2.26
11		12.76	4.87	5.95	14.59	58.79	0.54		2.36
12	微裂缝	8.76	6.97	8.27	21.98	54.03			2.56
13		8.15	6.81	8.01	21.43	55.61			2.58
14		10.57	5.95	6.94	18.77	57.78			2.61
15		11.8	7.19	6.54	16.24	58.24			2.39
16		12.85	4.88	6.45	15.97	59.86			2.38
17		6.9	7.05	8.17	23.27	54.61			2.74
18	溶孔	4.74	7.95	9.89	24.88	52.54			2.42
19		10.24	6.91	7.84	21.23	53.78			2.61

3.2.3　石英及长石

　　石英及长石（钠长石 + 正长石）在岩石中的含量同样十分丰富，白云岩中石英含量为 6% ～ 17%，长石总含量为 9% ～ 18%；泥质白云岩中石英含量为 10% ～ 14%，长石总含量为 6% ～ 17%。镜下观察结果显示，这两类矿物颗粒细小并常混杂产出，同样亦可归纳出纹层型及均匀分散型两种类型产状。

纹层型类产状集中见于水平纹理白云岩类岩石中，岩心中主要呈浅灰色，但有时会因类似富方沸石纹层颜色造成误判。薄片观察中，这一类纹层厚度为 0.2 ～ 1.5mm[附录图 4（a）、附录图 4（b）]，由粉砂级大小的碎屑组成，颗粒多呈次棱 - 次圆状，此种粒级特征的石英及长石已较难通过常规的薄片观察进行区分识别，阴极发光测试给出的颜色信息则可在一定程度上对之进行辅助区分。薄片中呈亮蓝色的为钾长石［附录图 4（c）]，呈黄绿色的可能为更长石，呈深蓝色的则既有可能是石英亦有可能是长石（Boggs and Krinsley，2006）。纹层中亦能观察到发棕色光的颗粒，该发光特征可能指示其为石英（陈丽华等，1994）。均匀分散状产状主要见于块状层理构造的白云岩类之中，主要表现为粉砂级次棱 - 次圆状石英和长石碎屑与其他矿物混合散布于基质之中，偶见呈细砂级的长石颗粒，其磨圆度较高［附录图 4（d）～附录图 4（f）]，黄绿色的阴极发光表明其可能为更长石一类，长石中部发蓝色光可能表明该处富含钾元素，即经历了钾长石化过程［附录图 4（f）]。总体上，岩石中的石英及长石碎屑颗粒均呈“有色”阴极发光特征，表明二者为高温成因来源（Boggs and Krinsley，2006）。

3.2.4 黏土矿物

黏土矿物在白云岩中含量为 3% ～ 13%，泥质白云岩中含量为 7% ～ 11%。XRD全岩分析仅鉴定出伊利石一类黏土矿物。薄片观察尺度仅能分辨出黏土矿物混杂于泥晶 - 粉晶白云石之间，难以对其类别进行有效鉴定。在扫描电镜观察尺度下，呈丝缕状的伊利石可见充填于矿物间的孔隙之中［附录图 4（g）]，亦见其与片状黏土矿物混合产出［附录图 4（h）]。此外，孔隙中可见片状矿物单独产出，亦可见片状矿物聚集于颗粒表面，形成蜂窝状结构［附录图 4（i）、附录图 4（j）]。伊利石及蒙脱石均可以片状结构产出（Welton，1984），鉴于伊蒙混层的常见性及蒙脱石中多见的蜂窝状结构，因此，片状矿物是蒙脱石的可能性更高，但仍需结合进一步的元素分析予以确认。

3.2.5 黄铁矿

岩石中黄铁矿含量低于 XRD 检测限，但在岩心及显微镜下局部普遍可见，矿物纹层状、分散状或者集合体分布，黄铁矿的独特产状有：颗粒型、纹层型、条带型及斑块型。

颗粒型对应岩心中的黑色有机质结核，镜下可见其内部较疏松［附录图 5（a）]，反射光下的黄色光特征表明其富含黄铁矿［附录图 5（b）]。后三类产状则因其颜色较暗易与富泥纹层相似，难以将之有效对应到岩心中。纹层型黄铁矿纹层宽约 0.3mm［附录图 5（c）]，反射光下可见其内部由相对分散的细粒（泥晶级别）黄铁矿颗粒组合而成［附录图 5（d）］。黄铁矿集合体形成条带，条带宽为 0.01 ～ 0.5mm［附录图 5（e）］，反射光下见由细粒（泥晶）黄铁矿集中聚合成［附录图 5（f）］，该类型中可见碎屑颗粒夹杂于其中，暗示其可能来自陆源有机物质，顺流水与粉砂物质一并带入沉积物中。部分该类产状的黄铁矿可见其被微裂缝切穿，亦表明其为正常沉积产物。斑块型黄铁矿，可呈近半圆斑块或 X 形斑块状［附录图 5（g）、附录图 5（h）］，其大小多为 0.5mm×1mm规模，其内部结构类似于斑块状中相应结构［附录图 5（g）］，根据其形貌特征，该类黄铁矿赋存处可能原为一种植物碎片（王怿和朱怀诚，2004）。

除以上几类主要矿物，研究区目的层白云岩类中微裂缝内亦见重晶石类矿物，但因其产状较为局限且产出频率较低，故此处不再赘述。

第 4 章　湖相白云岩沉积地球化学及微体古生物特征

4.1　岩石地球化学特征

4.1.1　元素地球化学特征

从 TG2C 井目的层的新鲜岩心中挑选 15 件白云岩类（白云岩 + 泥质白云岩）及 15 件泥岩类（白云质泥岩 + 泥岩）样品进行元素地球化学分析。所有样品均经玛瑙球磨机处理为粒度小于 200 目的颗粒。测试项目中的主量元素测试由岛津 XRF-1800X 射线荧光光谱仪完成，仪器 X 光管工作电压为 40kV，工作电流为 70mA，测试精度优于 2%。微量及稀土元素的测量分析则由 Thermo Scientific X7 型电感耦合等离子质谱仪完成。测试样品制备流程如下：粉末样品经烘干处理后称取 50mg 置于 Teflon 坩埚之中，先后加入 1.5mL 高纯硝酸及高纯氢氟酸处理；将坩埚置于钢套，置于烘箱中，在 190℃左右的温度中加热 48h 左右，溶液冷却后置于电热板上蒸干，随后加入 1mL 硝酸再次蒸干；加入 3mL30% 的硝酸，在 190℃密封加热 12h 左右，将溶液移入聚乙烯塑料瓶中，加入 2% 的硝酸稀释至 100g，送至仪器中进行测试。质谱仪仪器功率设定为 1250W，分析误差低于 5%。

1. 主量元素特征

30 件样品的主量元素氧化物测试数据见表 4-1。以 UCC（全球平均大陆上地壳成分）为对比标准，对所有样品的数据进行标准化处理并绘制成图。结果显示：层理的发育对元素富集规律影响不大。白云岩类整体富集 Na、Mg、P 及 Ca，Si、Ti、Fe 及 Mn 则在一定程度上亏损 [图 4-1（a）]；泥岩类则普遍富集 Mg、P 及 Ca，岩石中的 Na、Si 及 Mn 存在着一定的亏损现象 [图 4-1（b）]。

表4-1　塘沽地区沙三5亚段岩样主量元素氧化物（wt%）及微量元素含量（10^{-6}）统计表

编号	Y1	Y2	Y3	Y4	Y5	Y6	Y7	Y8	Y9	Y10
深度 /m	3084.7	3086.8	3087.7	3088.7	3090.1	3092.0	3093.1	3094.8	3095.7	3102.2
岩性	LM	LM	LM	LDM	LM	LM	LM	LDM	LM	LDM
Na$_2$O	2.12	2.01	2.77	1.96	2.03	2.18	2.13	2.43	2.22	2
MgO	4.19	2.65	2.6	2.75	2.82	2.72	2.63	3.61	3.17	3.26

Al_2O_3	14.57	16.8	15.68	16.05	15.96	15.77	16.41	14.31	15.23	14.64
编号	Y1	Y2	Y3	Y4	Y5	Y6	Y7	Y8	Y9	Y10
SiO_2	47.54	52.99	50.82	49.5	50.29	51.6	51.43	43.9	48.65	46.87
P_2O_5	0.17	0.21	0.24	0.27	0.22	0.2	0.21	0.67	0.29	0.35
K_2O	3.16	3.87	3.31	3.57	3.51	3.51	3.57	2.64	3.06	3.03
CaO	6.46	5.08	5.8	6.09	5.95	6.31	5.38	8.08	5.57	7.13
TiO_2	0.57	0.7	0.67	0.65	0.65	0.66	0.69	0.52	0.6	0.57
Fe_2O_3	2.65	2.15	1.7	1.89	1.9	2.1	2.26	2.23	2.3	1.98
FeO	2.3	2.15	3.3	3.45	3.55	2.55	2.95	4.05	3.65	3.55
TFe_2O_3	5.21	4.54	5.37	5.72	5.85	4.93	5.54	6.73	6.36	5.93
H_2O^+	3.66	4.88	5.14	5.28	5.04	4.74	5.2	6.02	6.44	6.22
CO_2	2.75	3.56	4.58	4.4	4.99	5.02	4.18	3.85	0.99	1.83
LOI	15.59	10.9	12.47	13.11	12.35	11.84	11.65	16.84	14.54	15.88
H_2O^-	2.09	3.38	2.79	2.79	3.2	3.25	3.2	2.64	2.83	2.73
$ICV^①$	1.49	1.12	1.31	1.29	1.3	1.29	1.22	1.68	1.38	1.5
K_2O/Al_2O_3	0.22	0.23	0.21	0.22	0.22	0.22	0.22	0.18	0.2	0.21
$CaO^{*②}$	0.59	1.37	2.16	2.24	2	2.5	1.7	3.03	1.13	2.57
ICVm	0.8	0.75	0.92	0.89	0.88	0.88	0.83	1.08	0.88	0.97
Al_2O_3/TiO_2	25.56	24	23.4	24.69	24.55	23.89	23.78	27.52	25.38	25.68
m 值^③	28.76	15.77	16.58	17.13	17.67	17.25	16.03	25.23	20.81	22.27
B	124.0	162.9	113.1	116.1	111.0	103.5	140.5	96.50	91.55	106.8
V	93.68	94.68	96.81	106.7	108.5	81.50	95.76	97.76	81.44	82.21
Ni	38.77	40.23	34.89	43.09	33.93	40.73	38.69	39.19	39.66	34.12
Rb	102.7	108.0	85.56	84.70	102.2	100.7	110.7	85.61	81.66	79.04
Sr	756.6	406.3	355.6	552.0	370.0	392.4	343.2	857.9	605.2	729.0
Ba	617	485	494	593	430	418	398	735	509	533
Th	11.53	11.00	9.30	9.56	10.52	9.96	11.03	9.88	8.72	8.92
U	5.06	1.90	1.73	1.89	1.76	1.71	1.99	3.08	3.05	3.89
相当 B	267.85	313.21	237.47	233.06	225.13	209.82	282.12	235.44	201.97	237.1
Sr/Ba	1.23	0.84	0.72	0.93	0.86	0.94	0.86	1.17	1.19	1.37
U/Th	0.44	0.17	0.19	0.2	0.17	0.17	0.18	0.31	0.35	0.44
自生 U	1.14	0.68	0.72	0.74	0.67	0.68	0.7	0.97	1.02	1.13
编号	Y11	Y12	Y13	Y14	Y15	Y16	Y17	Y18	Y19	Y20
深度 /m	3103.4	3113.7	3113.9	3114.8	3119.4	3124.5	3133.6	3135.5	3137.4	3140.2

① ICV=(TFe_2O_3+K_2O+Na_2O+CaO+MgO+MnO+TiO_2)/A_2O_{33}，TFe_2O_3 为全铁，据 CoX 等（1995）。

② CaO^*=CaO%$-$[（MgO/40）×56]%。

③ m 值 =100×MgO/Al_2O_3，据张士三（1988）。

岩性	LDM	LDM	LDM	LDM	LDM	LAD	LAD	MAD	MAD	LAD
Na_2O	2.12	2.41	2.28	2.54	2.76	3.04	5.04	4.59	5.08	5.1
编号	Y11	Y12	Y13	Y14	Y15	Y16	Y17	Y18	Y19	Y20
MgO	3.22	3.69	4.14	3.6	4.63	5.76	2.16	3.45	2.68	2.67
Al_2O_3	14.84	13.58	13.37	13.91	12.62	11.8	15.7	13.6	15.03	15.28
SiO_2	48.86	44.82	44.08	46.84	41.76	37.74	48.87	43.48	46.93	48.46
P_2O_5	0.2	0.18	0.23	0.18	0.21	0.46	0.24	0.32	0.54	0.23
K_2O	3.06	3.02	3.01	2.97	2.69	2.35	2.84	2.38	2.66	2.85
CaO	6.6	8.08	8.39	8.03	9.59	11.89	4.2	7.17	4.42	4.64
TiO_2	0.58	0.54	0.53	0.57	0.54	0.47	0.6	0.56	0.54	0.59
Fe_2O_3	1.96	1.78	1.69	1.98	1.76	1.72	1.5	1.44	1.31	1.22
FeO	2.65	3.5	3.65	2.65	4.3	4.35	3.5	4.05	3.9	3.48
TFe_2O_3	4.9	5.67	5.75	4.92	6.54	6.55	5.39	5.94	5.64	5.09
H_2O^+	5.8	6.04	7.22	5.56	5.16	3.88	7.5	6.6	7.5	6.74
CO_2	1.32	2.42	4.66	3.01	8.07	12.28	0.37	1.39	1.98	1.06
LOI	15.28	17.64	17.86	16.05	18.4	19.67	14.69	18.2	16.21	14.8
H_2O^-	2.48	1.9	1.77	1.91	1.71	1.3	1.02	0.6	0.71	0.8
ICV	1.38	1.72	1.8	1.63	2.12					
K_2O/Al_2O_3	0.21	0.22	0.23	0.21	0.21					
CaO^*	2.09	2.91	2.59	2.99	3.11					
ICV_m	0.87	1.08	1.07	1.01	1.25					
Al_2O_3/TiO_2	25.59	25.15	25.23	24.4	23.37	25.11	26.17	24.29	27.83	25.9
m 值	21.7	27.17	30.96	25.88	36.69	48.81	13.76	25.37	17.83	17.47
B	100.44	92.51	111.17	90.75	83.14	65.85	56.70	37.51	43.05	40.88
V	75.86	75.12	79.91	69.58	92.18	93.34	71.77	84.44	88.61	78.29
Ni	28.95	27.53	34.16	28.37	27.81	22.66	42.73	35.38	31.82	50.53
Rb	82.99	92.59	78.89	88.94	76.85	66.48	83.81	69.74	75.88	74.96
Sr	742.62	763.58	834.26	776.89	670.93	1061.78	375.66	643.86	456.45	406.27
Ba	520.11	619.90	640.37	821.17	618.28	488.30	514.40	1473.89	433.10	535.23
Th	9.60	10.00	9.05	9.99	8.60	8.08	9.80	8.58	9.06	10.72
U	4.03	3.08	3.45	2.93	2.30	3.15	3.95	4.18	5.29	3.10
相当 B	221.58	205.84	247.90	204.17	200.17	174.95	131.46	98.71	104.47	94.56
Sr/Ba	1.43	1.23	1.3	0.95	1.09	2.17	0.73	0.44	1.05	0.76
U/Th	0.42	0.31	0.38	0.29	0.27	0.39	0.4	0.49	0.58	0.29
自生 U	1.11	0.96	1.07	0.94	0.89	1.08	1.09	1.19	1.27	0.93
编号	Y21	Y22	Y23	Y24	Y25	Y26	Y27	Y28	Y29	Y30
深度 /m	3142.0	3143.7	3145.2	3146.8	3148.1	3149.0	3150.7	3152.0	3153.4	3160.4

岩性	LAD	MD	LD	MD	MD	MD	LD	LD	LD	LAD
Na_2O	5.29	4.95	4.35	3.85	4.12	4.4	3.71	4.18	3.61	4.28
编号	Y21	Y22	Y23	Y24	Y25	Y26	Y27	Y28	Y29	Y30
MgO	2.99	3.27	3.4	5.01	4.74	4.31	5.12	5.22	5.95	3.69
Al_2O_3	14.41	14.62	14.53	12.08	12.42	13.66	11.45	12.37	11.32	13.32
SiO_2	46.97	49.51	49.35	41.05	42.51	44.97	39.29	40.76	37.44	46.08
P_2O_5	0.21	0.32	0.14	0.12	0.12	0.11	0.12	0.12	0.16	0.19
K_2O	2.44	2.74	3.02	2.44	2.45	2.64	2.43	2.35	2.2	2.55
CaO	5.39	5.99	6.12	10.15	9.03	7.94	10.13	9.93	11.6	7.53
TiO_2	0.56	0.52	0.55	0.48	0.49	0.56	0.47	0.52	0.48	0.55
Fe_2O_3	1.36						1.79		1.75	1.18
FeO	3.85						4.15		4.3	3.8
TFe_2O_3	5.64	2.75	3.4	5.01	4.86	4.23	6.4	4.23	6.53	5.4
H_2O^+	6.5						4.36		4.16	5.04
CO_2	1.94						8.14		10.41	6.2
LOI	15.77	14.88	14.86	19.6	18.5	16.44	19.03	19.62	20.41	16.08
H_2O^-	0.46	0.4	0.5	0.46	0.38	0.54	0.56	0.48	0.66	0.54
ICV										
K_2O/Al_2O_3										
CaO*										
ICV_m										
Al_2O_3/TiO_2	25.73	28.12	26.42	25.17	25.35	24.39	24.36	23.79	23.58	24.22
m 值	20.75	22.37	23.4	41.47	38.16	31.55	44.72	42.2	52.56	27.7
B	32.00						25.30		33.58	34.09
V	64.44	49.47	67.58	98.34	94.80	77.23	97.28	86.81	96.33	72.73
Ni	35.29	6.89	18.21	15.02	14.94	26.02	75.23	13.27	26.98	34.64
Rb	58.29	81.50	95.00	72.37	73.08	83.91	61.83	75.11	72.11	72.99
Sr	513.90	782.92	618.69	918.25	817.40	868.06	828.50	1139.18	939.60	636.12
Ba	612.80	470.12	426.35	457.17	422.97	494.67	10680.90	2187.17	641.90	539.70
Th	9.43	9.16	9.13	7.81	7.24	8.78	5.40	7.39	9.06	9.35
U	3.23	2.86	2.75	1.59	1.46	1.77	1.53	1.60	3.29	2.55
相当 B	82.67						65.56		93.81	85.27
Sr/Ba	0.84	1.67	1.45	2.01	1.93	1.75	0.08	0.52	1.46	1.18
U/Th	0.34	0.31	0.3	0.2	0.2	0.2	0.28	0.22	0.36	0.27
自生 U	1.01	0.97	0.95	0.76	0.76	0.75	0.92	0.79	1.04	0.9

注：LM 为水平纹理泥岩；LDM 为水平纹理白云质泥岩；LAD 为水平纹理泥质白云岩；LD 为水平纹理白云岩；MAD 为块状层理泥质白云岩；MD 为块状层理白云岩，下同。表中 H_2O^+ 表示化合水；H_2O^- 表示吸附水，下同。

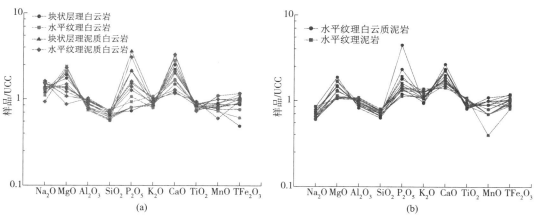

图 4-1　塘沽地区沙三 5 亚段白云岩类（a）及泥岩类（b）主量元素氧化物 UCC 标准化模式

UCC 数据来自 Rudnick 和 Gao（2003）

通过元素间相关分析发现，在白云岩类中 Na、Al 及 Si 元素组，Mg、Fe、Ca 及 C 元素组和 K、Al 及 Si 元素组中元素间的相关系数均很高（大于 0.8）（表 4-2）。结合白云岩类中矿物学分析认识，上述高相关性分别证明方沸石 / 钠长石、铁白云石、伊利石 / 钾长石的广泛存在，同时也解释了白云岩类中除 P 外的富集现象。P 在岩石中与金属元素 Na 和 K 之间呈微弱的正相关性（小于 0.2），却与 Ca 呈弱的负相关，P 在岩石中主要富集在磷灰石之中，所呈现出弱的负相关可能指示其他磷酸盐矿物的存在（−0.28）（表 4-2）根据元素间相关系数，泥岩类中亦存在铁白云石，在缺乏 XRD 分析的条件下，K、Al 及 Si 高相关性指示岩石中富含哪种含钾矿物则需要进行相关的分析。

表4-2　塘沽地区沙三 5 亚段白云岩类主量元素氧化物、微量元素及稀土元素相关系数统计表

	Na₂O	MgO	Al₂O₃	SiO₂	P₂O₅	K₂O	CaO	TiO₂	MnO	Fe₂O₃	FeO
Na₂O	1.00										
MgO	−0.92	1.00									
Al₂O₃	0.90	−0.97	1.00								
SiO₂	0.86	−0.92	0.94	1.00							
P₂O₅	0.17	−0.30	0.32	0.14	1.00						
K₂O	0.57	−0.74	0.81	0.86	0.06	1.00					
CaO	−0.94	0.99	−0.97	−0.94	−0.28	−0.76	1.00				
TiO₂	0.82	−0.86	0.88	0.81	0.08	0.65	−0.86	1.00			
MnO	−0.57	0.64	−0.69	−0.70	0.07	−0.80	0.66	−0.55	1.00		
Fe₂O₃	−0.75	0.78	−0.75	−0.85	−0.15	−0.61	0.77	−0.78	0.32	1.00	
FeO	−0.82	0.89	−0.89	−0.94	0.14	−0.92	0.89	−0.92	0.77	0.73	1.00
H₂O⁺	0.93	−0.95	0.95	0.88	0.28	0.73	−0.96	0.87	−0.80	−0.64	−0.77
CO₂	−0.96	0.96	−0.91	−0.90	−0.06	−0.71	0.95	−0.92	0.77	0.69	0.82
LOI	−0.81	0.90	−0.93	−0.97	−0.16	−0.88	0.92	−0.81	0.65	0.81	0.96
B	−0.17	−0.05	0.21	0.02	0.62	0.26	0.00	0.08	−0.18	0.10	−0.04
V	−0.67	0.67	−0.72	−0.82	−0.08	−0.62	0.68	−0.61	0.42	0.72	0.75
Ni	0.09	−0.19	0.05	−0.04	−0.03	0.03	−0.16	0.17	0.02	0.15	−0.24

	Na$_2$O	MgO	Al$_2$O$_3$	SiO$_2$	P$_2$O$_5$	K$_2$O	CaO	TiO$_2$	MnO	Fe$_2$O$_3$	FeO
Rb	0.22	−0.32	0.47	0.54	−0.11	0.74	−0.36	0.39	−0.70	−0.30	−0.53
Sr	−0.80	0.92	−0.84	−0.78	−0.26	−0.64	0.90	−0.77	0.48	0.76	0.92
Ba	−0.29	0.29	−0.41	−0.37	−0.25	−0.22	0.29	−0.37	0.09	0.51	0.28
Th	0.62	−0.66	0.74	0.67	0.28	0.52	−0.66	0.74	−0.23	−0.69	−0.65
U	0.46	−0.57	0.56	0.35	0.80	0.20	−0.55	0.44	−0.08	−0.34	−0.19
ΣREE	0.64	−0.65	0.74	0.60	0.33	0.41	−0.64	0.77	−0.32	−0.66	−0.63

	H$_2$O$^+$	CO$_2$	LOI	B	V	Ni	Rb	Sr	Ba	Th	U	ΣREE
Na$_2$O												
MgO												
Al$_2$O$_3$												
SiO$_2$												
P$_2$O$_5$												
K$_2$O												
CaO												
TiO$_2$												
MnO												
Fe$_2$O$_3$												
FeO												
H$_2$O$^+$	1.00											
CO$_2$	−0.96	1.00										
LOI	−0.81	0.83	1.00									
B	0.09	0.10	−0.07	1.00								
V	−0.58	0.67	0.83	0.00	1.00							
Ni	0.01	−0.16	−0.09	−0.48	0.19	1.00						
Rb	0.47	−0.36	−0.50	0.43	−0.40	−0.40	1.00					
Sr	−0.93	0.95	0.80	0.08	0.45	−0.42	−0.17	1.00				
Ba	−0.36	0.25	0.30	−0.48	0.33	0.70	−0.40	0.18	1.00			
Th	0.56	−0.52	−0.68	0.27	−0.59	−0.14	0.38	−0.63	−0.73	1.00		
U	0.69	−0.49	−0.36	0.38	−0.20	0.13	0.05	−0.61	−0.33	0.58	1.00	
ΣREE	0.71	−0.64	−0.55	0.43	−0.47	−0.30	0.36	−0.52	−0.80	0.87	0.58	1.00

注：LOI 为烧失量；ΣREE 表示稀土元素总量。

　　Cox 等（1995）提出的 K$_2$O/Al$_2$O$_3$ 参数及 ICV（index of compositional variation）指数〔ICV =（TFe$_2$O$_3$+K$_2$O+Na$_2$O+CaO+MgO +MnO+TiO$_2$）/Al$_2$O$_3$〕可用于判断泥岩中矿物组合关系，其中，K$_2$O/Al$_2$O$_3$<0.2 时，岩石中矿物以蒙脱石、高岭石、蛭石等为主；0.2<K$_2$O/Al$_2$O$_3$<0.3 时，以伊利石矿物为主；K$_2$O/Al$_2$O$_3$>0.3 时，则以长石类为主。ICV<1 时，岩石中矿物以高岭石、蒙脱石、伊利石、白云母为主；ICV>1 时，则以斜长石、钾长石、黑云母、角闪石及辉石等矿物为主。通过计算，K$_2$O/Al$_2$O$_3$ 为 0.18～0.21，平均为 0.23，指示以伊利石为主。但 ICV 的结果（1.12～2.12）却指示以长石一类为主（表 4-1），两者解释结果存在一定矛盾。ICV 指数是建立于 Ca、Mg 主要赋存于长石或黏土类矿物的基础上，岩石中白云石的存在无疑会对参数结果产生影响，本书提出了

相应的修正指数 $ICV_m=$（$TFe_2O_3+CaO^*+K_2O+Na_2O+MnO+TiO_2$）/$Al_2O_3$，其中 CaO^* 为通过 MgO 比重消除掉白云石中 CaO 含量后所得的视硅质碎屑 CaO 含量，$CaO^*=CaO\%-$[（MgO/40）×56]%。通过计算，ICV_m 为 0.75～1.25，平均为 0.94，整体显示应以黏土矿物（伊利石）类为主，与 K_2O/Al_2O_3 解释归于一致。在计算过程中注意到 ICV_m 计算值大于 1 的主要集中于白云质泥岩类，结合这类岩石纹层中识别的方沸石及公式中涉及 Na_2O，白云质泥岩中该值大于 1 很可能是因为方沸石带入过多的 Na 所致（表 4-1）。泥岩类中的 Na，与 Al 及 Si 呈负相关，在白云质泥岩中应该含有方沸石，该现象可能与其富含石英或其他矿物相关。

在岩石目的层中白云岩类岩石的主量元素氧化物主要包括 SiO_2（含量为 37.44%～49.51%，平均为 44.23%）、Al_2O_3（含量为 11.32%～15.70%，平均为 13.44%）、CaO（含量为 4.20%～11.89%，平均为 7.74%）、TFe_2O_3（含量为 2.75%～6.55%，平均为 5.14%）、MgO（含量为 2.16%～5.95%，平均为 4.03%）、K_2O（含量为 2.20%～3.02%，平均为 2.56%）、Na_2O（含量为 3.04%～5.29%，平均为 4.37%），TiO_2、P_2O_5、MnO 等主量元素氧化物含量则普遍低于 1%（表 4-1）；泥岩类岩石中 Si 及 Al 含量较白云岩类岩石高（SiO_2 含量为 41.76%～52.99%，平均含量为 48%；Al_2O_3 含量为 12.62%～16.8%，平均含量为 14.92%），Na、Mg 及 Ca 则相对较低（Na_2O 含量为 1.96%～2.77%，平均为 2.26%；MgO 含量为 2.6%～4.63%，平均为 3.31%；CaO 含量为 5.08%～9.59%，平均为 6.84%）。以上白云岩类岩石中元素含量的变化规律与对应矿物含量的变化规律具有良好的一致性。

2. 微量元素特征

30 件样品的微量元素测试数据见表 4-1，其中对 6 个白云岩样品进行了更全面的微量元素分析（表 4-3）。与 UCC 相比，白云岩类中 B、Sr 两种元素整体富集，Ni 及 U 含量变化较大，呈部分富集部分亏损，Ba 元素含量整体和 UCC 中接近，但在个别样品中极度富集 [图 4-2（a）]，结合薄片中观察到的现象，判定是由裂缝中充填重晶石矿物所致。样品中 B 含量为 25.3×10^{-6}～65.85×10^{-6}，平均为 41×10^{-6}；Sr 含量为 375.7×10^{-6}～1139.2×10^{-6}，平均为 $733.8\times10^{-6}\times10^{-6}$；Ni 含量为 6.89×10^{-6}～75.23×10^{-6}，平均为 29.97×10^{-6}；U 含量为 1.46×10^{-6}～5.29×10^{-6}，平均为 2.82×10^{-6}。由于 6 个样品中微量元素种类丰富，对它们进行了单独成图处理，由图可知，除前述几类元素存在亏损现象外，白云岩中的另外几类包括 Sc、Cr、Co、Cu、Mo（钼）、Ho（钬）等元素的含量亦比 UCC 低 [图 4-2（b）]。泥岩类中微量元素富集亏损规律与白云岩类中较一致且各元素中富集亏损程度变化相对更为协调 [图 4-2（c）]，但其中 B 更为富集，含量为 83.14×10^{-6}～162.92×10^{-6}，平均达 105.59×10^{-6}（表 4-1）。同样，层理构造对微量元素富集亦无明显影响。

表 4-3　塘沽地区沙三 5 亚段白云岩类其他微量元素含量（10^{-6}）统计表

编号	Y22	Y23	Y24	Y25	Y26	Y28
深度 /m	3143.7	3145.2	3146.8	3148.1	3149.0	3152.0
岩性	MD	LD	MD	MD	MD	LD

续表

编号	Y22	Y23	Y24	Y25	Y26	Y28
Li	17.19	22.17	18.26	17.55	19.60	19.31
Be	1.78	1.97	1.92	1.92	2.13	1.99
Sc	7.30	9.00	12.59	11.46	10.45	12.47
Cr	29.02	47.98	60.02	57.71	48.31	53.07
Co	8.74	15.16	12.84	12.44	17.51	12.18
Cu	4.63	22.31	22.70	15.60	20.08	11.13
Zn	59.70	74.12	66.13	72.92	83.29	77.30
Ga	19.52	20.23	17.04	17.51	19.33	17.90
Zr	105.97	116.74	96.10	94.59	106.98	93.88
Nb	12.12	13.02	11.32	11.46	13.06	12.06
Mo	0.21	0.59	0.29	0.38	1.54	0.62
Sn	2.04	2.22	1.96	1.90	2.18	1.90
Cs	4.85	4.69	4.05	4.16	4.83	4.50
Hf	2.96	3.70	2.86	2.71	3.13	2.80
Ta	0.83	0.90	0.74	0.76	0.86	0.81
Tl	0.30	0.46	0.36	0.35	0.45	0.33
Pb	4.97	14.60	10.67	10.54	16.51	8.26
V/Cr	1.70	1.41	1.64	1.64	1.60	1.64
Ni/Co	0.79	1.20	1.17	1.20	1.49	1.09

注：LD 为水平纹理白云岩；MD 为块状层理白云岩。

几类亏损富集微量元素与主量元素的相关分析显示，B 在泥岩类中与 K、Al、Si 及 Ti 的高相关性（≈0.7）可以证明其主要吸附于伊利石之上（表 4-4），这也与 B 主要吸附在黏土矿物中的认识一致（Walker and Price, 1963; Qian et al., 1982）。但在白云岩类中这类相关性极弱（表 4-2），这有可能是因方沸石一类具高 Al、Si 大量出现的矿物却少含 B 的矿物所致。Sr 在泥岩类及白云岩类中均显示富集于白云石之中。Ni 在泥岩类中与 Al、Si 及 Ti 相关性较高，可能指示和黏土矿物共存，但在白云岩类中却并不见类似相关性。U 情况则更复杂，在泥岩类中与 Mg 相关性较好（约 0.6）（表 4-4），但在白云岩类中却与 Na、Al 及 P 具有相对高的正相关性（表 4-2），由此较难推断其富集于何类矿物之中。

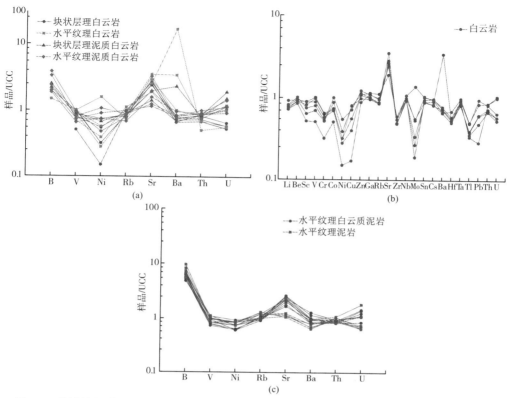

图 4-2　塘沽地区沙三 5 亚段白云岩类（a）、（b）及泥岩类（c）微量元素 UCC 标准化模式

表4-4　塘沽地区沙三5亚段泥岩类主量元素氧化物、微量元素及稀土元素相关系数统计表

	Na₂O	MgO	Al₂O₃	SiO₂	P₂O₅	K₂O	CaO	TiO₂	MnO	Fe₂O₃	FeO
Na₂O	1.00										
MgO	0.41	1.00									
Al₂O₃	−0.57	−0.92	1.00								
SiO₂	−0.50	−0.89	0.95	1.00							
P₂O₅	0.06	0.02	−0.07	−0.31	1.00						
K₂O	−0.57	−0.78	0.88	0.90	−0.42	1.00					
CaO	0.57	0.84	−0.95	−0.94	0.18	−0.82	1.00				
TiO₂	−0.35	−0.86	0.92	0.94	−0.33	0.92	−0.85	1.00			
MnO	0.47	0.67	−0.86	−0.87	0.25	−0.88	0.84	−0.85	1.00		
Fe₂O₃	−0.41	−0.03	0.31	0.26	0.15	0.12	−0.41	0.11	−0.38	1.00	
FeO	0.39	0.36	−0.49	−0.67	0.50	−0.59	0.55	−0.49	0.71	−0.45	1.00
H₂O⁺	0.09	0.16	−0.39	−0.44	0.33	−0.44	0.36	−0.47	0.58	−0.47	0.54
CO₂	0.41	0.19	−0.15	−0.19	−0.07	0.02	0.35	0.10	0.07	−0.39	0.35
LOI	0.44	0.90	−0.97	−0.97	0.20	−0.91	0.90	−0.97	0.87	−0.23	0.53
B	−0.52	−0.49	0.71	0.67	−0.18	0.79	−0.67	0.69	−0.88	0.33	−0.58
V	−0.20	−0.32	0.50	0.29	0.24	0.41	−0.37	0.46	−0.40	0.11	0.19

	Na$_2$O	MgO	Al$_2$O$_3$	SiO$_2$	P$_2$O$_5$	K$_2$O	CaO	TiO$_2$	MnO	Fe$_2$O$_3$	FeO
Ni	−0.52	−0.50	0.69	0.54	0.30	0.54	−0.64	0.53	−0.62	0.53	−0.22
Rb	−0.40	−0.45	0.63	0.65	−0.30	0.71	−0.59	0.64	−0.74	0.50	−0.65
Sr	0.17	0.78	−0.80	−0.82	0.32	−0.81	0.73	−0.94	0.71	0.01	0.27
Ba	0.43	0.65	−0.69	−0.71	0.30	−0.68	0.71	−0.74	0.61	−0.08	0.22
Th	−0.40	−0.24	0.47	0.48	−0.21	0.53	−0.45	0.40	−0.63	0.59	−0.69
U	−0.14	0.59	−0.49	−0.44	0.07	−0.53	0.29	−0.67	0.32	0.39	−0.12
ΣREE	−0.16	−0.72	0.77	0.73	−0.23	0.76	−0.73	0.87	−0.69	−0.06	−0.18

	H$_2$O$^+$	CO$_2$	LOI	B	V	Ni	Rb	Sr	Ba	Th	U	ΣREE
Na$_2$O												
MgO												
Al$_2$O$_3$												
SiO$_2$												
P$_2$O$_5$												
K$_2$O												
CaO												
TiO$_2$												
MnO												
Fe$_2$O$_3$												
FeO												
H$_2$O$^+$	1.00											
CO$_2$	−0.26	1.00										
LOI	0.47	0.00	1.00									
B	−0.39	−0.02	−0.68	1.00								
V	−0.44	0.46	−0.46	0.43	1.00							
Ni	−0.26	−0.04	−0.61	0.54	0.53	1.00						
Rb	−0.64	0.02	−0.67	0.70	0.31	0.37	1.00					
Sr	0.46	−0.30	0.90	−0.53	−0.51	−0.41	−0.58	1.00				
Ba	0.25	−0.04	0.72	−0.46	−0.33	−0.36	−0.46	0.81	1.00			
Th	−0.67	−0.09	−0.47	0.66	0.29	0.30	0.91	−0.29	−0.17	1.00		
U	0.13	−0.57	0.60	−0.20	−0.44	−0.24	−0.27	0.77	0.41	0.03	1.00	
ΣREE	−0.37	0.25	−0.80	0.63	0.65	0.47	0.42	−0.87	−0.70	0.24	−0.63	1.00

3. 稀土元素特征

30 个样品的稀土元素测试数据见表 4-5。对表中稀土元素数据采用球粒陨石含量进行标准化处理后绘制出稀土元素配分模式，加入了 PAAS（澳大利亚后太古代平均页岩）及 UCC 的稀土配分模式进行对比（图 4-3）。

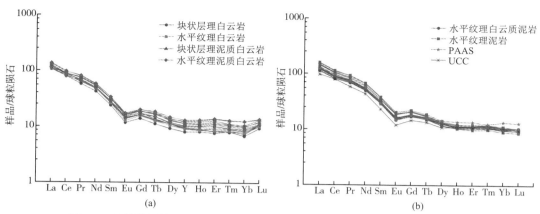

图 4-3　塘沽地区沙三 5 亚段白云岩类（a）及泥岩类（b）稀土元素配分模式

球粒陨石及 PAAS 数据分别来自于 Henderson（1984）及 Taylor 和 McLennan（1985）

研究区目的层白云岩类中的稀土元素总量 $\sum REE$ 为 $98.1\times10^{-6}\sim190.2\times10^{-6}$，平均为 161.5×10^{-6}；泥岩类中的稀土元素总量 $\sum REE$ 为 $158.7\times10^{-6}\sim219.3\times10^{-6}$，平均为 183.3×10^{-6}（表 4-5）；二者中的稀土元素总量均高于 UCC 稀土元素总量（146.37×10^{-6}），略低于 PAAS 稀土元素总量（184.77×10^{-6}）。白云岩类中的稀土元素总量与 Na、Al、Si 及 Ti 具有较高的正相关性（>0.6），与 K 亦具有一定程度的正相关性（=0.41）（表 4-2），这暗示稀土元素主要吸附于方沸石一类矿物，伊利石一类矿物亦可能吸附一部分稀土元素。在泥岩类中，稀土元素总量主要与 Al、Si 及 K 存在高相关性（>0.7）（表 4-3），表明在泥岩中稀土元素主要吸附于伊利石中。

白云岩类及泥岩类的配分模式均表现为"整体平缓、左高右低"[图 4.3（a）、(b)]。白云岩类中 LREE/REE 为 $8.01\sim11.92$，均值为 10.31；La_N/Yb_N（标准化后 La/Yb 值）为 $5.99\sim13.92$，均值为 11.68；泥岩类中 LREE/REE 为 $9.42\sim11.66$，均值为 10.57；La_N/Yb_N 为 $10.59\sim14.71$，均值为 12.7（表 4-5）。以上配分模式特征及参数值均表明白云岩类及泥岩类岩石富集轻稀土元素、亏损重稀土元素，泥岩类中更为富集轻稀土元素。两大类岩石的配分模式中都呈现出中等强度的铕（Eu）负异常，其中，白云岩类 $Eu/^*Eu$ 为 $0.63\sim0.82$，平均为 0.67；泥岩类该值为 $0.66\sim0.73$，平均值为 0.68，略高于白云岩类对应值（表 4-5）。二者中 Eu 负异常程度均高于 PAAS（0.65）但均略低于 UCC（0.70）。除了 Eu 异常，两大类岩石中都存在轻微的 Ce 负异常，其中白云岩类中 $Ce/^*Ce$ 为 $0.89\sim1$，平均为 0.95；泥岩类中该值为 $0.90\sim0.92$，平均值为 0.91，略低于白云岩类对应值（表 4-5）。总体上，两大类岩石的稀土元素配分模式及相关参数特征均较为接近，二者都类似于 PAAS 及 UCC 的稀土元素配分模式，这暗示从白云岩类到泥岩类岩石沉积期存在着一个稳定的物源持续供给岩石形成所需的沉积物质，岩石形成的物质来源类似于 PAAS 及 UCC 的物质来源。

表4-5　塘沽地区沙三5亚段白云岩类及泥岩类稀土元素含量统计表（10^{-6}）

编号	Y1	Y2	Y3	Y4	Y5	Y6	Y7	Y8	Y9	Y10
深度/m	3084.7	3086.8	3087.7	3088.7	3090.1	3092.0	3093.1	3094.8	3095.7	3102.2
岩性	LM	LM	LM	LDM	LM	LM	LM	LDM	LM	LDM
La	39.45	44.76	49.14	45.83	43.76	41.14	47.86	35.45	40.08	38.48
Ce	72.54	83.4	91.61	85.16	81.56	76.8	89.18	65.96	73.63	71.53
Pr	9.14	10.51	11.34	10.48	10.01	9.48	11.01	8.44	9.4	8.93
Nd	32.13	37.09	40.52	37.13	35.5	33.34	39.31	30.27	33.15	31.58
Sm	5.9	6.83	7.42	6.83	6.54	6.06	7.21	5.76	6.23	5.97
Eu	1.15	1.38	1.5	1.39	1.36	1.23	1.43	1.12	1.2	1.18
Gd	4.61	5.3	5.74	5.5	5.35	4.6	5.43	4.71	4.86	4.82
Tb	0.76	0.83	0.89	0.85	0.82	0.74	0.85	0.75	0.78	0.77
Dy	4.04	4.26	4.64	4.43	4.26	3.77	4.33	4.02	4	4.14
Ho	0.77	0.79	0.89	0.87	0.83	0.74	0.86	0.79	0.8	0.82
Er	2.27	2.25	2.55	2.43	2.39	2.06	2.45	2.36	2.29	2.36
Tm	0.36	0.36	0.39	0.39	0.38	0.32	0.39	0.38	0.38	0.37
Yb	2.1	2.1	2.36	2.26	2.2	1.89	2.27	2.26	2.22	2.25
Lu	0.33	0.31	0.34	0.35	0.33	0.29	0.34	0.35	0.34	0.34
Y	21.24	21.74	23.98	22.58	21.9	19.95	22.2	21.62	21.56	22.25
ΣREE	175.5	200.2	219.3	203.9	195.3	182.5	212.9	162.6	179.4	173.5
LREE/HREE	10.52	11.35	11.32	10.94	10.79	11.66	11.58	9.42	10.45	9.93
La_N/Yb_N	12.65	14.38	14.06	13.64	13.43	14.71	14.23	10.59	12.19	11.51
Y/Ho	27.44	27.49	27.09	26.06	23.34	26.79	25.73	27.38	26.84	27.72
Eu/*Eu	0.67	0.7	0.7	0.69	0.7	0.71	0.7	0.66	0.66	0.67
Ce/*Ce	0.91	0.91	0.92	0.92	0.92	0.92	0.92	0.9	0.9	0.92
编号	Y11	Y12	Y13	Y14	Y15	Y16	Y17	Y18	Y19	Y20
深度/m	3103.4	3113.7	3113.9	3114.8	3119.4	3124.5	3133.6	3135.5	3137.4	3140.2
岩性	LDM	LDM	LDM	LDM	LDM	LAD	LAD	MAD	MAD	LAD
La	38.52	36.93	37.84	34.44	38.83	34.33	42.06	36.68	38.79	41.07
Ce	71.61	67.87	69.89	65.04	71.45	63.67	78.52	70.82	70.29	75.31
Pr	9.01	8.66	8.84	8.31	9.22	8	9.88	9.2	8.94	9.63
Nd	31.89	30.81	31.69	29.7	32.75	28.74	34.92	32.93	31.69	34.07
Sm	6.06	5.81	5.95	5.61	6	5.43	6.54	6.17	6.06	6.57
Eu	1.18	1.11	1.16	1.08	1.23	1.05	1.26	1.23	1.15	1.22
Gd	4.8	4.55	4.75	4.41	4.44	4.26	5.2	4.93	4.85	5.11
Tb	0.79	0.75	0.77	0.72	0.75	0.72	0.84	0.8	0.82	0.88
Dy	4.16	4.03	4.08	3.81	3.84	3.75	4.49	4.12	4.34	4.77
Ho	0.81	0.79	0.81	0.75	0.76	0.75	0.87	0.8	0.9	0.94
Er	2.4	2.25	2.33	2.14	2.16	2.17	2.55	2.31	2.65	2.78
Tm	0.38	0.36	0.37	0.35	0.35	0.36	0.41	0.37	0.44	0.45
Yb	2.27	2.13	2.19	2.05	2.01	2.08	2.34	2.2	2.67	2.72
Lu	0.34	0.33	0.34	0.31	0.31	0.32	0.35	0.33	0.42	0.42

续表

编号	Y11	Y12	Y13	Y14	Y15	Y16	Y17	Y18	Y19	Y20
Y	21.57	20.71	21.78	19.99	20.14	20.14	23.77	22.31	24.22	24.94
ΣREE	174.2	166.4	171	158.7	174.1	155.6	190.2	172.9	174	185.9
LREE/HREE	9.92	9.95	9.93	9.91	10.91	9.8	10.15	9.9	9.18	9.3
La_N/Yb_N	11.43	11.67	11.63	11.34	13.03	11.12	12.09	11.24	9.81	10.19
Y/Ho	26.54	26.22	26.73	26.51	26.57	26.80	27.31	27.74	26.92	26.66
Eu/*Eu	0.67	0.66	0.67	0.67	0.73	0.67	0.66	0.68	0.65	0.64
Ce/*Ce	0.91	0.9	0.9	0.91	0.9	0.91	0.92	0.92	0.89	0.9

编号	Y21	Y22	Y23	Y24	Y25	Y26	Y27	Y28	Y29	Y30
深度 /m	3142.0	3143.7	3145.2	3146.8	3148.1	3149.0	3150.7	3152.0	3153.4	3160.4
岩性	LAD	MD	LD	MD	MD	MD	LD	LD	LD	LAD
La	38.73	34.16	36.18	32.97	32.66	35.51	14.77	35.62	33.43	36.14
Ce	71.44	70.24	71.47	66.82	63.97	70.97	38.51	71.96	63.29	67.88
Pr	8.99	8.09	7.87	7.61	7.01	7.84	5.98	7.99	7.96	8.39
Nd	31.99	29.99	28.41	28.34	25.26	28.56	22.74	29.62	28.75	29.82
Sm	6.12	5.45	5.05	5.1	4.62	5.3	4.4	5.33	5.38	5.48
Eu	1.2	1.11	0.93	1.03	0.86	1	0.8	1.24	1.07	1.11
Gd	4.8	4.5	4.01	4.15	3.59	4.17	3.09	4.03	4.23	4.5
Tb	0.78	0.65	0.6	0.62	0.53	0.63	0.52	0.61	0.71	0.71
Dy	4.21	3.6	3.39	3.59	2.97	3.61	2.8	3.37	3.66	3.84
Ho	0.83	0.68	0.66	0.66	0.57	0.68	0.59	0.65	0.71	0.73
Er	2.37	1.88	1.9	1.84	1.7	1.92	1.69	1.79	2.07	2.12
Tm	0.39	0.27	0.31	0.26	0.25	0.29	0.27	0.27	0.33	0.33
Yb	2.27	1.66	1.89	1.76	1.7	1.84	1.66	1.76	1.97	1.91
Lu	0.34	0.26	0.28	0.24	0.23	0.28	0.26	0.26	0.3	0.29
Y	21.73	19.11	19.06	19.41	17.07	19.7	15.11	18.35	19.64	19.91
ΣREE	174.5	162.5	162.9	155	145.9	162.6	98.1	164.5	153.9	163.2
LREE/HREE	9.91	11.04	11.5	10.81	11.64	11.13	8.01	11.92	10	10.31
La_N/Yb_N	11.51	13.92	12.91	12.64	12.95	13.02	5.99	13.63	11.46	12.73
Y/Ho	26.32	27.92	28.78	29.54	29.74	29.04	25.4	28.26	27.66	27.36
Eu/*Eu	0.68	0.69	0.63	0.69	0.64	0.65	0.66	0.82	0.69	0.68
Ce/*Ce	0.91	0.99	0.99	0.98	0.98	0.99	1	0.99	0.92	0.92

注：$Eu/^*Eu=Eu_N/\sqrt{Sm_N\,Gd_N}$，公式引自 Condie（1993）；$Ce/^*Ce=3Ce_{SN}/（2La_{SN}+Nd_{SN}）$，公式引自 Shields 和 Stille（2001）。

4.1.2　同位素地球化学特征

1. 碳氧同位素特征

18 个岩石样品进行了碳氧同位素分析，岩石粉碎后在真空中采用正 100% 磷酸进行溶解，平衡温度为 70℃，平衡时间为 2h，生成的 CO_2 气体送入高分辨电感耦合等离子体质谱仪（ICP-MS）Thermo Scientific ELEMENT 2 分析平台进行相关测试，测试精度控制在 0.1% 内，测试结果采用 PDB 标准表示，并由南京大学内生成矿机制研究国家重点实验室所提供。

18 个样品的测试结果见表 4-6。目的层中各岩性内白云石的氧同位素组成整体偏负，白云岩类中该值为 –7‰ ～ –1.7‰，平均为 –4.7‰；泥岩类中为 –8.6‰ ～ –4.5‰，平均为 –6.58‰（表 4-6）。岩性、沉积构造及样品深度等对氧同位素组成并无直接控制关系，白云石晶粒大小则与氧同位素之间存在着一定的相关性。粉晶级白云石的氧同位素（–8.6‰ ～ –4.7‰，平均为 –6.6‰）比泥晶级白云石的氧同位素（–5.4‰ ～ –1.7‰，平均为 –4.2‰）更为偏负。埋藏成岩过程中的重结晶作用将导致同位素再平衡的发生（Land，1980），而碳酸盐矿物与周围介质达到平衡时温度的升高将使其 $\delta^{18}O$ 值的降低（Epstein and Mayeda，1953），粉晶白云石中氧同位素组成更偏负，更有可能是由埋藏过程中发生的重结晶所引起，泥晶级白云石中氧同位素组成则更可能保存了沉积期水介质的温度信息。

碳同位素组成除一个样品外整体偏正，白云岩类中对应值为 4.6‰ ～ 8.7‰，平均为 6‰；泥岩类中则为 –2.5‰ ～ 5.4‰，平均为 2.1‰（表 4-6）。与氧同位素组成相比，除了三个大于 7‰ 的样点外，碳同位素组成在白云岩中的变化相对较小，总体在 5‰ 左右波动；在泥岩类中该值变化则较大，最小仅为 –2.5‰，最大可至 5.4‰。

碳酸盐中的碳元素主要来自于水体中的碳酸氢盐，碳元素进入碳酸盐后成岩作用虽会降低碳同位素组成，但这种效应极不显著（Sharp，2006），碳同位素可在白云石成因解释中起到一定的指示作用。刘传联（1998）报道了对东营凹陷沙四段上部（对应研究区沙三段下部）碳酸盐同位素的研究，其结果显示该段上亚段上部方解石的碳同位素为 3.3‰ ～ 6.3‰（19 个样品），平均为 4.1‰；上亚段下部及中亚段的白云石碳同位素为 –5.5‰ ～ –1.6‰，平均为 –2.7（5 个样品）。戴朝成等（2008）对辽东湾盆地沙河街组白云岩的研究报道中指出沙三段白云石碳同位素为 3.3‰ ～ 11.3‰（2 个样品）。研究区目的层白云石的碳同位素组成与东营凹陷及辽河湾对应层段中碳同位素均有差别，这可能表明三者中的白云石成因具有差异。目的层段白云岩类中碳同位素组成稳定变化，说明其成因可能相近，泥岩类中碳同位素组成则反映了沉积期多种含碳物质可能直接或间接参与了这一类岩石中白云石的形成，其成因更复杂。

表4-6 塘沽地区沙三5亚段各岩性中白云石碳氧同位素组成统计表

编号	深度 /m	岩性	晶粒大小	$\delta^{13}O$ （VPDB）/ %	$\delta^{13}C$ （VPDB）/ %	Z 值
T1	3099.97	水平纹理白云质泥岩	粉晶	–7.9	0.9	125.2
T2	3100.48	水平纹理白云质泥岩	粉晶	–8.6	3.2	131.6
T3	3100.95	水平纹理白云质泥岩	粉晶	–6.4	–2.5	117.9
T4	3123.78	块状层理白云质泥岩	泥晶	–6.6	5.4	135.7
T5	3133.03	水平纹理白云质泥岩	粉晶	–7.0	3.5	131.3
T6	3141.72	水平纹理泥质白云岩	粉晶	–5.3	5.4	135.1
T7	3143.47	水平纹理白云岩	粉晶	–6.3	5.4	134.9
T8	3144.13	块状层理白云岩	泥晶	–4.5	4.6	135.9

续表

编号	深度 /m	岩性	晶粒大小	$\delta^{13}O$（VPDB）/ %	$\delta^{13}C$（VPDB）/ %	Z 值
T9	3145.28	水平纹理白云岩	泥晶	−5.4	4.6	134.4
T10	3146.45	水平纹理白云岩	泥晶	−1.7	6.0	137.5
T11	3147.68	块状层理白云岩	粉晶	−4.7	6.0	137.0
T12	3147.78	块状层理白云岩	泥晶	−4.1	5.0	135.9
T13	3148.28	水平纹理白云岩	粉晶	−5.2	5.7	136.3
T14	3148.76	水平纹理白云岩	泥晶	−3.3	4.9	134.7
T15	3149.43	块状层理白云岩	泥晶	−5.2	6.0	137.4
T16	3155.36	水平纹理泥质白云岩	泥晶	−4.4	8.2	142.4
T17	3158.78	水平纹理泥质白云岩	粉晶	−3.5	7.2	138.9
T18	3160.39	水平纹理泥质白云岩	泥晶	−4.2	8.7	143.0

注：VPDB 表示 Vienna Pee Dee Belemnite 标准。

2. 锶同位素特征

5 个岩石样品的锶同位素分析由南京大学内生成矿机制研究国家重点实验室林春明教授团队完成（表 4-7）。岩石中锶同位素组成较低，为 0.70863784 ~ 0.70896268，平均为 0.708865048。白云岩类中锶同位素组成与泥岩类中锶同位素组成差别并不明显，随深度增加锶同位素组成变化也无明显规律可循。白云岩类中含有一定量的黏土，Rb 在黏土中含量较高，^{87}Rb 衰变可提高 ^{87}Sr 数值（Clyde and William, 2013），这可能会对测量值产生一定影响。

由于沉积岩中锶同位素组成可认为主要由来自沉积期沉积水体及其他沉积物控制，对于同一个盆地同层段类似岩性中，锶同位素应具有一定的可对比性。杨扬（2014）对歧口凹陷白云岩展开的研究，提供了齐家务地区旺 35 井沙三段中白云岩的锶同位素组成信息，该值为 0.7102 ~ 0.7106（5 个样品），平均为 0.7105。袁波等（2008）在对济阳拗陷沙河街组的研究中提供了车镇和沾化凹陷沙三段中下部灰岩及白云岩的锶同位素组成，其中灰岩中该值为 0.709370 ~ 0.711184（3 个样品），平均为 0.71002；白云岩锶同位素为 0.709736（1 个样品）。刘传联和成鑫荣（1996）提供了济阳拗陷沙四段（对应研究区沙三段下部）钙质超微化石中锶同位素分析数据，该值为 0.71118 ~ 0.71184（2 个样品），平均为 0.71151。由以上记录可见，研究区目的层锶同位素组成远低于其他地区对应值，暗示研究区目的层的物质来源与上述三个区域具有一定差别。

表4-7　塘沽地区沙三5亚段各岩性锶同位素组成统计表

编号	深度 /m	岩性	$^{87}Sr/^{86}Sr$
S1	3099.97	水平纹理白云质泥岩	0.70863784
S2	3127.98	块状层理泥质白云岩	0.70887847
S3	3135.22	块状层理泥质白云岩	0.70891089
S4	3148.28	水平纹理白云岩	0.70896268
S5	3829.74	水平纹理白云质泥岩	0.70893536

　　上述岩石地球化学分析可得出以下认识：塘沽地区沙三 5 亚段中白云岩类及泥岩类中主量元素及微量元素富集亏损规律与岩石矿物组成密切关联，白云岩类及泥岩类稀土元素特征相似性显示二者具有相同的物质来源。主量元素方面，与 UCC 相比，白云岩类的主量元素整体富集 Na、Mg、P 及 Ca，而 Si、Ti、Fe 及 Mn 则在一定程度上存在亏损；泥岩类除 Na 外，其他元素富集亏损规律类似白云岩类。在微量元素方面，白云岩类整体富集 B、Sr 两种元素，Ni 及 U 含量变化较大，呈部分富集部分亏损，Ba 含量整体和 UCC 接近，但在个别样品中极度富集，Sc、Cr、Co、Cu、Mo、Ho 等元素的含量亦比 UCC 低；泥岩类中微量元素富集亏损规律与白云岩类中较一致，但其中 B 更富集。白云岩类及泥岩类中的稀土元素总量较高，均高于 UCC 稀土元素总量，略低于 PAAS 稀土元素总量。两大类岩石均富集轻稀土元素、亏损重稀土元素，且泥岩类中更为富集轻稀土，岩石配分模式中均呈现出了中等强度的 Eu 负异常及轻微的 Ce 负异常。与渤海湾盆地其他拗陷同层段及相近层段碳酸盐岩中碳同位素及锶同位素相比较，塘沽地区沙三 5 亚段白云岩中碳同位素相对正偏，锶同位素则具有异常低的特征，表明其岩石中的碳源及锶源具有区域独特性。

4.2　微体古生物特征

　　挑选 10 块岩样进行包括孢粉和藻类的微体古生物分析，样品经传统的酸碱处理，随后通过双目生物显微镜进行相关鉴定，所有样品分析均在中国地质大学（武汉）生物地质与环境地质国家重点实验室完成。分析结果显示，7 个样品有或多或少的孢粉化石，5 个样品中有或多或少的藻类化石，未检出微体古生物的样品除 1 块为泥岩外，其余均为白云岩类样品，样品检测情况见表 4-8。具体孢粉及藻类特征如下：

表4-8　塘沽地区沙三5亚段微体古生物分析样品岩性及检测情况统计表

样号	深度 /m	岩性	检出情况	
			孢粉	藻类
W1	3087.47	水平纹理泥岩	\	\
W2	3096.4	水平纹理泥岩	√	√
W3	3109.18	水平纹理白云质泥岩	√	√
W4	3119.44	水平纹理泥岩	√	√
W5	3129.42	水平纹理白云质泥岩	√	√
W6	3137.79	水平纹理白云质泥岩	√	√
W7	3145.28	块状层理白云岩	\	\
W8	3150.84	水平纹理白云岩	√	\
W9	3155.45	块状层理白云岩	\	\
W10	3160.12	水平纹理泥质白云岩	√	\

注："√"表示检出；"\"表示未检出。

4.2.1　孢粉特征

孢粉检测结果见表 4-9。塘沽地区沙三 5 亚段各类孢粉中，被子类花粉含量（47.20% ～ 55.66%，平均为 52.55%）居三大类之首，裸子类花粉（40.00% ～ 49.60%，平均为 44.49%）第二，蕨类孢子（2.83% ～ 4.58%，平均为 3.38%）排第三（表 4-9）。被子花粉含量随深度的增加存在先增后降的趋势，裸子花粉则与之相反，蕨类孢子含量变化较稳定（图 4-4）。

被子类花粉中栎粉属 *Quercoidites* 含量（14.81% ～ 21.15%）高于榆粉属 *Ulmipollenites* ＋脊榆粉属 *Ulmoideipites*（5.77% ～ 8.62%），胡桃科 *Juglandaceae*（主要是胡桃粉属 *Juglanspollenites*、山核桃粉属 *Caryapollenites* 等）含量较稳定 [附录图 6（a）]。桦粉属 *Betulaepollenites*、枫杨粉属 *Pterocaryapollenites* 等稳定出现，含量有明显变化。裸子类花粉中主要是具双气囊的松

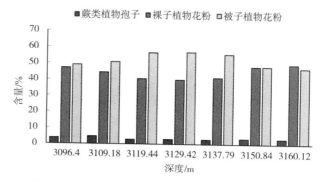

图 4-4　塘沽地区沙三 5 亚段孢粉含量随深度变化图

科 *Pinaceae* 组分，出现的属有双束松粉属 *Pinuspollenites*（7.69% ～ 11.21%）[附录图 6（b）]、单束松粉属 *Abietineaepollenites*（7.41% ～ 11.21%）、云杉粉属 *Piceapollenites*、雪松粉属 *Cedripites* 等。其次是杉科中的杉粉属 *Taxodiaceaepollenites* [附录图 6（c）]，含量为 9.26% ～ 12.07%；麻黄粉属 *Ephedripites* 等稳定出现 [附录图 6（d）]，含量为 0.93% ～ 1.85%。该地层段蕨类含量较低，主要为水龙骨单缝孢属 *Polypodiaceaesporites* [附录图 6（c）]，凤尾蕨孢属 *Pterisisporites* 随深度增加，含量有所减少。

研究层段以出现栎粉属 *Quercoidites* 含量较高且稳定高于榆粉属 *Ulmipollenites*，胡桃科 *Juglandaceae* 分子及具双气囊花粉的松科 *Pinaceae* 组分占有相当分量为主要特色。孢粉类型组合整体类似于渤海湾盆地沙三段的 *Quercoidites microhenrici-Ulmipollenites minor* 孢粉组合（姚益民等，1994），但研究区目的层中的裸子类花粉含量明显高于盆地沙三段裸子花粉的平均值 24.62%，考虑研究区近燕山褶皱带的特点，该现象可由多见于山地的针叶松科植物（罗汉松属、雪松属、铁松属等）含量增高来解释。

表 4-9　塘沽地区沙三 5 亚段孢粉属种名称及百分含量统计表　　　（单位：%）

化石名称		样品号						
		W2	W3	W4	W5	W6	W8	W10
蕨类植物孢子	*Toroisporis* 具唇孢属					0.9	0.8	
	Osmundacidites 紫萁孢属	0.9	1.8		1.0			
	Lygodiumsporites 海金沙孢属						0.8	
	Pterisisporites 凤尾蕨孢属	0.9	1.9	0.9	1.0	1.0		0.8
	Cyathidites 桫椤孢属							0.8
	Polypodiaceaesporites 水龙骨单缝孢属	1.9		1.9		1.0	0.9	0.8

化石名称		样品号						
		W2	W3	W4	W5	W6	W8	W10
	Deltoidospor 三角孢属		0.9		1.0		0.9	0.8
	合计	3.7	4.6	2.8	3.0	2.9	3.4	3.2
裸子植物花粉	*Cedripites* 雪松粉属	2.8	3.7	2.8	2.0	3.8	0.9	2.4
	Pinuspollenites labdocus 双束松粉属	10.2	11.0	9.6	10.0	7.7	11.2	9.6
	Abietineaepollenites 单束松粉属	7.4	7.4	8.5	8.0	7.7	11.2	10.4
	Laricoidites magnu 大拟落叶松粉	1.9		0.9	2.0		2.6	
	Keteleeriaepollenites 油杉粉属	1.9	0.9	1.9		1.9	1.7	3.2
	Piceaepollenites 云杉粉属	5.6	3.7	3.8	3.0	4.8	4.3	4.0
	Tsugaepollenites 铁杉粉属	2.8	3.7	1.9	3.0	1.9	1.7	3.2
	Abiespollenites 冷杉粉属	0.9	1.9	0.9		1.0		1.6
	Taxodiaceaepollenites 杉粉属	9.3	9.3	9.4	9.0	10.6	12.1	8.0
	Podocarpidites 罗汉松粉属	2.8	1.9		1.0			1.6
	Ephedripites 麻黄粉属	1.9	0.9	0.9	2.0	1.0	0.9	1.6
	Inaperturopollenites 无口器粉属					1.0	1.7	2.4
	合计	47.2	44.4	40.6	40.0	41.3	48.3	49.6
被子植物花粉	*Salixipollenites* 柳粉属		0.9		1.0			0.8
	Juglanspollenites 胡桃粉属	3.7	4.6	5.7	7.0	6.7	4.3	3.2
	Betulaepollenites 桦粉属	2.8	1.9	3.8	3.0	3.8	2.6	3.2
	Pterocaryapollenites 枫杨粉属	3.7	1.9	2.8	3.0	2.9	1.7	2.4
	Alnipollenites 桤木粉属	1.9	1.9	1.9	2.0	2.9	2.6	0.8
	Carpinipites spackmanii 斯氏栎粉	0.9		0.9	2.0	1.9	0.9	0.8
	Momipites coryloides 拟榛粉	2.8	1.9	2.8	2.0	1.0	1.7	1.6
	Ulmpiollenites +Ulmoideipites 榆粉属＋脊榆粉属	7.4	6.5	8.5	8.0	5.8	8.6	6.4
	Quercoidites 栎粉属	14.8	19.4	17.4	17.0	21.2	15.5	16.0
	Cupuliferoipollenites 栗粉属		1.9					
	Symplocospollenites 山矾粉属	1.0			1.0			
	Liquidambarpollenites 枫香粉属				0.9		1.0		0.8
	Magnolipollis magnolioides 木兰粉					1.0		0.8
	Rhoipites 漆树粉属	0.9			1.0			
	Ilexipollenites 冬青粉属		0.9					
	Meliaceae 楝粉属			0.9		1.0	0.9	
	Rutaceoipollis 芸香粉属			0.9	1.0	1.0		0.8
	Sapindaceidites 无患子粉属	0.9		0.9			0.9	0.8
	Myrtaceidites 桃金娘粉属	0.9					1.7	
	Tiliaepollenites 椴粉属		1.9		1.0			0.8
	Nyssapollenites 紫树粉属		0.9					
	Fraxinotpollenites 梣粉属		0.9	0.9	1.0			
	Labitricolpites 唇形三沟粉属	1.9		1.9	2.0	1.0	0.9	2.4
	Proteacidites 山龙眼粉属		0.9					0.8

续表

化石名称		样品号						
		W2	W3	W4	W5	W6	W8	W10
被子植物花粉	*Caryapollenites* 山核桃属	1.9	1.9	1.9	2.0	1.0	2.6	
	Lonicerapollis 忍冬粉属	0.9		0.9		1.0		0.8
	Cornaceoipollenites 山茱萸粉属		0.9					
	Compositoipollenites 菊粉属			0.9				
	Randiapollis 鸡爪勒粉属	0.9	0.9	0.9	1.0	1.0		0.8
	Tricolporopollenites 三孔沟粉属	0.9		0.9		1.0	2.6	1.6
	Tricolpopollenites 三沟粉属	0.9	0.9	0.9	1.0	1.6	0.9	1.6
合计		51.0	50.9	56.6	57.0	55.8	48.3	47.2

注：表内数据经提供方校正，若与前期发表数据冲突，以此表为准。

4.2.2　藻类特征

藻类检测结果见表 4-10。塘沽地区沙三 5 亚段中的藻类化石属种较单调，未出现沙河街组三段标志性化石渤海藻和副渤海藻。组合中以疑源类出现频次最高，甲藻门和绿藻门相近（图 4-5）。

疑源类中以外壁纹饰发育 *Dictyotidium*（网面球藻属）多见；其次是 *Granodisus granulatus*（粒面球藻）；*Rugasphaera*（皱面球藻属）和 *Leiosphaeridia*（光面球藻属）也有出现，值得一提的是在 5 块样品中连续出现 *Minutisphaeridium*（微小球藻属），尤其是在 3096.4m 出现小高峰。该属曾富集于冀中油气区的沙三段泥灰岩、生物灰

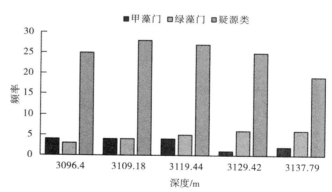

图 4-5　塘沽地区沙三 5 亚段藻类出现频率随深度变化图

岩、灰岩等碳酸盐岩层段，对地层划分和对比，分析沉积环境及生油条件等都具有重要意义。甲藻门和绿藻门的化石出现频率较低，未形成优势类群［附录图 6（e）～附录图 6（g）］。

表4-10　塘沽地区沙三5亚段藻类属种名称及出现的频率

化石名称		样品号				
		W2	W3	W4	W5	W6
甲藻门	*Tenua* 薄球藻属	2	1	1		
	Membranilarnacia 膜突藻属	1	2	2	1	2
	Paraperidimium 多甲藻属	1	1	1		
	合计	4	4	4	1	2

续表

化石名称		样品号				
		W2	W3	W4	W5	W6
绿藻门	*Campenia* 褶皱藻属	2	1	1	3	1
	Cooksonella circularis 圆形克氏藻		1	1		1
	Hungarodiscus 穴面球藻属	1	2	2	3	3
	Tetrapidites 四孔藻属			1		1
	合计	3	4	5	6	6
疑源类	*Granodisus granulatus* 粒面球藻	6	4	7	4	4
	Leiosphaeridia 光面球藻属	3	4	3	4	2
	Rugaspharea 皱面球藻属	2	5	4		1
	Dictyotidium 网面球藻属	8	10	10	12	6
	Granoreticella 粒网球藻属	1	2	1	3	2
	Deltoidinia 三边藻属		1	1		2
	Minutisphaeridium 微小球藻属	5	2	1	2	2
	合计	25	28	27	25	19

　　上述分析可得出以下认识：塘沽地区沙三 5 亚段中孢粉中被子类花粉含量最高，裸子植物类花粉次之，蕨类植物孢子最低。孢粉组合整体上类似于渤海湾盆地沙三段的 *Quercoidites microhenrici-Ulmipollenites minor* 孢粉组合，表明沙三 5 亚段沉积期塘沽地区的气候条件并未发生明显变化。藻类化石属种较单调，组合中以疑源类出现频次最高，甲藻门和绿藻门含量相近。疑源类中网面球藻、粒面球藻及皱面球性为优势种属，但并未出现河街组三段标志性化石渤海藻和副渤海藻，这暗示沙三 5 亚段沉积期塘沽地区水介质条件具有区域独特性。

第 5 章　测井岩性识别

5.1　测井曲线标准化

塘沽地区目的层段不同井间测井年代跨度较大（1972 ～ 2012 年），测井仪器、测井系列、测井操作方式等均存在差异，这些差异会导致不同井中测井数存在以刻度因素为主的系统误差。在单井测井定性解释评价时，偏差的存在并不会对最终解释成果产生过大的影响，但在进行多井测井定量解释评价时，系统误差的存在会使解释成果精度大幅降低。为消除测井曲线系统误差，提高测井解释成果精度，测井数据往往需要进行合适的标准化处理（王志章等，1994，1995）。

TG2C 井钻遇地层齐全、井眼状况良好、测井系列完善及系统取心井，因此，选其为标准化过程中的关键井。关键井选取后，依据地层分布稳定、井眼影响因素低及无烃类和岩性等标准层选取原则（雍世和和张超谟，1996），在全区范围内选定沙三 5 亚段顶部的一套泥岩作为标准层。

与 TG2C 井中标准层比较，不同井段中标准层埋深差异各不相同（16.17 ～ 821.55m）。对于自然伽马、电阻率等曲线，因其测量原理的缘故，其测量值受深度影响较小，标准化时可忽略埋深带来的误差，本书采用直方图法对其进行偏移修正。对于补偿声波（AC）、补偿中子（CNL）及补偿密度（DEN）三孔隙度曲线来说，埋深因素不可被轻易忽视。以补偿声波曲线为例，根据研究区压实趋势线（以 TG8-2 井为例），该井压实曲线计算式为 $AC=18339e^{-0.006TVD}$，AC 为声波时差，TVD 为垂深，以 TG2C 井标准层顶深 2889.28m 为界线，标准层埋深差异大于 200m 时，声波时差将会带来近 15μs/m 以上的偏差，该深度段声波时差均值为 308μs/m，该值所带来的误差将会大于 5%，该误差范围超出了标准化分析刻度线的范围（±5%）（鲁红等，1996），在进行标准化时需要考虑排除由深度带来的误差影响。因此，本书认为，在埋深超过 200m 时，对三孔隙度曲线进行标准化时应首先进行压实校正，然后再采用直方图法进行偏移修正。

5.1.1　电阻率曲线标准化

统计研究区内不同井段标准层的电阻率数值并建立频率分布直方图。由直方图可知，TG2C 井标准层 R_D 特征值为 1.75Ω·m［图 5-1（a）］，TG29-2 井该值为 2.25Ω·m［图

5-1（b）]。因此，TG29-2 井数据应整体向右偏移 $0.5\Omega \cdot m$。图 5-1（c）为 TG29-2 井电阻率数据进行偏移后的频率分布状况，其频率分布经校正后与 TG2C 井频率分布基本一致（图中粗线范围），且其特征值也修正为 2.25。其余井中电阻率曲线采用相同方式进行标准化。

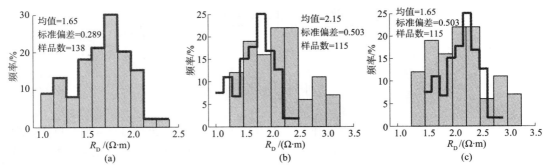

图 5-1　塘沽地区电阻率标准化过程图

（a）TG2C 井标准层电阻率分布图；（b）TG29-2 井标准层电阻率分布图；（c）TG29-2 井标准层标准化后电阻率分布图

5.1.2　三孔隙度曲线标准化

研究区内 TG1 井、TG2 井、TG19-16C 井、TG10 井、TG8 井、TG10-1 井标准层与 TG2C 井标准层埋深差值小于 200m，因此，本书直接采用直方图法进行标准化，方法与电阻率曲线校正法一致。

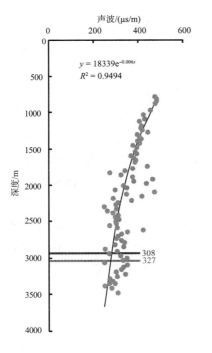

图 5-2　TG8-2 井声波时差 - 深度关系图

对 TG8-2 井、TG29-3 井、TG10-10C 井、TG32 井、TG29-2 井、TG11 井、TG29-5C 井、TG9 井、TG22 井 9 口井来说，由于其埋深均大于 200m，因此采用压实校正-直方图法进行标准化。以声波时差为例，其方法步骤如下。

（1）根据泥岩段声波时差及埋藏深度相关关系建立待校正井压实趋势线（图 5-2），并获取声波时差 - 埋深回归公式。

（2）根据声波时差 - 埋深回归公式，反推关键井标准层处声波时差均值 AC_{cc}。对比标准层处声波时差均值 AC_{cc} 与关键井标准层处声波时差均值 AC_{st}，获取压校修正量 AC_{cv}，其计算式为 $AC_{cv}=AC_{st}-AC_{cc}$。

（3）根据压校修正量，重建待校正井标准层声波时差频率分布图并与关键井标准层频率分布图进行对比，分别确定各自的特征值 AC_{ccev} 及 AC_{stev}，并计算其偏移量 $AC_{stev}-AC_{ccev}$。

由 TG8-2 井声波时差与深度相关关系图可知（图 5-2），该井标准层埋深为 3092.07m，声波时差均值为 327μs/m；TG2C 井标准层埋深为 2889.28m，声波时差均值为 335μs/m ［图 5-3（a）］。根据 TG8-2 井声波时差 - 深度回归公式可计算出 2889.28m 处该井声波时差均值为 308μs/m，其压实校正值为 19μs/m。重建 TG8-2 井标准层频率分布图 ［图 5-3（b）］，可见其特征值为 308μs/m，声波时差特征值为 335μs/m，由此可见，TG8-2 井需要向右偏移 27μs/m。［图 5-3（c）］为 TG8-2 井标准化后效果图，TG8-2 井校正后其频率分布模式与 TG2C 井声波时差频率分布模式基本一致，且其特征值也偏移致 335μs/m 处。中子及密度曲线采用相同方式进行处理。

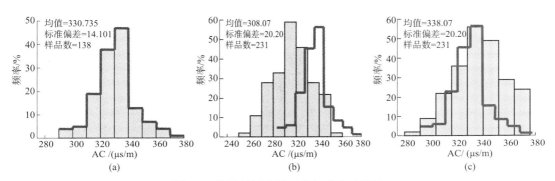

图 5-3　塘沽地区声波时差标准化过程图

（a）TG2C 井标准层声波时差分布图；（b）TG8-2 井标准层声波时差电阻率分布图（压实校正）；（c）TG8-2 井标准层标准化后声波时差分布图

5.2　岩　性　识　别

测井响应是地下岩性及流体的综合反映，不同原理的测井系列不同程度地反映了地下的岩性信息，这为测井识别岩性提供了一种可能。交会图及直方图等图件是岩性识别的常规方法，这类方法在对组分简单的碎屑岩类的岩性识别上表现较好，但在对特殊岩性（碳酸盐岩及火成岩等）的识别则具有一定的局限性。

5.2.1　岩性识别步骤

岩性识别是以取心段岩心及测井曲线为基础建立识别模型，并将识别模型应用于缺乏岩性资料或岩性资料精度不高的邻井中，以获取相对高精度岩性信息的一种方法，本书研究岩性识别步骤如下（图 5-4）。

（1）按 0.125m 一个采样点匹配取心段岩性与测井响应数值，建立取心段岩性 - 测井响应对应关系。

（2）绘制岩性 - 测井响应交会图及直方图，筛选出敏感测井响应并尝试建立岩性识别标准。

（3）步骤（2）无法实现时，根据敏感测井响应及岩性建立人工神经网络，挑选出足够的训练样本及预留一定的预测样本，对网络进行训练及预测。

（4）对取心段岩心识别率进行统计，若达要求则可对非取心井段中岩性进行识别，若不符合要求则对网络重新进行训练直至满足识别要求。

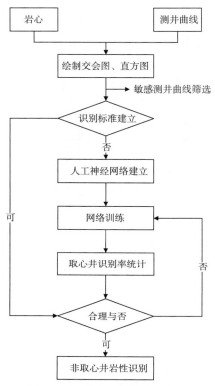

图 5-4　塘沽地区岩性识别流程

5.2.2　常规岩性识别

常规测井曲线中，自然伽马、电阻率、补偿声波、补偿密度、岩性密度及补偿中子等测井曲线对岩性具有良好的测井响应，基于此，在对岩性识别进行时，多数研究者主要采用直方图及交会图方法（张涛和莫修文，2007；胡瑞波等，2012；郭小波等，2013）。通过建立上述岩性敏感曲线的直方图及交会图，从两类图形中提取岩性识别模型以达到通过测井数据对岩性进行判别的目的。

提取 TG2C 中取心段岩性及测井数据，对其进行逐点匹配处理。随后编制各类岩性-测井响应直方图及交会图（图 5-5、图 5-6）。由图 5-5 可知，电阻率曲线（R_D 及 R_{A25}）对岩性反应最为敏感，交会图及直方图中可大致将岩性"三分"，即 R_D 为 8 ～ 14Ω·m 和 R_{A25} 为 15 ～ 25Ω·m 时，主要为白云岩；R_D 为 4 ～ 8Ω·m 和 R_{A25} 为 10 ～ 15Ω·m 时，主要

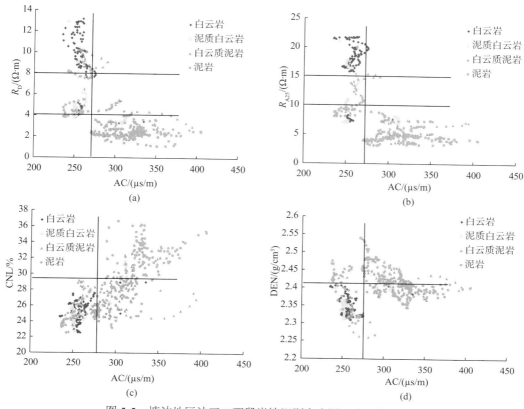

图 5-5　塘沽地区沙三 5 亚段岩性识别交会图（文后附彩图）

（a）AC-R_D 交会图；（b）AC-R_{A25} 交会图；（c）AC-CNL 交会图；（d）AC-DEN 交会图

为泥质白云岩类；R_D 为 1 ~ 4 Ω·m 和 R_{A25} 为 6 ~ 10 Ω·m 时，主要为白云质泥岩和泥岩（图 5-5、图 5-6）。补偿声波、补偿密度及补偿中子对岩性敏感性相对较差，在两类图上只能粗略"二分"岩性（图 5-5、图 5-6）。

"三分"岩性已是常规岩性识别手段在研究区内应用的极限，在一定程度上表明研究区内岩性与各类测井响应之间的关系并非是单一线性的，用主要反映线性关系的交会图及直方图难以达到对研究区内岩性进行定量精细识别的目的。

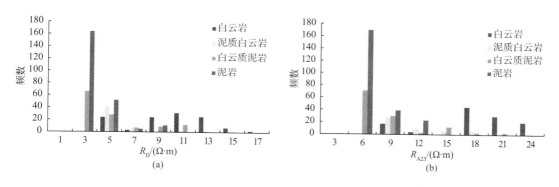

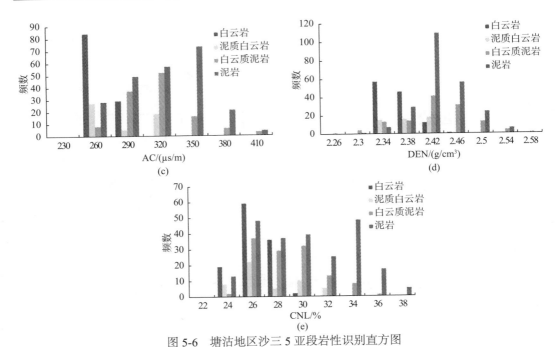

图 5-6　塘沽地区沙三 5 亚段岩性识别直方图

（a）R_D 分布直方图；（b）R_{A25} 分布直方图；（c）AC 分布直方图；（d）DEN 分布直方图；（e）CNL 分布直方图

5.2.3　人工神经网络岩性识别

人工神经网络（aritficial neural network），亦称为神经网络，实际上是一种数学运算模型。人工神经网络的信息处理过程类型于大脑神经元突触，其组织可模拟生物神经系统对真实世界作出的交互反应可用于解决科学及工程中的问题，具有高度非线性、网络全局作用、大规模并行分布处理、高度的鲁棒性（robust）及学习联想能力等的特点（朱凯和王振林，2010）。由于神经网络所具有在数据驱动下，自适应实现非线性映射和模式识别的能力，因此在地球物理勘探中常将其应用于测井参数的计算反演（刘争，2003；王娜娜，2009）。对于本书的岩性识别部分，其实质上可以归属于一个模式识别的过程，考虑人工神经网络对复杂非线性问题上的处理具有自身先天的优势，该类方法符合解决因研究区地质条件复杂带来的非线性难题需求。

人工神经网络按照不同的网络结构、功能及算法等可以分为：感知器神经网络、BP神经网络、线性神经网络、径向基神经网络、反馈神经网络、竞争神经网络及随机神经网络等（从爽，2009）。在以上不同类别的神经网络中，BP 神经网络在岩性识别及储层参数反演中以证实了其优越性及实用性（杨斌等，2005），本书选择 BP 神经网络进行流动单元的识别。

1. 基本原理

BP 神经网络属于一种前向型神经网络，其特点为输入信息向前传播，但误差却是反向传播的。所谓反向传播，是指误差的调整过程是从最后的输出层依次向之前各层逐渐进行，因此特点 BP 神经网络又被称作误差反向传播神经网络。

　　BP 网络学习属于有监督学习，与无监督型相比，BP 网络训练需要提供一组正确的输出量来对网络进行调整，使网络做出正确响应。BP 算法的主要思想是：对于 n 个输入学习样本 x_1，x_2，x_3，$\cdots$，x_n 及与其相对应输出样本 y_1，y_2，y_3，$\cdots$，y_n，在网络学习过程中，实际输出可能为 z_1，z_2，z_3，$\cdots$，z_n，这与目标矢量 y_1，y_2，y_3，$\cdots$，y_n 之间存在误差，误差的存在则会使网络在计算过程中不断修改权值使 $z_k (k=1, 2, \cdots, n)$ 与期望的 y_n 无限逼近，达到准确预测的初衷。

　　2. 网络构建

　　1）网络结构确定

　　BP 神经网络的结构一般分为输入层、隐含层及输出层几个层级，其中输入层及输出层又由若干个神经元所构成，隐含层可以为一个或多个（从爽，2009）。输入层神经元数由岩性敏感曲线确定，输出层神经元数由识别岩性类型确定。研究区内不同井段测井曲线类型丰富程度不一，在建立网络时需考虑该点因素。对于大部分井段，四条敏感测井曲线（R_D、AC、DEN、CNL）均存在，增加参数 AC/DEN（该参数可减小裂缝影响因素，放大岩性信息），因此对于这类井段，网络结构中输入层神经元数为 5。对于 TG19-16C 井和 TG10 井，敏感测井曲线中只存在三条（R_D/R_{A25}、AC、CNL），其输入层神经元数为 3。对于 TG1 井、TG2 井及 TG8 井，敏感曲线仅两条（R_{A25}、AC），其输入层神经元数为 2。隐含层神经元数，虽然目前有经验公式可供选择计算，但经过实际应用并不能得到最佳误差及识别率，通过多次调试将网络隐含层神经元数定为 20；网络层数，Funahashi 和 Ken-Ichi（1989）在研究中指出，隐层和输出层函数分别为非线性单调递增和线性函数时，单个隐层，即三层结构的神经网络便可用于近似任意连续函数，本书对网络层数定为 3。综合上述信息，分别可建立网络结构为 5-20-4、3-20-4 及 2-20-4 的神经网络（图 5-7）。

　　2）样本集输入

　　BP 神经网络的分类能力主要基于所提供的学习样品，样品需要具有典型性及代表性，即测井参数预备输入和流动单元类别期望输出之间应具有正确的对应关系。将测井数据与岩性数据逐点对应并整理成如表 5-1 所示的数据格式，然后导入 matlab 工作窗之中，为神经网络训练做准备。

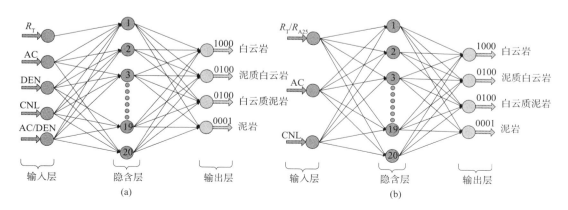

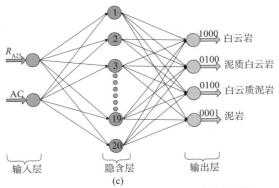

图 5-7　塘沽地区岩性识别神经网络结构图

（a）识别网络 1；（b）识别网络 2；（c）识别网络 3

3）网络函数选择及其他参数设置

采用不同的传递函数会对神经网络的结构及功能产生较大的影响。对于 BP 神经网络来说，常用的传递函数包括 log-sigmoid 型函数 logsig、tan-sigmoid 函数 tansig 及线性函数 purelin。本书在隐含层内采用 tansig 函数，在输出层内则采用 sigmoid 函数传递信息。

表5-1　岩性识别神经网络输入输出层数据格式表

预备输入					期望输出			
$R_D/(\Omega \cdot m)$	AC/(μs/m)	DEN/(g/cm^3)	CNL/%	AC/DEN	白云岩	泥质白云岩	白云质泥岩	泥岩
11.932	251.733	2.361	25.471	106.62	1	0	0	0
12.174	251.694	2.363	24.962	106.51	1	0	0	0
12.477	251.651	2.363	25.148	106.50	1	0	0	0
4.007	251.243	2.312	25.463	108.67	0	1	0	0
3.979	251.344	2.316	25.271	108.53	0	1	0	0
3.95	251.897	2.323	24.763	108.44	0	1	0	0
8.699	286.974	2.291	28.445	125.26	0	0	1	0
8.573	269.565	2.34	27.905	115.20	0	0	1	0
8.739	255.623	2.36	26.761	108.31	0	0	1	0
2.167	280.003	2.499	25.339	112.05	0	0	0	1
2.199	279.383	2.504	25.106	111.57	0	0	0	1
2.204	278.216	2.512	25.202	110.75	0	0	0	1

除了传递函数，训练函数的选择对网络训练速度、稳定性及存储量也有重要的影响。常用的训练算法包括梯度下降算法、Levenberg-Marquardt 算法、拟牛顿算法及共轭梯度算法等。对于中小规模的 BP 神经网络，Levenberg-Marquardt 算法在几类算法中具有训练速度快、存储量小且逼近性能最佳的优点，因此，本书采用该算法作为训练函数

对网络进行训练。期望误差、最大迭代次数、学习速率等参数分别设置为 1×10^{-5}、300及 0.05。

3. 网络训练及网络仿真输出

将输入参数中 50% 的样本作为训练集，10% 的样本作为验证集以优化网络，40%的样品作为测试集以测试网络预测推广能力，随后对网络进行训练并将测试集部分仿真输出，其仿真输出结果如表 5-2 所示。

4. 岩性识别效果

岩性识别结果的可靠性与否决定于符合率的高低。构建完三套岩性识别神经网络，经训练达到网络最佳识别效果后分别对三套神经网络的识别率进行统计，统计结果见表 5-3。由表 5-3 可知，构建的三套神经网络对白云岩及泥岩两类端元岩性识别效果较好，过渡岩性——泥质白云岩及白云质泥岩识别效果则较差。造成这种现象的原因可能是两类岩性较为接近，泥质含量均较高，但在构建网络时，自然伽马曲线这一重要岩性指示曲线因与岩性对应关系较差未加入判别网络，其他曲线在对泥质含量的区分上效果相对较差，导致网络识别过渡岩性的总体效果较差。针对邻井中识别的这两类岩性，应结合测井曲线特征进行适当的人工干预，使岩性识别结果更可靠、更准确。

表5-2　岩性识别神经网络仿真输出结果格式表

期望输出矩阵数据				对应岩性
0.97	0.01	0.00	0.02	白云岩
1.00	0.01	0.00	0.00	白云岩
0.96	0.01	0.01	0.02	白云岩
0.25	0.73	0.02	0.00	泥质白云岩
0.27	0.72	0.00	0.00	泥质白云岩
0.32	0.68	0.00	0.00	泥质白云岩
0.00	0.04	0.95	0.01	白云质泥岩
0.00	0.02	0.95	0.03	白云质泥岩
0.02	0.00	0.97	0.01	白云质泥岩
0.00	0.00	0.03	0.97	泥岩
0.00	0.00	0.02	0.98	泥岩
0.00	0.00	0.04	0.96	泥岩

表5-3　TG2C井岩性识别正确率统计表

网络编号	岩性	识别总数 / 个	识别正确数 / 个	正确率 /%
1	白云岩	36	33	91.7
	泥质白云岩	21	15	71.4
	白云质泥岩	42	31	73.8
	泥岩	99	81	81.8
	合计	198	160	80.8

网络编号	岩性	识别总数 / 个	识别正确数 / 个	正确率 /%
2	白云岩	32	31	96.9
	泥质白云岩	22	9	40.9
	白云质泥岩	46	20	43.5
	泥岩	98	90	91.8
	合计	198	150	75.8
3	白云岩	35	33	94.3
	泥质白云岩	18	7	38.8
	白云质泥岩	55	24	43.6
	泥岩	90	82	91.1
	合计	198	146	73.7

5.3　测井相特征

测井相系指地层特征在测井信息上的综合，是该地层与其他地层区别开来的一组测井响应特征组合。实质上，测井相是地质相在测井资料中的一种可分辨的对应关系，可通过测井资料实现"点—线—面—体"对沉积相的解释及评价。碎屑岩测井相及海相碳酸盐岩测井相划分已有广泛的应用和成功的研究经验，但在湖相致密白云岩研究中还不成熟，需要根据实际储层地质特征进行测井相划分和识别。

研究区沉积特征与常规测井响应关系如图 5-8 所示，常规测井相划分方法中的形态法难以用于塘沽地区目的层的研究，但自然电位（SP）、电阻率（R_D、R_S）、声波（AC）、中子（CNL）、密度（DEN、Pe）几类测井组合曲线的曲线幅度变化是能有效区分各类地质相的有效参数。经过优选组合，研究中亦引入星状图测井相方法对目的层测井相进行半定量的划分及评价，星状图能够在一定程度上"放大"特征相似测井相间的细微差异，对之进行客观划分。考虑到研究区其他各井中多缺少 SP 及 Pe 测井曲线，图解主要选用了 R_D、AC、DEN、CNL 及能减少裂缝存在对测井响应的影响的 AC/DEN 参数作为图中的五个端元，R_D 采用对数 $\lg R_D$ 将其转化为线性计量形式，各岩性的对应参数值均经过线性归一化处理（图 5-9）。

5.3.1　半深湖亚相测井相

半深湖亚相在测井资料中显示出"自然电位曲线幅值高、电阻率曲线幅值高、声波时差曲线幅值低、中子曲线幅值低、密度曲线幅值低、光电吸收截面积幅值低"的组合特征。其中，高电阻率、低密度、低声波时差及低中子的特征是可将半深湖亚相与深湖亚相明显区分的测井响应特征。

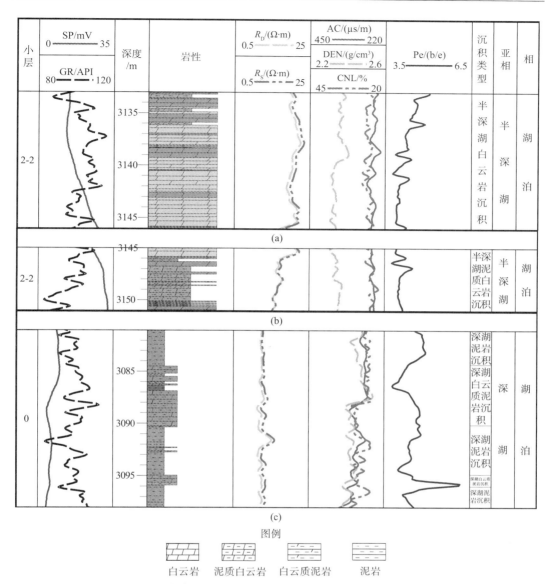

图 5-8　塘沽地区 TG2C 井沙三 5 亚段典型常规测井相特征

（a）半深湖白云岩沉积测井相；（b）半深湖泥质白云岩沉积测井相；（c）深湖泥岩及白云质泥岩沉积测井相；Pe 光电吸收截面积

　　半深湖亚相中可划分出半深湖白云岩沉积及半深湖泥质白云岩沉积两个子类别，这两类沉积在常规测井相及星状图测井相中均具有各自的响应特点。在常规测井相中，与半深湖泥质白云岩沉积相比，半深湖白云岩沉积具有相对低幅的自然电位、相对高幅的电阻率、相对高幅的密度及相对低幅的声波响应［图 5-8（a）、图 5-8（b）］。在星状图测井相中，前者略呈一顶端尖锐的等腰三角形［图 5-9（a）］，后者则表现为一个中部集中的不规则五边形［图 5-9（b）］。

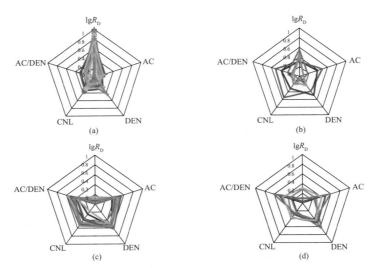

图 5-9　塘沽地区 TG2C 井沙三 5 亚段典型星状图测井相特征

（a）半深湖白云岩沉积测井相；（b）半深湖泥质白云岩沉积测井相；（c）深湖白云质泥岩沉积测井相；（d）深湖泥岩沉积测井相

结合前述矿物学分析，半深湖亚相与深湖亚相区别最明显的几类测井响应主要归因于岩石组成中白云石及方沸石两类矿物含量的变化。白云石含量高，岩石电阻率则相应较高，声波及中子则相应较低；方沸石含量高，则会导致岩石密度明显降低。半深湖白云岩沉积及半深湖泥质白云岩沉积的测井差异同样可用前者白云石含量比后者相对较高来解释。

5.3.2　深湖亚相测井相

深湖亚相在测井资料中显示出自然电位曲线幅值低（泥岩基线）、电阻率曲线幅值低、声波时差曲线幅值高、中子曲线幅值高、密度曲线幅值高、光电吸收截面积幅值高的组合特征。

该亚相类型包含深湖白云质泥岩沉积及深湖泥岩沉积两个子类别，但由图 5-8（c）可见，这两类沉积的测井响应极为接近，常规测井相方法已难以将其进行识别区分。但在星状图测井相中可见到二者仍具有一定的差别［图 5-9（c）、图 5-9（d）］，其中，深湖白云质泥岩沉积测井相为一规则的倒矩形；深湖泥岩沉积则为形状较规则的五边形及不规则的倒矩形。

对于研究区沙三 5 亚段，常规测井相与星状图测井相两种测井相识别方式各有利弊，前者在识别过程中实现起来相对简单且快捷，且可对曲线不全井段中测井相进行识别，但在细微差别刻画上精度较差；后者精度及准确性更高，但识别过程相对繁琐复杂，且对井段中测井系列完备性要求较高（需要井段中 R_D、AC、DEN 及 CNL 几条曲线全部存在）。

第6章 湖相白云岩沉积环境及沉积相特征

6.1 古物源及古沉积环境恢复

塘沽地区沙三5亚段白云岩类是一类特殊的富含方沸石的白云岩。岩石中的主要组成矿物白云石是化学沉淀的矿物，其形成物质可源自盆内沉积水体（湖水或海水）或热液流体。岩石中的另一主要组成矿物方沸石的物质来源则较多样，但总的也可以归纳为两类，即碎屑物质（包括火山玻璃及黏土矿物等）和热液流体（Ross, 1928; Hay, 1966; Surdam and Eugster, 1976; Utada, 2001）。由于湖湘白云岩由极细小的矿物晶粒组成且来源复杂，传统的矿物学方法在物源指示及古环境恢复方面已显不足，本节主要运用元素地球化学及同位素地球化学资料来完成这些分析。

6.1.1 古物源

1. 来自元素地球化学的指示

在物源溯踪领域，元素地球化学资料跨越了岩石类别的限制，不仅在碎屑岩类岩石中具有良好的应用效果（Yang et al., 2012; Sharma et al., 2013; Imchen et al., 2014），在以碳酸盐为代表的化学岩类之中亦有广泛的应用（Craddock et al., 2010; Corkeron et al., 2012; Zhao and Jones, 2013）。其中，稀土元素由于在沉积物的风化、搬运、成岩及蚀变过程中受影响较弱，且其含量主要受控于物源成分（McLennan, 1989），其分布特征可以用来恢复物源的"原始"性质。稀土元素的配分模型是目前物源分析中广泛应用的地球化学方法之一。

该区白云岩类配分模式与几类流体的具有明显差异（图6-1），表明目的层白云岩类并非完全由某类自然流体形成。白云岩类及泥岩类的配分模式中均具有明显的负Eu异常现象且样式非常接近（图4-3），二者与UCC及PAAS的配分模式亦极为相似[图4-3（b）]，暗示泥岩形成提供碎屑物质的物源在白云岩类形成期同样也提供了物质输出。岩石中的Eu异常往往被认为继承自母岩（McLennan et al., 1993），Gao和Wedepohl（1995）论述到"……幔源物质不具备负Eu异常的现象……而到2.5Ga左右，上地壳（upper continental crust）及碎屑沉积物则已经获取负Eu异常的这种典型特征"。结合轻稀土元素富集、重稀土元素亏损的特征，推断研究区目的层白云岩类及泥岩类中碎屑物质来源于上地壳酸性岩一类母岩。稀土元素中的Y/Ho在上地壳中约为27.5，在现代海水中则为44～74，由于在上地壳与海水流体中该参数差异较大，其在碳酸盐岩中常被用作评价是否有陆源碎屑物质混入（韩银学等，2009；汤好书等，2009）。研究区目的层岩心

观察中的纯白云岩（块状层理白云岩）Y/Ho 为 25.4 ～ 29.7，平均值为 28.3（表 4-5），
具有明显上地壳碎屑物质进入的痕迹，这与前述分析中所见的碎屑矿物（石英及长石）
现象具有相应的匹配性。

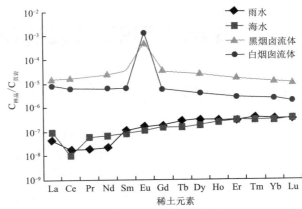

图 6-1　自然界不同类型流体典型稀土元素配分模式

引自胡文瑄等（2010）

　　研究区目的层样品中富含铁白云石及方沸石，白云石会"稀释"岩石中碎屑矿物
的主量元素含量，方沸石中的钠元素可能并非由来自碎屑矿物，从而会对一些指标产生
影响。白云石的稀释问题相对容易解决，方沸石中钠元素富集问题则难以消除。因此，
研究中采用的图解和指标遵循了以下两个原则：①避免选取包含钠元素的图解和指标，
优先选取基于地质过程中相对稳定的元素建立图解及指标；②避免采用单元素绝对含量
建立的指标和图解，多采用以比值形式建立的图解及指标。

　　基于主量元素氧化物的指标中，本书选取了 Al_2O_3/TiO_2，原因在于 Al 和 Ti 是岩
石中两种移动性很差的元素，可有效保留母岩的信息，进而为判断源岩类型提供可能
（Moosavirad et al., 2011）。计算结果显示：泥岩类中该值为 23.4 ～ 27.5，平均为 24.8；
白云岩类中该值为 23.6 ～ 28.1，平均为 25.36（表 4-1）。两大类岩石的数值均落在酸性
岩范畴（21 ～ 70）（Hayashi et al., 1997）。

　　Floyd 和 Leveridge（1987）联合主量元素 K 及微量元素 Rb 提出的 K-Rb 双变量判
别图解同样可用于对源岩类型进行追溯，由图中可见白云岩类及泥岩类的所有样点均
分布在酸性 + 中性组分一侧 [图 6-2（a）]。联合微量元素 Th 及 Hf 和稀土元素 La 的
（La/Th）-Hf 在物源追溯方面亦有广泛的应用（Bhatia and Crook, 1986），研究区仅对 6
块白云岩样品做了较全面的微量元素分析 [图 6-2（b）]，6 块样品同样完全落在酸性岩
源的范围内。

　　经过主量、微量及和稀土元素各指标的综合运用，研究区目的层泥岩类及白云岩
类形成时均接受了较稳定的碎屑物质供给，碎屑物质来源的主体为酸性岩，可能存在部
分的中性岩组成。

　　确定碎屑对应的母岩类型后还存在着一个问题，即碎屑物质由单物源提供还是多
物源混合提供。Huang 等（2009）基于重矿物组合、地震反射特征、砂厚及砂地比等参

数提出塘沽地区物源主要有两个:一个为北部的燕山褶皱带;另一个则为西侧的沧县隆起。其研究主要依据砂岩资料及精度相对较粗的地震资料,对于研究区含方沸石白云岩这类特殊的岩石,其沉积期是否同样受上述物源的控制则值得进行相应的分析。

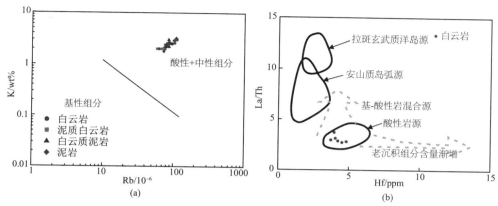

图 6-2　塘沽地区沙三 5 亚段各岩性物源属性判别图解

(a) K-Rb 双变量判别图解;(b) (La/Th)-Hf 双变量判断图解

燕山褶皱带中生界主要为中酸性母岩一类(郭华等,2002),另一供给源沧县隆起中生界地层大部分地区缺失,残存的地层显示其主要由砂岩及泥岩一类的陆源碎屑岩所构成,即主要提供以陆源碎屑岩为主的母岩(大港油田石油地质志编委会,1991)。物源分析指示研究区母岩类型主要为酸性岩,符合燕山褶皱带物源供给条件。已有的报道并未显示沧县隆起物源中生界发育中酸性岩,其赋存的砂泥岩等碎屑沉积岩早期可能来源于酸性岩,并在后期经风化作用搬运至塘沽地区形成沙三 5 亚段的岩石组成,即为再旋回沉积物。在(Th/Sc)-(Zr/Sc)双变量判断图解中,研究区目的层 6 个白云岩样品并未落在再旋回区域(图 6-3)。该图解由 McLennan 等(1993)在对现代浊积岩的研究之后提出,其原理在于再旋回沉积物中往往富集锆石,Zr 元素主要富集于锆石之中,Sc 元素则类似其他稀土元素保留着岩石成因信息,Th 元素是一种不相容元素,Sc 元素则是一种火成岩中的相容元素,这几种元素相组合后便可借之区分沉积物是否具再旋回性质。在页岩类细粒岩石中,锆石等重矿物同样富集且含量并不比砂岩中的低,Zr 元素同样富集在锆石之中(Mange and Wright,2007)。基于这些信息,认为(Th/Sc)-(Zr/Sc)这类基于元素的判别图解同样可移用于在研究区白云岩中的分析中。薄片下的一些观察结果亦在一定程度上可以辅证该图解中的认识,即薄片中碎屑物质多为次棱到次圆状,再旋回沉积物磨圆度应当更高。综合以上分析,研究认为沧县隆起的沉积岩物源不具备成为研究区白云岩类岩石中碎屑物质主要供给源的条件,目的层段岩石中的碎屑应主要来自燕山褶皱带的酸性岩。

2. 来自 Sr 同位素的指示

海水的 Sr 同位素组成存在陆壳和洋壳两个来源,二者 Sr 同位素组分具有明显差异,大陆古老岩石的风化并随地表径流进入海水为壳源 Sr 的主要介入手段,洋底的一些热液活动则成为幔源 Sr 混入海水的重要途径(黄思静等,2004; Clyde and William,2013)。

据 Palmer 和 Edmond（1989）的研究，全球地表径流的 $^{87}Sr/^{86}Sr$ 约为 0.7119，大洋热液喷口周围水体的 $^{87}Sr/^{86}Sr$ 约为 0.7035，该值明显低于地表径流。从海水中化学沉积出来的灰岩及白云岩中的 Sr 同位素组成由岩石地质年代决定，反映海水 Sr 同位素组成随时间的变化，不代表 ^{87}Rb 原地的衰变，对比海相碳酸盐岩及沉积期海水中 Sr 同位素组成则成为判断岩石中是否有其他成岩流体进入带来成岩变化的重要手段之一（Clyde and William, 2013）。

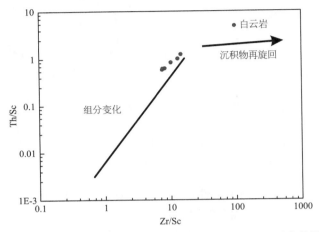

图 6-3　塘沽地区沙三 5 亚段白云岩（Th/Sc）-（Zr/Sc）双变量图解

在陆相碳酸盐的研究中，锶同位素组成的变化与其他指相矿物、微体古生物等则被广泛地运用于"海侵"问题的探讨之中，该指标在各种解释中的核心作用，即低 $^{87}Sr/^{86}Sr$ 接近同期海水同位素组成的指示海侵；高 $^{87}Sr/^{86}Sr$ 远离同期海水同位素组成的则指示正常沉积（刘传联和成鑫荣，1996; 袁波等，2008; 陈世悦等，2012b）。前述分析中已提及几份实例中的锶同位素组成分布，刘传联和成鑫荣（1996）对钙质超微化石中锶同位素组成的解读为正常湖水来源，除了沙四段（对应研究区沙三段），笔者还提供了沙一段的 Sr 同位素组成，其分布范围为 0.71121 ～ 0.71168（8 件），平均值为 0.71146，整体上与沙四段对应值相当，暗示水体组成在两个沉积期中变化不大。考虑到其样品采用的是，受陆源碎屑物质影响应当较小。生物骨架中的碳酸盐中的 Sr 同位素组成往往与周边水体（海水）中的 Sr 同位素组成保持平衡，全球海水的 Sr 同位素虽不断在改变，但在任一时期却是均一的（Depaolo and Ingram, 1985），由此观点可以认为沙四段钙质超微化石中的 Sr 同位素组成可以代表其沉积期湖水的 Sr 同位素组成，其反映的"非海侵"也应当是可信的。袁波等（2008）根据相对低的 Sr 同位素组成（0.709370 ～ 0.711184）认为，这是沙三沉积期海水侵入的结果。类似地，陈世悦等（2002）亦认为沙一段白云岩及灰岩中的低 Sr 同位素组成（0.70953 ～ 0.71095，平均 0.71034）是由同期海水、湖水及河流水共同作用引起的。塘沽地区白云岩类具有较低的 Sr 同位素组成，且数值更接近于始新统－渐新统海水 Sr 同位素组成（0.7077 ～ 0.7083）（图 6-4），这是否意味着岩石沉积期存在"海侵"？但是研究层段中岩石中并未出现沙一段中的海绿石或胶磷矿等指相矿物，因而仅凭 Sr 同位素资料做出的判断仍需商榷。

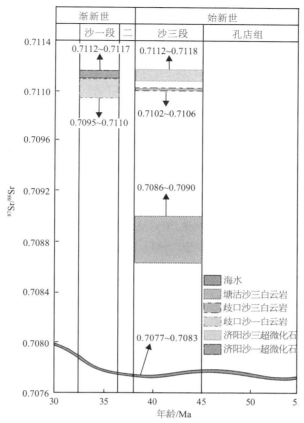

图 6-4　塘沽地区沙三 5 亚段各岩性 $^{87}Sr/^{86}Sr$ 分布图

　　塘沽地区目的层 Sr 同位素组成存在着多种供应源。就薄片观察及 XRD 检测结果来看，目的层岩石中的 Sr 同位素可以确定存在着铁白云石（代表湖水）及铝硅酸盐矿物（代表陆源碎屑来源）两类供给源，虽然在选样时已考虑避免含微裂缝的样品，但是部分肉眼难以观察到的过小的微裂缝仍可能存在于岩石样品之中。该区亦应有热液（裂缝方沸石）一类供应源。张志军等（2003）对碳酸盐溶解后所剩残渣及溶解岩样中的 $^{87}Sr/^{86}Sr$ 进行了测试，测试中发现残渣样中可比溶解样中的值可从 0.002 变化至 0.12，笔者认为盐酸溶解岩样时会造成非碳酸盐组分的溶解，导致测定值偏高。由此可见，样品中测试结果需要考虑陆源碎屑中放射性 Sr 的影响。黄思静等（2004）提出通过用样品中的 SiO_2 含量与 $^{87}Sr/^{86}Sr$ 的相关关系可以评价溶解过程中铝硅酸盐溶解带来的影响，正相关性高则表明铝硅酸盐中的 Sr 同位素对之产生了影响，反之则影响很小。通过类似分析，研究发现目的层几块样品中 SiO_2 含量显示出与 $^{87}Sr/^{86}Sr$ 之间具有高相关性（图6-5），这则表明目的层研究样品中的所测定的 Sr 同位素不单只反映着白云石内的 Sr 同位素组成，同时还内含着铝硅酸盐一类矿物 Sr 同位素的相关信息。方沸石为目的层的主要铝硅酸盐矿物之一，测量所得 Sr 同位素组成应与其有具有一定的关联。泥岩类样品中的 Sr 同位素组成和白云岩类中的 Sr 同位素组成极为接近，样品处理中较难将白云石完全从泥岩中分离出来，由此看来，样品中的低 Sr 同位素的特征有可能是由岩石中的碎屑物质带来。

　　目的层碎屑物质中的 Sr 可以来自于上地壳或者地幔。前述讨论中已对物源方向进行了精细的锁定，并缩小至燕山褶皱带之中。目的层沙河街组为新生代地层，其沉积物质应来自对源区中生代地层的风化剥蚀为主，但目的层主要是剥蚀源区哪一时期的地层则因缺乏相关研究而无法具体确定。在燕山地区白垩期的火山岩主要有流纹岩（二长花岗岩）、英安岩（花岗闪长岩）、石英安粗岩（石英二长岩）及粗安岩（二长闪长岩）几类酸性及中酸性火成岩组合（郭华等，2002）。酸性岩往往具备高 Sr 同位素组成，Yang 等（2008）提供的燕山地区早白垩统钾长花岗岩 Sr 同位素组成测量值为 0.717235 ～ 0.717690（4 个样）也与该认识相符，但这一数值分布大幅高于目的层 Sr 同位素组成，较难以运用于合理解释目的层 Sr 同位素低值特征的成因。幔源来源物质可以使岩石出现低 Sr 同位素组成特征。张超等（2009）提供了黄骅地区沙三段及沙一段玄武岩 Sr 同位素组成，其中前者为 0.705713 ～ 0.705402（2 个样），平均为 0.705558；后者为 0.704286 ～ 0.706486，平均为 0.705365。这些玄武岩的 Sr 同位素组成能反映地幔 Sr 同位素组成，但可以明显见到幔源 Sr 的幅值过低（图 6-6），结合元素地化示踪认识，幔源 Sr 同样不太可能大规模进入目的层岩石之中。综合上述分析，研究认为塘沽地区目的层的低 Sr 同位素组成影响多样、复杂，全岩分析精度尚难精确锁定岩石低 Sr 的缘由。

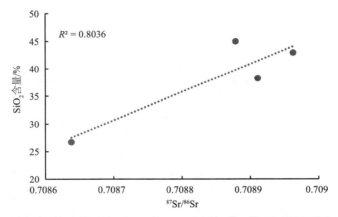

图 6-5　塘沽地区沙三 5 亚段 SiO$_2$ 含量与 ^{87}Sr/^{86}Sr 相关关系图

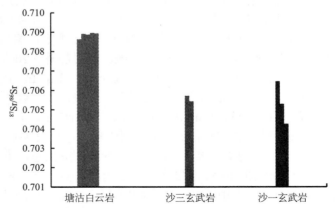

图 6-6　塘沽地区沙三 5 亚段白云岩类 ^{87}Sr/^{86}Sr 与相关火成岩 ^{87}Sr/^{86}Sr 对比

沙三段及沙一段玄武岩数据引自张超等（2009）

上述研究可得出如下认识：塘沽地区沙三 5 亚段白云岩类沉积期接受了大量陆源碎屑的供给，这些物质主要来自北部燕山褶皱带的酸性岩母岩，西侧沧县隆起影响较小，这与碎屑岩分布及沉积相区域研究结论一致。

6.1.2　古沉积环境

1. 古气候分析

1）来自孢粉组合的指示

植被的孢粉对于气温、降雨量等气候要素反应最为灵敏，根据岩石中的孢粉组合可有效地获取古植被信息，客观地对古气候进行一定的评价。赵秀兰等（1992）利用孢粉与植被类型、气温带及干湿度之间的关系建立了各自的划分模式，其中，植被类型包括草本、灌木、落叶阔叶、常绿阔叶及针叶五类，气温带包括热带-温带、热带-亚热带、亚热带及热带四带，干湿度则有沼生、水生、湿生、中生及旱生五类。本书在古植被恢复及古气候分析中亦采纳该套划分系统。

由孢粉恢复的古植被组合可知，塘沽地区在沙三 5 亚段沉积期的孢粉植被类型为针阔叶林混交林类型（针叶树大于 30%，阔叶树大于 40%），阔叶树含量为 41%～56%，平均为 50%，常绿的以栎属及枫杨属为主，落叶的则以榆树、胡桃属、桦属等为主。针叶林植被含量为 36%～48%，平均为 42%，主要由杉科及松科植物组成。该段沉积期中段阔叶树含量小幅度增长，针叶林则相对减少［图 6-7（a）］。孢粉气温带则属于北亚热带类型（热-温带类型占 50%～60%，热-亚热带占 40%～50%），其中热-温带类型占 58%～63%，平均为 60%；热 - 亚热带类型占 36%～42%，平均占 40%。各气温带植物随深度变化较为平稳，仅温带植物在层段中上部少量增加［图 6-7（b）］。孢粉干湿度带划分中，由于超过 90% 的孢粉都归属于中生型，中生、湿生植物在层段内稳定分布变化不大，以灌木麻黄属及草本植物凤尾蕨科为代表的旱生植物在层段中下部出现了一个小幅含量降低后，整体保持稳定出现［图 6-7（c）］，这可能暗示着沉积期内并非是一成不变的整体干旱或整体湿润条件，而是干旱期与湿润期在一定时期内有规律地交替出现。基于孢粉分析，白云岩地层沉积期干温度带划归入半干旱–半湿润类型。

2）来自氧同位素的指示

除了孢粉分析能提供古气候信息外，碳酸盐的氧同位素因与温度之间具有良好的关系，可以反映沉积期的水温信息，可更明确地了解沉积期的气候细节。多数学者在进行白云石古温度计算时常会采用如 "$t = 16.9 - 4.38(\delta_C - \delta_W) + 0.10(\delta_C - \delta_W)^2$（式中，$\delta_C$ 表示碳酸盐岩样品中 $\delta^{13}O$ 的值；δ_W 表示以 SMOW（standard mean ocean water）为标准的样品形成时水体的 $\delta^{13}O$ 值）" 这一类基于 Craig 温度计算公式的修正式进行古水温恢复（刘德良等，2006; 陈登辉等，2011），但该公式的提出是建立在组成矿物为方解石的基础之上，并非白云石。白云石同位素分馏机制较复杂，对于同成因的方解石，Land（1980）曾提出其氧同位素组成可能要比之高 3‰～4‰，之后在一些第四纪海陆相碳酸盐沉积的研究中发现，白云石中的氧同位素组成比与其共存的方解石高 3‰～7‰（Humphrey，2000），Mavromatis 等（2012）通过实验认为该值更高，可达 8.5‰～8.8‰。由此可知，白云石更富集氧同位素，若继续采用该公式则可能得出的结论误差较大。

Vasconcelos 等（2005）在实验室成功在低温条件下合成白云石后提出一个新基于白云石的"同位素古温度计"，计算公式为：$1000\ln\alpha_{\text{dolomite-water}}=2.73\times10^{6}/T^{2}+0.26$，式中，$\alpha_{\text{dolomite-water}}$ 为白云石及周边水体之间氧同位素分馏系数；T 为开尔文温度。胡作维等（2012）在研究中采用该公式进行古温度恢复并认为结果符合研究地区的地质规律。因此，本书采用 Vasconcelos 提出的公式尝试对水体温度进行恢复，并未采用多数学者的惯用公式。

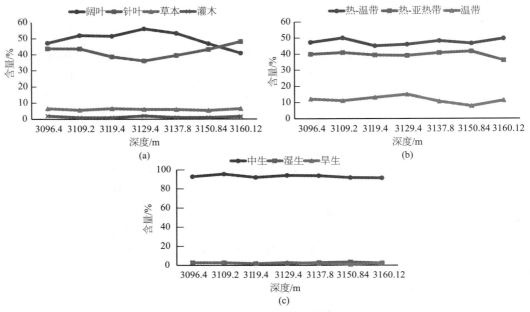

图 6-7　塘沽地区沙三 5 亚段孢粉气候指示图

（a）植被；（b）气温带；（c）及干湿度带

Vasconcelos 提出的公式计算中同样需要一个重要的参数——原始周边流体的氧同位素组成。流体的氧同位素组成会因各种地质作用发生变化，难以获得一个较准确的数值。通过计算，可见白云石恢复出的流体温度整体为 31.4 ～ 81.3℃，其中粉晶白云对应温度为 52.5 ～ 81.3℃，平均为 65.9℃；泥晶白云石则为 34.6 ～ 56.5℃，平均为 49.3℃（表 6-1）。真实流体的氧同位素组成不可能为 0，古湖盆水体的氧同位素却难以获取，研究中尝试根据现代湖水中的氧同位素组成以分析古湖水中氧同位素的变化趋热。调研结果显示：现代西藏南部的内陆湖泊羊卓雍错湖湖水的氧同位素为 −5.4‰～ −3.8‰（SMOW）（臧娅琳等，2014），纳木错湖湖水的氧同位素为 −7.1‰～ −6.4‰（SMOW）（徐彦伟等，2011）。据此可近似认为塘沽地区古湖泊水体氧同位素组成亦偏负。蒸发作用虽会致使湖水氧同位素组成增高（Sharp，2006），应难以使湖水氧同位素组成整体偏正。计算式中流体氧同位素组成应为负偏趋势，计算温度则会向减小的方向改变，总体上对应值 +1 时，获得的温度会在原有基础上偏差为 5.3 ～ 8.1℃，即计算所获得的温度为最高温度，实际沉积时水体温度可能低于该温度。整体反映出一种半干旱-干旱炎热的气候条件。

表6-1　塘沽地区沙三5亚段白云石氧同位素统计表

编号	白云石 $\delta^{18}O$（VSMOW）/‰	初始流体 $\delta^{18}O$（VSMOW）/‰	$t/^\circ C$
T1	22.7	0	75.6
T2	26.2	0	51.3
T3	22.0	0	81.3
T4	25.3	0	57.2
T5	24.3	0	64.2
T6	24.1	0	65.7
T7	23.7	0	68.6
T8	29.1	0	34.6
T9	26.0	0	52.5
T10	26.6	0	48.7
T11	25.5	0	55.9
T12	27.5	0	43.8
T13	25.4	0	56.5
T14	25.5	0	55.9
T15	26.3	0	50.6
T16	27.3	0	45.0
T17	24.4	0	63.5
T18	26.5	0	49.3

注：岩性及深度见表 4-6，$\delta^{18}O$（VSMOW）$= 1.03\delta^{18}O$（VPDB）$+30.86$（Coplen et al., 1983）。

2. 古盐度分析

1）来自矿物类型的指示

研究区目的层白云岩类内富含铁白云石及方沸石。碳酸盐类矿物可形成于淡水一类盐度较低的环境之中（Clyde and William, 2013）；但是方沸石这类矿物的产出却总与高盐度相关。

方沸石形成于咸水环境的认识由来已久。Ross（1928）基于亚利桑那州维卡普地区（Wikieup）第四纪湖相地层或干盐湖（Playa）沉积提出的方沸石三种成因模式中便明确指出湖盆中的钠盐是促使方沸石形成的初始因素。众多的研究之中，虽然方沸石产出的岩性可在凝灰岩→泥岩→碳酸盐之中变换（Iijima and Hay, 1968; Ataman and Gündoğdu, 1982; Remy and Ferrell, 1989），但它的产出环境却总限定于咸水环境，且与一些盐类矿物伴生。

English（2001）在澳大利亚中部澳北区（Northern Territory）的路易斯湖（Lake Lewis）中开展的研究揭示了现代湖相沉积特征。路易斯湖是一个面积大小为 $250m^2$ 的盐湖，位于一个水动力封闭的新生代山间盆地之中，底部基岩则为元古代 Arunta 克拉通的火成岩-变质岩。湖水酸碱度接近中性,pH 约为 7.1,盐度则为 216000 ~ 267000mg/L。方沸石一类矿物在盐湖东部边缘的浅层黏土沉积物(最深 11.95m)被发现,其含量为 8.6% ~ 15%。方沸石主要在潜水面或潜水面以下产出,潜水面以上则未见到出现。该项研究可进一步地证明方沸石为一种典型的咸水沉积矿物。

2)来自元素地球化学的指示

元素地球化学为解析沉积期水体盐度提供了重要的手段,主量及微量元素中均有着对应的应用。本书主要选取了基于主量元素的 m 值(张士三,1988),基于微量元素的相当 B(硼)(Walker and Price, 1963)及 Sr/Ba(王随继等,1997),指标的计算值分别见表 4-2 及表 4-3。

研究区目的层两大类岩性 m 值在白云岩类中为 13.76 ~ 52.56,平均为 31.21;泥岩类中为 15.77 ~ 36.69,平均为 22.66,低于白云岩类中对应值。对于该指标,张士三(1988)将其作为一类可划分海陆相沉积的方案提出,但后续学者在采用该指标时更倾向于将其作为一种盐度指示器。按照张士三的方案,研究区白云岩类及泥岩类均落在海水沉积环境(10 ~ 500)一组之中,所对应盐度则应为咸水环境。该值越大,反映的水体盐度越高。在垂向上,m 值在 3150 ~ 3160m 及 3120 ~ 3130m 出现了两个小高峰[图 6-8(a)],指示水体盐度在这两段对应的沉积期有增大的趋势。

研究区目的层两大类岩性的相当 B 值则变化较大,白云岩类中该值为 $65.56×10^{-6}$ ~ $174.95×10^{-6}$,平均为 $103.5×10^{-6}$;泥岩类中该值为 $200.17×10^{-6}$ ~ $313.21×10^{-6}$,平均为 $234.86×10^{-6}$,远高于白云岩类中的对应值。同样,该指标亦是由沉积环境指示转为盐度指示的案例。Walker 和 Price(1963)指出该值小于 $200×10^{-6}$ 时指示的水体较淡,该值为 $300×10^{-6}$ ~ $400×10^{-6}$ 时则代表正常海环境(即对应咸水环境)。邓宏文和钱凯(1993)之后又加入了 $200×10^{-6}$ ~ $300×10^{-6}$ 区间,认为该段对应半咸水环境;垂向变化中相当 B 值向上明显存在一个渐增趋势[图 6-8(b)],由此便会得出研究区目的层泥岩类产生于半咸-咸水环境之中,白云岩类产生于淡水环境的结论。该结论明显与矿物及 m 值对盐度的认识相差甚远。经过分析,认为造成白云岩类"低盐度"的缘由在于白云岩类中能富集 B 的矿物(主要为伊利石)含量较低。排除粒度、物质来源及沉积环境(主要为温度、沉积速率及搬运距离)(同济大学海洋地质系,1980)几项影响 B 元素含量的因素后,B 在目的层的含量则主要由矿物类型所控制,在众多矿物之中,黏土矿物(特别是伊利石)是除电气石一类含 B 矿物外的主要载体。前述章节的相关分析中发现泥岩中 B 与伊利石相关性较好,但这种相关性却在白云岩类中无法找到,因此前述分析中用富 B 矿物含量较低的解释是合理的。由此可见,相当 B 这一指标在目的层的应用有一定的局限性,并不适合用作白云岩类岩石的古盐度恢复。

研究区目的层白云岩类 Sr/Ba 值为 0.08 ~ 2.17,平均为 1.2;泥岩中该值为 0.72 ~ 1.43,平均为 1.07,略低于白云岩中该值。前述章节中已提到部分样品中 Ba 极度富集与微裂缝中存在的重晶石相关,因此白云岩中一些数值过低的样品点并不具代表性,除去异常点干扰后可见到白云岩类及泥岩类整体上仍处在咸水环境范畴(Sr/Ba>1)。排除 3150m 左右的异常点后,Sr/Ba 纵向分布与 m 值分布具有高度的匹配性,在相同位置均出现了两个盐度高峰[图 6-8(c)]。鉴于这两个指标建立于不同类型资料之上，咸水认识及盐度高峰应当反映了研究区沉积期水介质的盐度性质。

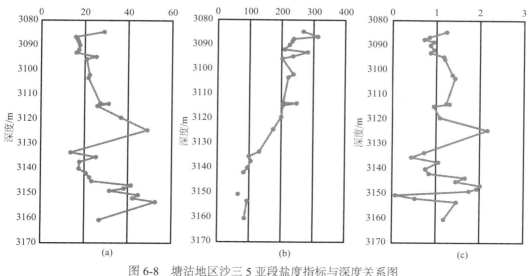

图 6-8　塘沽地区沙三 5 亚段盐度指标与深度关系图

（a）m 值；（b）相当 B；（c）Sr/Ba 值

3）来自碳氧同位素的指示

Keith 和 Weber（1964）利用碳氧同位素提出了 Z 值以指示古盐度并用以区分侏罗纪海相及淡水相灰岩。基于白云石的碳氧同位素，本书计算 Z 值以推测岩石沉积时水体的盐度。计算所得 Z 值见表 4-6。

白云岩类中的 Z 值为 134.4 ～ 143，平均为 137.2；泥岩类中该值为 117.9 ～ 135.7，平均为 128.3，低于白云岩中平均值。两大类岩石中的 Z 值平均值均高于 Keith 和 Weber 设定的海相（对应咸水）灰岩界限（大于 120）。前述分析已提到，白云岩中的氧同位素组成要比灰岩中要高，该差别可能会影响计算的 Z 值，研究中对氧同位素整体减去了 3‰以对可能的误差进行估计。计算结果显示，3‰的降低会使 Z 值降低 1.5，除 117.9 这个最低值外，绝大多数样点就算经实验室中估计的最高值 8.8‰（Mavromatis et al., 2012），修正后亦仍落于咸水范畴。类似元素地球化学盐度指标垂向中的变化，在 3120 ～ 3130m 段出现了明显的盐度高峰，在 3150 ～ 3160m 段也存在着一个不太明显的盐度高峰（图 6-9）。这些现象再一次印证了根据前述资料所推断的"水体盐度较高，沉积时为咸水环境"的结论。

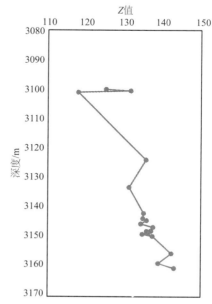

图 6-9　塘沽地区沙三 5 亚段盐度指标 Z
值与深度关系图

3. 古氧化还原条件分析

对于沉积水体氧化还原性的评价，Jones 和 Manning（1994）在对挪威北海 Draupne 和 Heather 组及英格兰陆上 Kimmeridge Clay 组中泥岩的氧化还原条件评价之中筛选出 DOP（degree of pyritization）、U/Th、自生铀、V/Cr 及 Ni/Co 作为可信度较高类别，因此研究中主要选取这几项参数进行分析。其中，DOP 涉及黄铁矿中的铁元素，该研究并未进行相关测试故未纳入评价方案之中，另外自 Cr、Co 元素仅在 6 块白云岩中进行了相关测试，因此只在这些样品中进行了相关计算（表 4-4）。

白云岩类中的的 U/Th 值为 0.2 ～ 0.58，平均为 0.32；泥岩中该值为 0.17 ～ 0.44，平均为 0.29，略低于白云岩类中对应值（表 4-1）。两者均在常氧范围之内（小于 0.75）。在垂向上该值在 3090 ～ 3100m 及 3130 ～ 3140m 出现了两个小高峰，指示还原性存在一定程度的增强。两个小高峰旁侧的小低凹却恰好落在 3150 ～ 3160m 及 3120 ～ 3130m 这两段 [图 6-10（a）]，对应盐度高峰段。

目的层白云岩类中自生 U 值为 0.75 ～ 1.27，平均为 0.96；泥岩类中该值为 0.67 ～ 1.14，平均值为 0.89，略低于白云岩类中对应值（表 4-1）。两者中该值分布同样落于常氧范围之中（小于 5）。该值垂向分布模式几乎和 U/Th 一样 [图 6-10（b）]，二者均采用了 U，该参数解释结果和 U/Th 的解释结果存在着一定的重复性。

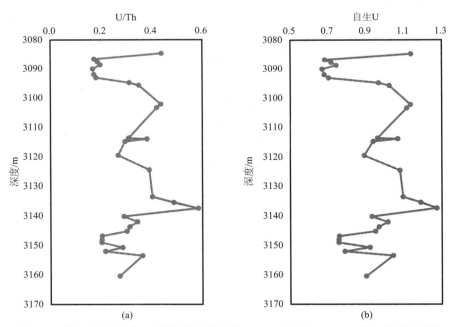

图 6-10　塘沽地区沙三 5 亚段氧化还原指标 U/Th（a）、自生 U（b）与深度关系图

通过 V/Cr 及 Ni/Co 的计算，验证白云岩类形成于常氧条件的水体之中。其中，V/Cr 值为 1.41 ～ 1.7，平均为 1.6，低于贫氧 - 常氧界线值 2；Ni/Co 为 0.79 ～ 1.49，平

均为 1.16（表 4-4），远低于贫氧 - 常氧界线值 5（Jones and Manning, 1994）。

除了微量元素，通过页岩进行标准化后的 Ce 异常也可对水体的氧化还原条件做出一定指示。海水 Ce 的负异常被认为主要由溶解度降低所至，这主要与 Ce（Ⅲ）被氧化成 Ce（Ⅳ）及之后与其他如锰和铁之类的多价金属共同从海水中被移除相关（Shields and Stille, 2001）。基于此原理，国内一些学者将之用于对泥岩或白云岩类沉积物的氧化还原条件进行评价（汤好书等，2009；宋健等，2012）。白云岩类及泥岩类的 Ce 元素均存在负异常现象，这暗示着沉积环境的常氧性质，与微量元素几类指标获得的氧化还原信息具有一致性。

上述研究可得出如下认识：塘沽地区白云岩沉积期的孢粉植被类型针阔叶林混交林类型，气温带则属于北亚热带类型，干湿度带划归为一种半干旱 - 半湿润类型。泥晶白云石氧同位素恢复的平衡温度间接指示了沉积期的半干旱 - 干旱炎热条件。沉积期水体为咸水类型且处于常氧条件。

6.2　沉积相类型及空间展布特征

6.2.1　沉积相类型划分

白云岩岩性、岩石相及测井相分析为沉积相识别和划分创造了条件，岩性类型本身在该区有着特殊意义的环境意义。TG2C 井显示整个沙三 5 亚段岩性变化存在着泥岩→白云质泥岩→泥质白云岩→白云岩→泥质白云岩→白云质泥岩→泥岩，这样一种渐变过程相应反映水体由深到浅再到深的旋回性变化。

浪基面、枯水面及洪水面是进一步对湖泊亚相进行划分的三个重要环境界面，它们可以反映亚相的分布位置、湖水深度及水动力条件（冯增昭，1994）。研究区目的层白云岩类及泥岩类岩石中的陆源碎屑矿物粒径以泥级为主，岩石中虽偶见粉砂级碎屑，但这些相对粗粒的碎屑主要呈纹层状富集，暗示其为水动力增强期的产物，上述岩石细粒的特征总体表明研究区在沉积期远离物源区。白云岩类及泥岩类岩石中水平纹理构造广泛发育，且岩心中并未出现与湖流及暴风浪相关的沉积构造，表明白云岩类及泥岩类形成于水体安静的沉积环境，即使是能量较强的暴风浪亦较难对岩石的形成产生影响。综合岩石相类型、地球化学特征及沉积学标志分析，可以确定该区白云岩类及泥岩类形成于浪基面之下的远离湖泊边缘的较深水环境之中。

同时，白云岩类及泥岩类岩性的变化却指示其形成期地质条件存在细微的差距。白云岩类岩石中纹层与水平面夹角度数与泥岩类岩石中纹层与水平面夹角度数接近，指示两类岩石沉积时所处地区整体构造条件较为稳定，并未经受强烈的改造，岩性之间的过渡也主要以渐变为主而非突变。岩性变化可能主要与气候变化带来的湖平面垂向升降相关。结合下部白云质泥岩及中上部白云质泥岩的颜色差异及湖泊各亚相的沉积特征，本书将泥岩类沉积归入深湖亚相，并划分出以白云岩类沉积为代表的半深湖亚相以示区别，具体沉积相划分方案如表 6-2。

表6-2　塘沽地区沙三5亚段沉积相划分方案

相	亚相	沉积类型	岩相
湖泊相	半深湖亚相	半深湖白云岩沉积	水平纹理、块状层理或揉皱层理白云岩相
		半深湖泥质白云岩沉积	水平纹理、块状层理或揉皱层理泥质白云岩相
	深湖亚相	深湖白云质泥岩沉积	水平纹理或块状层理白云质泥岩
		深湖泥岩沉积	水平纹理或块状层理泥岩

6.2.2　沉积相空间展布特征

根据塘沽地区沙三5亚段的岩心地质相及测井相特征，结合各类岩相在空间的厚度变化，本书亦从剖面及平面角度对沉积相的空间展布特征进行了分析。

1. 剖面展布特征

本书选取了三个剖面对沉积相特征进行归纳：

1）剖面1：TG10-1井—TG10-10C井—TG10井—TG19-16C井—TG2C井—TG2井—TG29-5C井—TG29-3井—TG32井剖面

剖面1为近SN向，其中，TG10井断失3-2层，TG29-3井断失1层、2-1层及2-2层上部。从垂向上看，半深湖白云岩沉积及半深湖泥质白云岩沉积主要发育于2-2及3-1两个单层，2-1及3-2层主要为深湖白云质泥岩沉积，1层主要为深湖泥岩沉积。横向上表现为中央隆起带（TG19-16C井、TG2C井、TG2井和TG29-5C井）半深湖白云岩沉积最发育，南部（TG10-1井、TG10-10C井和TG10井）次之，北部（TG32井）主要发育深湖白云质泥岩沉积和深湖泥岩沉积（图6-11）。

2）剖面2：TG8-2井—TG9井—TG29-2井—TG29-5C井剖面

该剖面为近EW向，其中，TG9井断失3-2层，TG29-2井断失1层、2-1层及2-2层上部。TG8-2井和TG9井主要发育深湖泥岩沉积；TG29-2井及TG29-5C井发育有半深湖白云岩沉积及半深湖泥质白云岩沉积。从TG29-2井及TG29-5C井来看，垂向上半深湖白云岩沉积及半深湖泥质白云岩沉积主要发育于2-2、3-1及3-2三个单层，2-1层及1层主要发育深湖白云质泥岩沉积及深湖泥岩沉积。横向上表现为研究区西部（TG8-2井和TG9井）半深湖白云岩沉积不发育，向东到达中央隆起带（TG29-2井和TG29-5C井）半深湖白云岩沉积非常发育（图6-12）。

3）剖面3：TG8井—TG11井—TG2C井—TG1井—TG19-16C井—TG22井

该剖面为近EW向，其中，TG1井断失2-2层下部、3-1层及3-2层。TG8井主要发育深湖泥岩沉积，TG11井发育较多的深湖白云质泥岩沉积及半深湖泥质白云岩沉积，TG2C井、TG1井和TG19-16C井以半深湖白云岩沉积、半深湖泥质白云岩沉积为主，TG22井发育少量的浅湖泥质砂岩沉积。

垂向上半深湖白云岩沉积及半深湖泥质白云岩沉积主要发育于2-2及3-1两个单层，2-1及3-2层主要为深湖白云质泥岩沉积，1层主要为深湖泥岩沉积。横向上研究区中央隆起区（TG2C井、TG1井和TG19-16C井）半深湖白云岩沉积最为发育，向西（TG11井和TG8井）深湖白云质泥岩沉积及深湖泥岩沉积逐渐增加，向东（TG22井）揭示薄层泥质粉砂岩的浅湖沉积（图6-13）。

2. 平面展布特征

塘沽地区除了南部钻井相对较多之外，其他地区钻遇目的层段的钻井稀疏，难以提供全面的钻井砂岩厚度、含砂率等编制沉积相图的基础资料。沉积相平面展布特征的研究综合采用井震结合技术，综合白云岩类分布、地震属性提取和地震相等信息加以制图。在为数众多的地震属性中，振幅类属性（平均能量振幅、平均峰值振幅、最大振幅、均方根振幅和正极性振幅等）普遍与沉积相具有良好的对应关系，本书主要选取其中的均方根振幅属性。

总体上，三个小层均由五个相区组成：西北缘三角洲相区、东北缘浅湖相区、中部浊积扇相区、南部白云岩沉积区及半深湖 - 深湖相区（图 6-14）。其中，半深湖 - 深湖相区均方根振幅值大，其他相区均方根振幅值较小，一些细条带状均方根振幅低值为断层干扰所致，需加以区分。一方面，三个小层相区分布具有继承性；另一方面，局部存在差异，如 3 小层东北缘浅湖相区范围较大，2 小层 TG11 井白云岩类厚度较大，1、3 小层几乎不发育白云岩类。

研究区范围小，白云岩类层段较薄，地震反射较连续，地震相反应的尺度较大，仅能体现主要的物源方向和大型地质体，对地震沉积相的解释有着辅助作用。Crossline4100 测线所示，沙三 5 亚段地层薄，中北部发育大型的丘状反射地震相，为三角洲横切面的特点，与地震属性该部位三角洲发育对应一致（图 6-15）。

研究区 3 个小层沉积相图的编制综合了白云岩类展布、地震属性提取和地震相等信息，其特征分述如下。

1）3 小层沉积相特征

总体为一个向上变浅的沉积序列，可识别为四个沉积区带 [图 6-16（a）]。

西北部三角洲沉积区：无钻井揭示，仅以地震属性为依据。位于塘北断层控制下的半地堑西北缓坡带，受沧县隆起物源供给，形成广泛的三角洲沉积。结合地震属性，可进一步区分为三个三角洲朵体。

中部深湖相 + 浊积扇沉积区：位于塘北断层的上盘，以厚层泥岩沉积为主，夹少量薄层白云质泥岩和细砂岩。TG32 井揭示自下而上为以泥岩为主，夹白云质泥岩夹少量白云岩；TG8-2 井揭示厚层泥岩夹 1.53m 厚的细砂岩，GR 曲线呈细齿状，属深湖浊流沉积；TG8 井揭示为厚层泥岩夹少量白云质泥岩；TG9 井紧邻塘北断层，揭示为厚层泥岩，测井曲线低幅平直。

南部白云岩沉积区：该区古地貌为凹陷内部的断垒高地，其西北边界受塘北断层限制，众多钻井揭示半深湖白云岩沉积、半深湖泥质白云岩沉积、深湖白云质泥岩沉积及深湖泥岩沉积呈环带状分布的特点。3-2 层深湖泥岩沉积最为发育，凸起两侧有一定的深湖白云质泥岩沉积及半深湖泥质白云岩沉积区域，少量的半深湖白云岩沉积，主要是 TG29-5C 井附近及 TG19-16C 井附近区域 [图 6-16（b）]。相比之下，3-1 层深湖白云质泥岩沉积及半深湖泥质白云岩沉积区域明显增大，在凸起两侧有较大面积的半深湖白云岩沉积发育 [图 6-16（c）]。

东部浅湖沉积区：与东部弱的基底沉降区对应，推测受东侧潜山凸起的物源供给，钻遇薄层砂岩。TG22 井揭示泥质砂岩厚达 17.41m，GR 曲线呈漏斗形、中幅箱形。

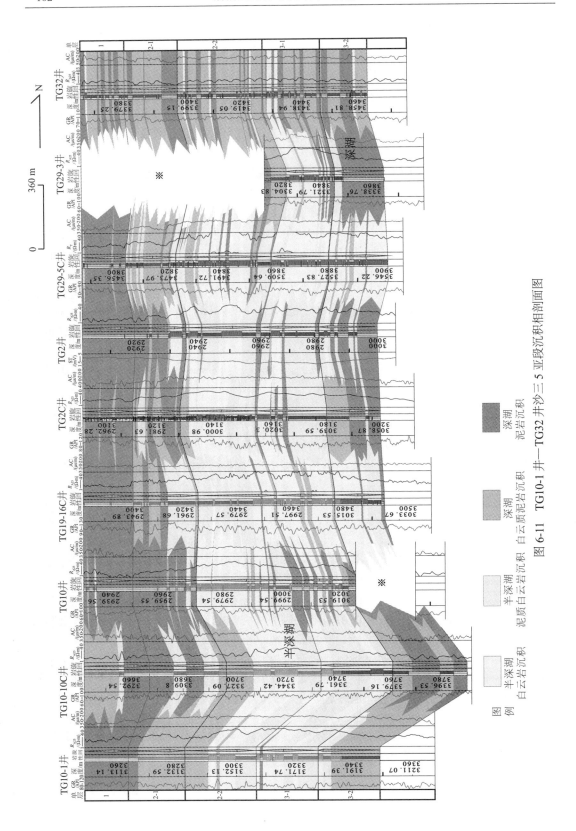

图 6-11　TG10-1 井—TG32 井沙三 5 亚段沉积相剖面图

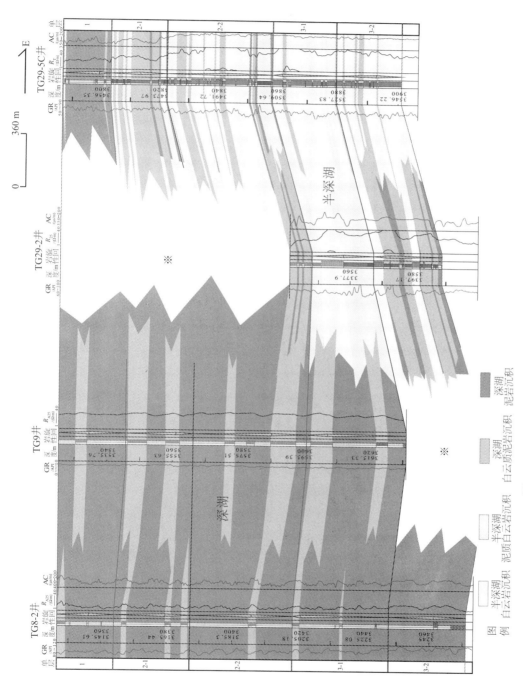

图 6-12　TG8-2 井—TG29-5C 井沙三 5 亚段沉积相剖面图

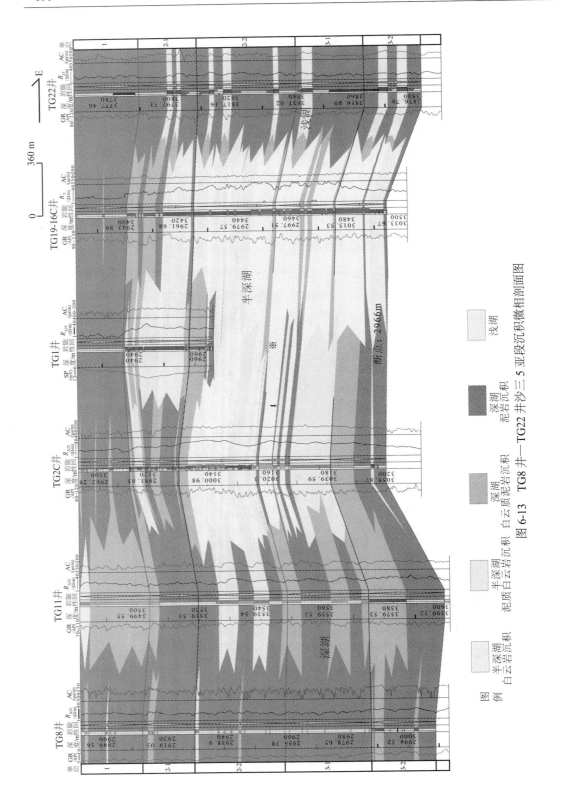

图 6-13　TG8 井—TG22 井沙三 5 亚段沉积微相剖面图

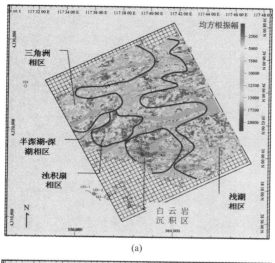

(a)

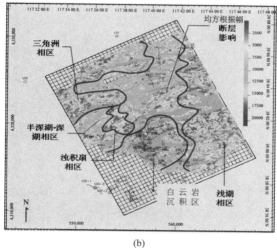

(b)

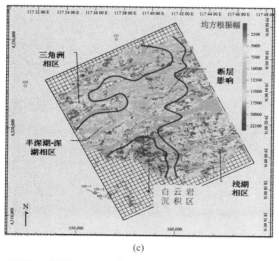

(c)

图6-14　塘沽地区沙三5亚段3小层（a）、2小层（b）及1小层（c）均方根振幅属性及沉积相解释

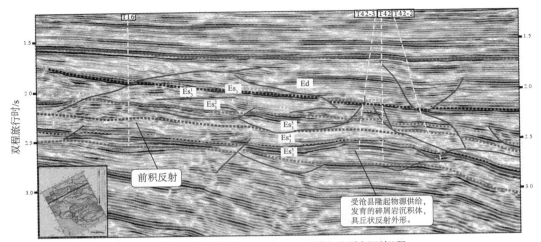

图 6-15　塘沽地区 Crossline4100 测线地震剖面解释

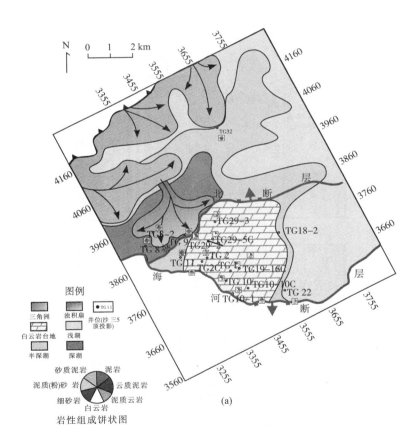

(a)

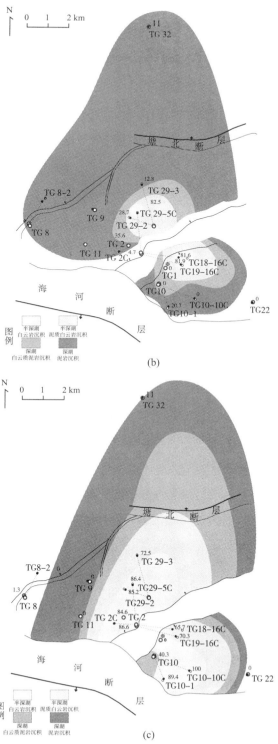

图 6-16　塘沽地区沙三 5 亚段 3 小层及各单层沉积微相平面展布图

（a）3 小层沉积相平面展布图；（b）3-2 层岩性平面展布图；（c）3-1 层岩性平面展布图

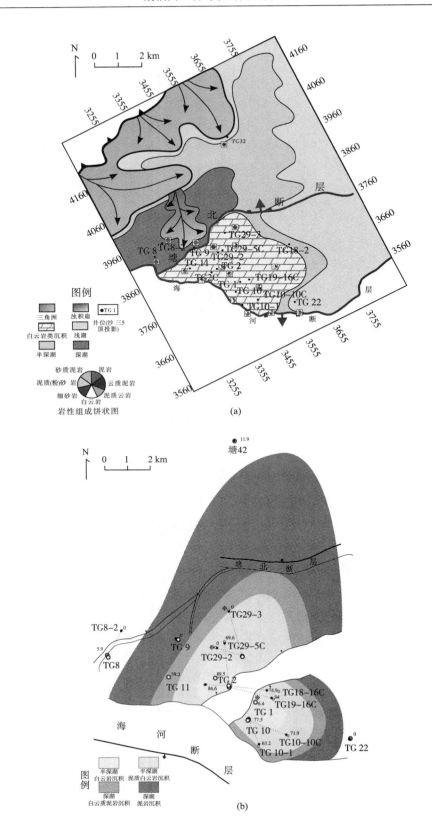

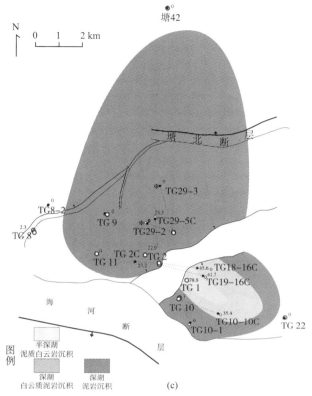

图 6-17　塘沽地区沙三 5 亚段 2 小层及各单层沉积微相平面展布图

（a）2 小层沉积相平面展布图；（b）2-2 层岩性平面展布图；（c）2-1 层岩性平面展布图

2）2 小层沉积相特征

2 小层形成于湖平面上升早期，沉积相展布与 3 小层近似［图 6-17（a）］。

西北部三角洲沉积区：位于塘北断层控制下的半地堑西北缓坡带，受沧县隆起物源供给，形成广泛的三角洲沉积（无钻井揭示，仅以地震属性为依据）。

中部深湖相 + 浊积扇沉积区：位于塘北断层的上盘。TG8 井、TG8-2 井、TG9 井均揭示为厚层泥岩，夹少量云质泥岩；直接位于塘北断层的趾部，揭示为厚层泥岩。TG32 井揭示以厚层泥岩为主，夹少量白云质泥岩和泥质白云岩。

南部半深湖白云岩沉积区：其西北边界直接受塘北断层限制，众多钻井揭示（泥质）白云岩、云质泥岩呈环带状分布。2-2 层在凸起两侧有大片的半深湖泥质白云岩沉积及半深湖白云岩沉积区域［图 6-17（b）］。2-1 层半深湖泥质白云岩沉积及半深湖白云岩沉积区域迅速减少，主要发育深湖白云质泥岩沉积及大片的深湖泥岩沉积［图 6-17（c）］。

东部三角洲沉积区：TG22 井揭示 17.79m 厚泥质砂岩，测井曲线呈低幅细齿状、指状。

3）1 小层

1 小层形成于湖平面上升晚期，钻井揭示均以厚层泥岩为主，深湖相范围扩大，北缘三角洲后退；南部台地面积小，发育薄层半深湖泥质白云岩沉积。TG22 井揭示少量砂质泥岩沉积（图 6-18），推测其属于浅湖亚相范围。

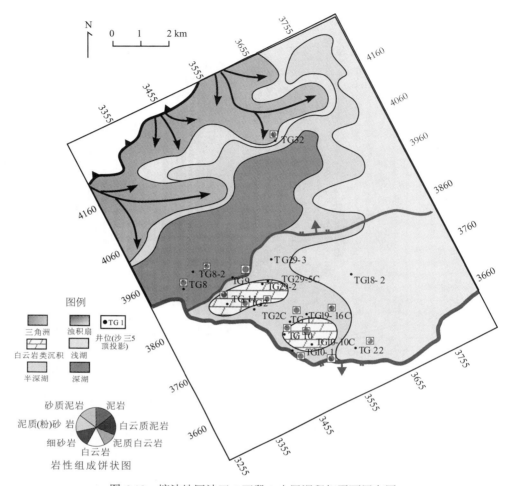

图 6-18 塘沽地区沙三 5 亚段 1 小层沉积相平面展布图

6.3 白云岩层系沉积模式

沉积环境、介质、水体深度、物源情况、生物发育、地形地貌、白云岩分布规律等特征要素构成了该区白云岩沉积模式的主要要件。

塘沽地区具有独特的相对封闭的古地貌背景，同时湖盆中心存在长期古隆起高地，湖盆中心与盆缘区存在相对深洼分隔，周边碎屑岩物质不易搬运至中心部位，这些条件集合在一起，形成了良好的白云岩沉积环境背景。概括而言，该区白云岩沉积模式为独特的湖心台地较深水蒸发浓缩白云岩沉积模式（图 6-19）。

由于沙河街组早期北塘凹陷强烈断陷，物源注入后，沙四段充填作用强烈，随着裂陷逐步加强，到沙三 5 亚段沉积初期形成较深湖盆特征，裂陷进入相对稳定期。此时，北塘地区来自燕山和沧县隆起的物源从西北部和北部注入，形成三角洲沉积体系，而西部、南部、大面积东部都没有物源进入，在湖盆中心区为大面积中深湖区。在湖心区，塘北断层是该时期活动的同沉积断层，形成了位于中心的塘北断块古隆起，由于水下古隆起区的存在，其周围为相对更深的水体，来自北端燕山褶皱带的碎屑物质被截留，因此形成了得天独厚的白云岩形成条件（图 6-19）。

沙三 5 亚段沉积中期，在干旱炎热气候的作用下，湖盆水体开始变浅并发生浓缩，水体盐度增高，Ca^{2+}、CO_3^{2-}、Mg^{2+} 等离子浓度的提升促使碳酸盐矿物（白云石）的沉淀析出，此时北端燕山褶皱带的细粒碎屑供应减弱，偶尔仍能向古凸起或高地输出碎屑物质，这些碎屑物质混合析出的白云石形成白云质泥岩沉积。伴随着气候炎热干旱程度的增加，湖盆水体进一步变浅，白云石大量产出，形成厚度较大的稳定白云岩类沉积，碎屑物质供给相应减少，代表半深湖沉积的泥质白云岩及白云岩开始产出。沙三 5 亚段沉积晚期，气候干旱炎热程度降低，湖盆水体重新变深，代表深湖沉积的白云质泥岩及泥岩重新出现（图 6-19）。

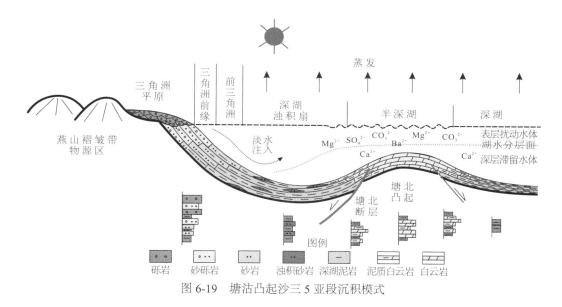

图 6-19 塘沽凸起沙三 5 亚段沉积模式

塘沽地区白云岩沉积相平面分布图及三个单层白云岩、泥质白云岩和泥质岩岩性分区图显示（图 6-16～图 6-18），白云岩厚度以凸起高点为中心显示同心圆分布规律，由中心向外依次为白云岩、泥质白云岩到泥质岩为主的规律。垂向上，从 3-2 单层初步发育白云岩，到 3-1 单层和 2-2 单层白云岩发育高峰期，再到 2-1 单层和 1 小层白云岩萎缩期。平面和垂向上岩性分布规律，进一步验证湖心台地较深水蒸发浓缩白云岩沉积这一独特模式的存在。

第 7 章　湖相白云岩成岩作用

7.1　主要成岩作用类型

塘沽地区湖湘白云岩矿物成分和结构上的独特性，正是由于各个阶段成岩作用类型和过程的差异造成的。该区主要成岩作用类型包括白云石化、方沸石化、裂缝充填、溶蚀作用及重结晶作用等。

7.1.1　白云石化及白云石成因

塘沽地区沙三 5 亚段中的白云石为泥-粉晶级大小，且有序度较低，与白云石化模式中的原生（库龙）模式、萨布哈模式、回流渗透模式及微生物模式中记录的白云石晶粒特征（Warren, 2000）具有一定的可比性。国内外学者在众多湖相白云岩成因研究中也主要采用上述模式进行了相应的解释（Deckker and Last, 1988; Last, 1990; 李得立等，2010; 冯有良等，2011）。对库龙地区原生白云石的认识在近年的研究中更新为一种由微生物参与后形成的白云石——微生物白云石，由此可将对比模式缩减为三个：萨布哈模式及回流渗透模式侧重强调蒸发作用对孔隙溶液 Mg/Ca 的提升促进了白云石的形成（朱筱敏，2008）；微生物模式则侧重强调微生物对 SO_4^{2-} 的消耗和提供 Mg^{2+} 及 HCO_3^- 以促进白云石成核（Vasconcelos and McKenzie, 1997）。本书从这两种作用出发对白云石的形成进行分析。

1. 与微生物作用关联

研究区白云岩地层中存在富有机质纹层，该类纹层在水平纹理白云岩及泥质白云岩中均有产出，但薄片观察显示，其在泥质白云岩中出现的频率似乎更高 [附录图 7（a）～附录图 7（c）]。这一类纹层在绿河组油页岩中亦有报道。Buchheim 和 Surdam（1977）研究认为绿河组油页岩中类似纹层是一种藻席或微生物席构造。Fischer 和 Roberts（1991）提出黏土或碳酸盐矿物所带来的季节性矿物雨（rains of mineral grains）不太可能在进入污泥层中后保持着这样明显的边界，富干酪根纹层的复合属性及在连续纹层中出现的干酪根斑块均表明富干酪根纹层是由微生物群黏结在污泥之上所形成。Schieber 等（2007）则针对怀俄明州及犹他州绿河组油页岩中这类纹层做出了如下的解释：聚集在湖盆底部沉积物中的浮游生物有机质会形成均质的油页岩层，由底栖微生物席生长带来的有机质堆积则会形成纹层状的油页岩，因而将其解释为一类微生物席构造（图 7-1）。鉴于 Bontognali 等（2010）报道的微生物席中形成的白云岩实例，目的层出现的这种结构可能指示微生物参与了白云石的形成。

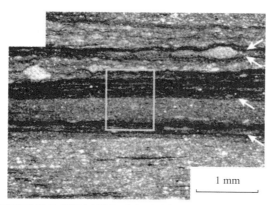

图 7-1　怀俄明州及犹他州绿河组典型富干酪根纹层，引自 Schieber 等（2007）

　　微生物白云岩识别的一大标志即为白云石晶粒为球形、哑铃形、花椰菜形或葡萄形集合体等非菱形晶形（ Vasconcelos and McKenzie, 1997; 由雪莲等 ,2011）。偏光镜下目的层岩石中的泥晶或粉晶白云石并未广泛产出规则的菱形晶形［附录图 7（d）～附录图 7（f）］，这表明这些晶体的空间形态同样并非为菱形体。扫描电镜对白云石的形貌观察存在一定难度，即泥晶方沸石也呈圆球形产出，仅能结合能谱区分球形晶是否为白云石或方沸石。在一些已确定为白云石的晶粒中似乎可以观察到近似球粒晶形的聚合体［附录图 7（g）、附录图 7（h）］，但整体上并未能找到极典型的微生物白云石晶形。鉴于泥质白云岩中富泥纹层沉积时类似巴西里约热内卢 Lagoa Vermelha 潟湖中的黑色污泥条件，以及微生物白云石形成后会发生的"老化"会促始晶形规则化，未能观察到典型微生物白云石晶形有可能是未选取到合适观察位置或因白云石老化作用调整所致，需要结合其他指标综合分析。

　　Vasconcelos 和 **McKenzie**（1997）曾指出细菌活动会提供具有相应特征碳同位素组成的 CO_3^{2-}，因此碳酸盐岩的 $\delta^{13}C$ 值可用于追索显示细菌作用在成岩过程中的影响。他们在 **Lagoa Vermelha** 潟湖研究中所测定的 $\delta^{13}C$ 为 –8.4‰～ –5.4‰，该值变化的相应解释为有机质氧化（硫酸盐细菌代谢）及水体 CO_3^{2-} 与大气 CO_2 平衡两种作用的综合结果。Wacey 等（2007）在库龙地区测定的白云质湖泊沉积物中的 $\delta^{13}C$ 则为 –1.19‰～ 3.22‰，这样的变化被解释为硫酸盐菌还原作用、甲烷菌生气作用及发酵作用所提供的有机碳与海 / 湖水提供的 HCO_3^{2-} 及文石 / 方解石溶解共同提供的无机碳混合后所致。以上两例均未出现有机碳源进入碳酸盐导致 $\delta^{13}C$ 强烈亏损（一般小于 –20‰）的现象（Sharp, 2006），且两者中的 $\delta^{13}C$ 值并非一味地负偏或正偏，但是从两套解释方案可见，硫酸盐菌代谢引起的有机碳进入白云石晶格后总体会降低碳同位素组成，使测定的 $\delta^{13}C$ 值偏小。目的层白云岩中白云石的 $\delta^{13}C$ 为 4.6‰～ 6.0‰（表 4-6）；泥质白云岩中，层段中下部呈褐灰色泥质白云岩的 $\delta^{13}C$ 为 7.2‰～ 8.7‰，中上部中呈浅灰色的则为 5.4‰；白云质泥岩中白云石的 $\delta^{13}C$ 为 –2.5‰～ 5.4‰。各类岩性 $\delta^{13}C$ 中，白云岩 $\delta^{13}C$ 变化稳定，表明其沉积期碳元素来源供给相对稳定，且样品内亦未见到明显的富干酪根纹层的现

象及微生物白云岩 $\delta^{13}C$ 具有负偏的特征，白云岩类中的白云石与微生物作用关联并未显示出强烈的相关关系。泥质白云岩 $\delta^{13}C$ 变化同样稳定，但褐灰色类型该值高于白云岩中对应值，微生物的发酵作用残余有机质的氧化（Clyde and William, 2013）及生物体的光合作用优先汲取水体中具轻碳同位素组成的 CO_2 均可促使碳酸盐中的 $\delta^{13}C$ 值提高（Sharp, 2006）。鉴于镜下观察中明显可见的富干酪根纹层（微生物席），单一或联合上述两类机制均可解释 $\delta^{13}C$ 较高的现象。上述解释虽认为微生物作用起到了一定作用，但已有别于硫酸盐菌这类厌氧细菌起主导作用的模式。白云质泥岩中情况则较为复杂，该值波动较大，表明碳元素来源具有多样性及复杂性的特点，岩石 $\delta^{13}C$ 记录中的负偏特征似乎暗示着经由硫酸盐菌等细菌分解的有机碳元素进入了白云石之中，白云石的形成条件似乎更接近巴西里约热内卢 Lagoa Vermelha 潟湖中的黑色污泥条件，因此研究认为微生物作用与这一类岩石内的白云石具有一定的成因联系。

2. 与蒸发作用关联

咸水条件是目的层岩石形成的一大背景条件，形成于相对浅水环境中的白云岩段及泥质白云岩段便与盐度高峰具有一定的对应性。对于渤海湾盆地湖盆咸化存在着三种认识：①海侵作用（陈世悦等，2012b）；②蒸发作用（史忠生等，2005）；③高山深盆成盐（袁静等，2000）。对于海侵作用，已认为这种可能较小。对于高山深盆成盐作用，由于其产物多为盐岩及膏盐岩，且为具有热卤水参与背景，结合氧同位素还原温度这一可能性不高，且构造背景也不符合。因此，蒸发作用可能是目的层咸化的一种主要机制。

目的层沉积时的古气候为半干旱 - 半湿润类型，与岩心中普遍观察到的季节性韵律纹层有较好的对应关系。不过由于块状层理白云岩中的相关测试并未获得有效的孢粉组合信息，其沉积时对应的气候条件并未能有效恢复，但结合块状层理白云岩中出现的盐类化学结核溶孔 [附录图 1 （a）]，可以认为在块状层理白云岩形成时对应强烈干旱蒸发的沉积条件。除上述两类指标，本书中将泥晶白云石恢复的沉积水体温度投点于剖面图之中（粉晶白云石的恢复温度数据因可能与重结晶相关被剔除），由图 7-2 （a）中温度纵向变化可以看出，水体温度在 3120～3130m 及 3150～3160m 深度段出现了两个小高峰，这恰与典型盐度指标 m 值中的盐度高峰相匹配 [图 7-2 （b）]，两者间的匹配关系暗示了温度控制盐度的规律。因此，本书认为目的层中白云石的形成与干旱气候及对应的蒸发作用关系紧密。

Clyde 和 William（2013）曾提供了对应蒸发作用的白云岩化模式形成的白云岩的识别标志，萨布哈白云岩模式识别标志为：①白云石发育于具有边缘海萨布哈沉积环境的岩石和矿物特征的地层序列中，如藻纹层、泥裂、撕裂碎屑、薄层瘤状硬石膏夹层及溶塌角砾岩等；②白云化通常呈斑块状、与蒸发岩、灰岩及硅质碎屑岩互层；③形成的晶体往往较小，但后期成岩作用可使其变大。渗透回流白云岩模式识别标志为：①白云岩与蒸发岩地层序列有亲近的空间关系；②白云化的渗透回流接收单元一定具有很高的孔隙度及渗透率，使白云化期间水介质保持连续；③与萨布哈白云岩相对，渗透回流白云石化形成的白云石晶体更为粗大，因白云岩化地层有较粗粒度，白云化的成核点大大减少。Warren（2000）同样归纳了类似的识别标志，但却提供了更详细的晶粒大小区间，其中萨布哈模式中形成的白云石晶粒大小多小于 10μm，回流渗透模式中形成的白云石晶粒大小多为 10 ～ 100μm。

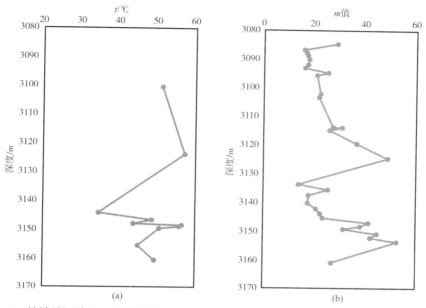

图 7-2　塘沽地区沙三 5 亚段泥晶白云石氧同位素温度（a）与 m 值（b）与深度关系图

　　薄片观察中虽可见粉晶级大小的白云石产出，但总体上泥晶级白云石出现的频率更高 [附录图 7（d）～附录图 7（f）]。岩石中也可观察到藻纹层（即微生物席）的存在。根据这两点，萨布哈模式更贴近目的层白云石的形成。萨布哈模式强调富 Mg^{2+} 流体形成后由下自上对文石进行交代，其中富 Mg^{2+} 流体则由石膏类矿物析出的机制所形成。盐度和 Mg/Ca 为白云石形成的两大重要因素（Deelman et al., 1975），在目的层咸水条件确定的情况下，Mg/Ca 提升所形成的富 Mg^{2+} 流体则成为白云石形成的关键。在研究区目的层中见到的盐类化学结核可能前期为石膏矿物，但这种结核层在纵向上并非频繁出现，而是仅在块状白云岩发育处有所产出，这样便难以解答在缺少石膏结核或石膏层带来富 Mg^{2+} 流体的情况下为何却仍然能够在纵向上连续产生着白云石。目的层白云石的形成是否跟"混合水白云石化"相关？笔者认为这种可能性较小，混合水白云石化的晶粒同样较粗（10 ～ 100μm），并且具有一些铸模孔、早期等厚（isopachous）方解石亮晶胶结及渗流带胶结物等（Warren, 2000）。另外，混合水成因白云石含量较低且分布不连续，白云石经常作为几个不连续的透明白云石胶结物带产出，并被夹在透明方解石胶结物带中间（Clyde and William, 2013），目的层中并不具备这些混合水化识别标志。上述的成因机理均较难匹配目的层白云石特征，镜下观察中方沸石与白云石在分布上的紧密关联似乎暗示着两者在成因上亦具有密切的内在联系，认为方沸石由母岩风化产物转化而来，在转换过程中可能存在着 Mg^{2+} 的排出过程从而提升孔隙溶液中的 Mg/Ca，促使了白云石的形成。上述认识与 Cerling（1979）在对肯尼亚 Turkana 湖上新统—更新统沉积物的研究中所提观点较为类似，当时笔者同样遇到了类似的情况，湖中沉积物中存在白云石和沸石类矿物（包括方沸石），但却未见大量的石膏，据此笔者提出若高 Mg/Ca 是白云石形成的必要条件，那么孔隙间的 Mg^{2+} 可经由蒙脱石向无镁（Mg-free）沸石的转化过程中有所提升。类似的机理在海相泥质碳酸盐的研究中亦有报道，McHargue 和 Price（1982）提出埋藏过程中蒙脱石向伊利石转化过程中会释放出 Fe、Mg、Ca、Na 及 Si 元素，这些离子则会参与晚期白云石的形成。在目的层白云石的能谱分析中结果中普遍可以见到 Si 及 Al 等元素（表 3-6），这一方面反映白云石与方沸石等铝硅酸盐矿物紧密相连的关系，另一方面则可能暗示这些铝硅酸盐矿物前体曾为白云石的形成提供了必须的 Mg 元素。综合以上分析，在蒸发过程中由母岩风化产物（可能主要为蒙脱石）在方沸石化过程中提供白云石所需的必要 Mg^{2+} 的机制可以完美解释并未出现大量石膏晶体却能在纵向上持续出现白云石的现象。

7.1.2　方沸石化及方沸石成因

综合各类沉积方沸石的成因来看，早同生稳层状方沸石的形成实质上是钠元素交代某类前体物质（precusor）的一种成岩作用过程，这些前体物质可包括火山灰/尘、其他碱性沸石、胶体物质或黏土矿物，各家对方沸石成因争论也主要围绕着这些前体展开（Roy et al., 2006; Do Campo et al., 2007; Cuadrado et al., 2012; Karakaya et al., 2013）。其中，火山灰/尘和其他碱性沸石主要与火山物质相关，即由火山作用带入；胶体物质或黏土矿物则主要被认为与陆源碎屑相关，即由母岩风化后带入。

1. 与火山喷发作用产物关联

就研究区目的层钻遇的辉绿岩及玄武岩可知（表 2-3），在沙三沉积期区内局部存在火山运动，岩浆活动具有先喷发、后侵入的特点（肖坤叶等，2004），研究中亦调研了沙一段的火山岩，其同样为玄武岩及辉绿岩类基性岩，实际上整个渤海湾盆地包括上述两段地层在内的古近系—新近系中的火成岩均为基性岩类（大港油田科技丛书编委会，1999; Lee, 2006）。地球化学示踪结果显示酸性岩类母岩为主要沉积物质来源非基性岩类母岩。将沙三段产出的玄武岩及燕山期花岗岩稀土元素配分模式投于图 7-3 后，可以见到目的层含方沸石白云岩配分模式与平均花岗岩配分模式更为接近，与玄武岩相差明显，这同样表明目的层含方沸石白云岩与玄武岩亲缘关系较远，与燕山花岗岩类酸性岩亲缘关系较近。

虽然研究区内火山喷发作用仅能提供基性物质，但研究区外远源火山喷发作用却有可能提供酸性物质，仍需要进一步分析火山喷发作用带入沉积物的可能性。宏观上，除个别异常点外，方沸石含量在纵向上整体变化较均匀，表明沉积期中存在着持续稳定的物质供给以形成方沸石，火山活动具有的间歇性（Fisher and Schmincke, 1984），似乎不具备长期提供稳定物质来源的能力。微观上，镜下观察中难以搜索到如 Y 字形及板片状等典型火山玻屑结构的存在（Boggs, 2009）（图 7-4），该类结构也曾被认为方沸石由火山玻璃类物质转化而来的最有力的证据（Ross, 1941）。目的层方沸石极为细小，火山玻璃性质并不稳定且易于分解（Langella et al., 2001），早期类似的结构有可能因后期改造完全破坏，仅未搜索到典型火山玻屑结构并不足以说明火山玻璃未进入目的层岩石

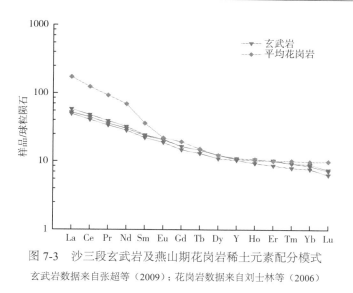

图 7-3   沙三段玄武岩及燕山期花岗岩稀土元素配分模式

玄武岩数据来自张超等（2009）；花岗岩数据来自刘士林等（2006）

之中，但是一些其他的沉积学结构也同样不能证明火山喷发物质存在大规模进入岩石的现象。火山喷发物质中另一大重要组分——晶屑同样未显示出火山喷发碎屑物质应具有的结构。薄片中块状层理及水平纹理白云岩和泥质白云岩中的次棱-次圆状的碎屑 [附录图 2（a），附录图 4（d）、附录图 4（e）] 显示其经历了流水改造过程，其中的细小石英均有一定的磨圆度且并不具备港湾状的典型喷出结构（Boggs, 2009），另外石英含量总体高于长石含量，并不符合火山碎屑岩中低石英含量高长石含量的特征（Pettijohn et al., 1987）。除此之外，镜下还存在着一个较有趣的现象，富方沸石纹层中往往少或及难见碎屑石英及长石的产出 [附录图 2（j），附录图 3（d）、附录图 3（g）]，类似的，富粉砂纹层中则同样难以观察到方沸石矿物存在[附录图 4（b）]。若是火山喷发带入物质，那么应当是岩屑、晶屑及玻屑一并由风或者水流搬运至某处发生沉积，形成的纹层内应或多或少保留有其他类型的碎屑组分，上述的纹层中并没有发现其他组分物质的存在。这些火山物质也可能在水流搬运过程中因粒度发生分异，较轻的火山灰等物质可以漂到更远的地方，结合前述的石英含量及结构特征，研究中认为这种可能性并不太高。测定的泥晶方沸石 Si/Al 为 2.09～2.36，对应"由高碱性水体中直接沉淀或藉由黏土矿物 / 其他沉积物与由该类水体中反应后形成"的成因解释，这类方沸石亦被报道常与白云石共同产出（Coombs and Whetten, 1967）。基于上述分析，研究中排除了方沸石由火山玻璃类物质直接转化而来的可能性，即方沸石的形成与火山喷发作用没有紧密的关联。对于其他碱性前体沸石成因，XRD 分析及镜下观察中均未能发现其他类别的沸石及相应的沸石结构，这一类成因解释实质上是认为其他碱性沸石是火山玻璃与方沸石之间的一种过渡产物，物源分析已排除火山作用对方沸石形成具有影响，因此，该成因在未发现其他碱性沸石存在后则可以相对容易地被排除。

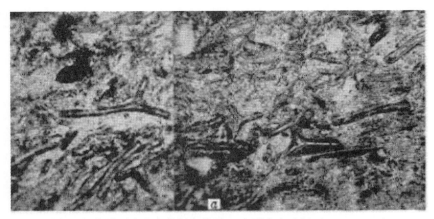

图 7-4　方沸石完全交代板条状及 Y 字形火山玻屑（Ross，1941）

2. 与母岩风化产物关联

纵向上含量稳定变化、细粒、富集处其他碎屑矿物少见等特征一方面辅助排除了与火山作用的关联，另一方面则建立了与母岩风化产物的紧密关联。在这类物质中，黏土矿物及胶体则被视为可能是转化为方沸石的重要前体物质，但要具体区分是哪一种物质是方沸石形成的直接来源则有一定的难度。区分的难度主要在于胶体物质的来源以及胶体物质的转化程度。沉积物中胶体物质的形成被认为与先前存在的铝硅酸盐矿物相关，这些铝硅酸盐矿物进入在高盐度的水体环境之后，会将不稳定部分分解为无定型的或胶质的铝硅酸盐物质（amorphous to gelatinous aluminosilicate material）（Roy et al.，2006），之后再从孔隙流体中汲取 Na^+ 和 H_2O 形成方沸石。胶体物质转化前的铝硅酸盐矿物可以是长石及角闪石一类，同样也可以是高岭石或蒙脱石等黏土矿物（English，2001）。此外，在现代沉积物中胶体有可能未完全转化为方沸石，但在古代沉积岩中经过多重成岩改造，这些胶体很可能早已发生了完全转化。

对于研究区目的层的方沸石，长石类铝硅酸盐碎屑为胶体前体物质的可能性不大，原因在于目的层所见长石颗粒较大且分布不均，若发生分解，根据其在碱性溶液中的溶解过程（肖奕等，2003），形成的胶体物质可能多会围绕长石颗粒分布，难以形成纹层状展布样式。根据对富方沸石纹层中的方沸石的观察，其均为泥晶级大小颗粒且分布均匀，推测为相近粒度大小的物质沉积后原地发生成岩转化形成，要达到泥晶粒级以及呈纹层状产出的要求，黏土矿物最为符合。

各类黏土矿物中，蒙脱石与方沸石关联最为紧密，多数学者亦倾向于相信它是向方沸石转化的关键（Remy and Ferrell, 1989; Renaut, 1993）。Hay（1970）在对坦桑尼亚 Olduvai Gerge 更新世沉积物内方沸石的研究报道中提出了以下几种可能的反应方程：

$$无定形黏土 +Na^++SiO_2= 方沸石 +H^+ \tag{7-1}$$

$$结晶程度差的蒙脱石 +Na^+= 方沸石 +H^+ \tag{7-2}$$

$$结晶程度差的蒙脱石 +Na^++K^+= 方沸石 + 伊利石 +H^++SiO_2 \tag{7-3}$$

$$蒙脱石 + 无定形黏土 +Na^++K^+= 方沸石 + 伊利石 +H^+（+H_2O） \tag{7-4}$$

研究区目的层全岩矿物分析仅鉴定出伊利石类黏土矿物，但是镜下亦检出了少量蒙脱石及伊蒙混层的存在。从矿物组合角度上来讲，反应式（7-4）较贴合研究区实际，可以解释方沸石大量出现及其他黏土矿物类型相对贫乏的现象。目的层方沸石的微观形貌近似球形［附录图 3（m）］，实验室中通过蒙脱石合成方沸石的过程中 "……蒙脱石中层状结构转换成了沸石物质中的球形粒状结构"（Ruiz et al., 1997），目的层方沸石的形态与上述描述形态具有一致性，亦暗示蒙脱石可能为目的层方沸石的前体物质。Gao和 Wedepohl（1995）曾论述蒙脱石为基性岩及英云闪长岩（tonalite）的主要风化产物，结合物质来源属性，英云闪长岩类（中）酸性母岩可能为蒙脱石的初始来源，不过燕山区白垩纪记录的火山岩虽整体为中酸性，但却并未见到该类型，该问题的出现是由于地区性差异或时代差造成的，还需要结合一些源区详查及定年手段予以厘定。

7.1.3　充填型方沸石成因

充填型方沸石结晶程度明显好于岩石基质中呈均匀分散状及纹层状富集的方沸石，以充填形式产出于微裂缝及溶孔中的方沸石虽然在岩石中含量整体较少，但在裂缝中广泛可见。通过该类方沸石的产状、结构及化学组成已足够做出热液成因的判断。

微裂缝充填及溶孔充填的产状表明，这类方沸石晚于基质型方沸石产出，已有学者提出该类产状的方沸石与热液作用关系密切的认识（Utada, 2001）。也有研究表明，以微裂缝及溶孔充填产状产出的矿物多被视作热液沉淀产物，例如，塔里木盆地奥陶系白云岩中的裂缝及溶孔充填矿物（陈红汉等，2016）；四川盆地西部中二叠统栖霞组碳酸盐岩中的晶洞充填物（黄思静等，2014）及加拿大安大略西南部奥陶系—泥盆系碳酸盐岩中裂缝充填矿物（Haeri-Ardakani et al., 2013）等。有报道曾指出裂缝中的方解石胶结可以在低温的淡水渗透流带中沉淀形成（Goldstein and Reynolds, 1993），因而可以联想假设充填型的方沸石由基质中方沸石进入相对低温的渗流带或潜流带发生溶解后，于这些孔隙中发生再沉淀形成。但是方沸石自身的难溶解性排除了这种可能。在 25℃时，方沸石的矿物溶度积常数 pK_{sp} 为 15.36 ～ 16.21（Wilkin and Barnes, 1998），方解石为 8.48，硬石膏为 4.36，石盐为 −1.58（Ball and Nordstrom, 1991）。$pK_{sp} \geq 0$ 表明矿物难溶解；$pK_{sp} < 0$ 则表示易溶解。加热到 300℃时，方沸石的变为 10.28，仍不及方解石在 25℃时的溶解度，由此可推知，低温条件下方沸石难以通过大量溶解以溶液形式进入微裂缝及溶孔中发生再次沉淀。

微裂缝充填及溶孔充填的方沸石往往具有更粗的晶粒（粉 - 细晶）及更良好的晶形（四角三八面体）。这种产出于孔洞中的自形晶表明，晶体生长时具有充足的空间及未受其他因素阻碍，可被视作热液矿物的一种典型标志（Taylor, 2009）。

微裂缝充填及溶孔充填的方沸石具有更高的 Si/Al，具有这种 Si/Al 特征对应的成因解释为由硅质火山玻璃转化而成（Coombs and Whetten, 1967）。需要指出的是，这类成因解释主要基于 Coombs 和 Whetten（1967）对前人研究认识的总结而得，Si/Al 方沸石成因方案划分中并未纳入热液方沸石实例。此外，目的层中此类方沸石内部洁净，难见其他的火山碎屑物质，因而用硅质火山玻璃转化成因解释是不合理的。结合前述分析，这种 Si/Al 差异反映了物质来源的差异，而在区域物源背景限定的条件下，这种具有高 Si/Al 的方沸石只能用热液来源进行解释。

7.1.4 溶蚀作用

碳酸盐岩中的溶蚀作用可发生成岩阶段各个时期，在同生沉积→近地表→埋藏的该阶段中溶蚀皆可发生，大气淡水、对碳酸盐岩欠饱和的埋藏流体、富 CO_2 的埋藏孔隙水或富有机酸的埋藏孔隙水等流体均会使碳酸盐岩中出现溶蚀现象（强子同，1998；Clyde and William, 2013）。溶蚀作用的过程可粗略认为是原位置矿物的消耗及新空间的生成，作用的结果在岩石中的表现也就是溶蚀孔的出现。不同期次溶蚀作用可能相互叠加，在岩石中保留的较明显的溶蚀痕迹则应为溶蚀作用最强烈的结果。

1. 第一期溶蚀

第一期溶蚀作用结果表现为针眼状及豆状的溶孔［附录图 8（a）、附录图 8（b）］，作用范围限于块状层理白云岩或泥质白云岩。根据溶蚀孔的形态及规模，这类溶孔的形成很可能与早期形成的盐类矿物经蚀改造作用有关，但在针眼状溶孔处所磨制薄片中的观察中并未能观察到明显的盐类矿物残留［附录图 8（d）］，在形状规则溶孔处同样难觅盐类矿物的残留［附录图 8（e）］，这可能与这些盐矿物经受了较彻底的溶蚀有关。确定该期溶蚀作用发生的触发流体类型具有极大的难度，因为在镜下观察中已可确定该类溶孔中已叠加出现了第二期溶蚀作用形成的溶孔，所以此处不再详细分析该问题。第一期溶孔作用下产生的豆状溶孔周缘往往可见到油渍浸染现象，该类孔隙应当是有效的储集空间类型。

2. 第二期溶蚀

该期溶蚀的作用结果体现为溶缝的发育，在岩心及薄片中均可观察到，作用范围局限于裂缝发育处。岩心中该期溶蚀在泥质白云岩中的张裂缝发育处最为明显［附录图 8（c）］，裂缝壁两侧并不平整且局部存在溶蚀扩大的现象；薄片中同样可见溶缝，具体表现为微裂缝两侧边缘发生扩张，无法还原成完整的闭合［附录图 8（f）］，另外镜下表现为闭合缝的微裂缝可见局部出现溶蚀扩大的现象［附录图 8（g）］。根据溶缝两侧矿物组成，其溶蚀对象应为裂缝壁周边的基质矿物，溶蚀流体同样难以确认。对于该期溶蚀作用结果，岩心中宽度较大的溶缝尚可保留成为有效的储集空间，但薄片中识别的溶蚀缝多被方沸石类矿物充填，使其储集性能遭到严重破坏。

3. 第三期溶蚀

该期溶蚀作用体现为方沸石充填溶蚀孔的出现，仅能在薄片中观察到，作用范围可包括微裂缝中充填的方沸石及针状孔中充填的方沸石［附录图 8（d）、附录图 8（f）～附录图 8（i）］。充填方沸石溶孔多呈不规则形状，往往可见沥青附着于溶孔壁，表明油气在该类孔隙中发生过运移及聚集。根据晚期胶结溶蚀（特别是裂缝中胶结物）的鉴定标志，可以确定该期溶蚀属于埋藏溶蚀作用（Wright and Harris, 2013），进一步可推测触发该期溶蚀作用发生的流体类型可能为有机质生烃过程中排出的酸性流体。

7.1.5 重结晶作用

薄片中可以见到粉晶级大小的白云石成层分布［附录图 2（f）］，岩石在镜下往往表现显得更为洁净，由氧同位素恢复温度中粉晶白云石也显示了更高的温度，这些现象均指示粉晶白云石实际上已经经过了重结晶作用的调整。通过对不同岩样中白云石晶粒大小的统计，研究发现重结晶作用与岩性之间并没有直接的联系，白云岩及泥质白云岩均会出现粉晶白云石；在将晶粒大小与岩石埋藏深度建立关系后（图 7-5），虽然并非所有深埋处的岩石均由粉晶白云石所组成，但随着深度的变化，晶粒大小有开始增大的趋势，研究判断认为重结晶作用与埋深之间有一定的关联。

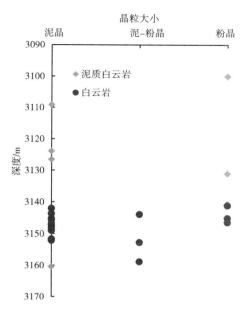

图 7-5　塘沽地区沙三 5 亚段白云石晶粒大小 - 深度相关关系图

　　除上述几类成岩作用，破裂与充填作用也是目的层中较为常见的成岩作用。碎裂作用不分对象地作用于目的层各类岩性并产生裂缝，在破裂作用之后则跟随着热液上涌带来的充填作用，充填物主要为方沸石，但个别薄片中亦观察到了重晶石矿物充填的现象，这些重晶石与方沸石共同产出于同一条裂缝之中，两者紧密交切，倾向于认为重晶石充填时期应晚于方沸石充填。

　　由以上分析可知，蒸发作用是控制该区白云岩中白云石的形成的关键因素，白云石形成中所需的大量 Mg^{2+} 由方沸石化作用过程中释放提供。微生物活动可能在泥质白云岩及白云质泥岩中白云石的形成中起到一定的作用。基质纹层中的方沸石与燕山褶皱带母岩风化产物关联密切，推测为蒙脱石类黏土矿物转化而来，亦可能由中间产物胶体物质转化而成；裂缝及溶孔充填方沸石则应为一种热液作用产物。目的层中存在三期溶蚀作用，溶蚀对象主要为盐类矿物及后期充填的方沸石。粉晶白云石反映了岩石已经历重结晶改造，埋深对其有一定控制作用。

7.2　成岩演化序列及阶段

　　根据行业标准 SY/T 5478—2003《碳酸盐岩成岩阶段划分》，结合研究区地层埋藏史、成岩矿物类型、主要成岩作用，对研究区成岩序列及孔隙演化进行归纳及总结（图 7-6）。

　　成岩阶段的划分通常采用有机地球化学参数作为划分依据。目的层 10 个泥岩类样品中镜质体反射率的测定中仅获取 2 个样品的数值，分别为 0.78% 及 0.65%，且测点数总共仅有 3 个，参考价值有限。因此，除了常规的镜质体反射率 R_o 外，本书兼顾其他成熟度指标如孢粉颜色、$\alpha\alpha\alpha$-C_{29} 20S/（20S+20R）及 T_{max}。目的层中孢粉颜色主要为浅黄 - 黄色，$\alpha\alpha\alpha$-C_{29} 20S/（20S+20R）为 0.19 ~ 0.25，T_{max} 为 424 ~ 450℃ [1]，这些特征表明目的层成岩阶段主要处于早—中成岩阶段。

———————
　　① 姚光庆，谢丛姣，王家豪，等 . 2013. "TG2C 井特殊岩性有机地球化学等项分析"研究报告 . 武汉：中国地质大学（武汉）

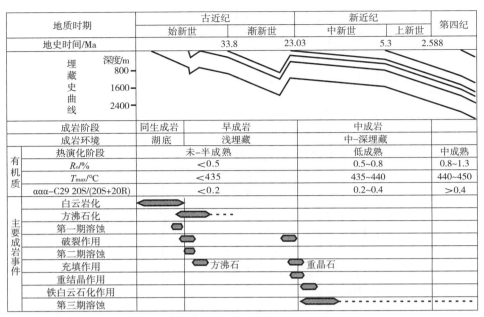

图 7-6　塘沽地区沙三 5 亚段成岩序列综合图

ααα-C29 20S/（20S+20R）为成熟度指标

　　主要几类成岩作用中，溶蚀作用、重结晶作用、破裂充填作用总体上晚于方沸石化及白云石化这两种成岩作用，由这三种作用的产物也可排列出第一期溶蚀→破裂→第二期溶蚀→方沸石充填→破裂→重晶石充填→重结晶作用的反应序列。方沸石与白云石在岩石中分布呈"镶嵌状"产出，从二者的分布中较难获得相关形成的先后顺序。薄片中的观察到的水平纹理泥质白云岩中富方沸石纹层内的方沸石则将白云石包裹其中的现象［附录图 3（f）］，似乎能说明方沸石早于白云石形成，但证据不够充分，本书主要通过两种矿物形成所需要的理化条件对两者的反应序列进行厘定。

　　Bradley（1929）提出绿河组油页岩中的方沸石为准同生时期产物且在 30℃左右条件便可以形成。Iijima（2001）则根据日本 MITI 钻井海相厚层硅质凝灰岩中各类矿物在垂向上的产出频率划分出了四个成岩区带，其中方沸石位于区带 Ⅲ 之中，对应温度为 84 ～ 123℃，与 Bradley 所提出的温度域差距较大。English（2001）对澳大利亚中部澳北区的路易斯盐湖浅层黏土沉积物（最深 11.95m）的研究显示：方沸石在潜水面（watertable）或潜水面以下产出，潜水面以上则未见到方沸石出现。该分析结果有力地支持了 Bradley 的论述，即方沸石在成岩期中较早的时候便可以形成。同时，在该项研究中，虽然湖水盐度很高，为 216000 ～ 267000mg/L，但湖水酸碱度接近中性，pH 约为 7.1，该观测结果则对过往方沸石需要形成于碱性条件的认识（Hay，1970）提供了一种补充和修正。

　　白云石也可以在成岩转化的早期便形成，Vasconcelos 和 McKenZie（1997）在 Lagoa Vermelha 潟湖的研究中便发现，白云石可在沉积物 - 水界面处上覆的黑色淤泥中形成。Wright 和 Wacey（2004）在对南澳大利亚库龙地区部分湖泊中最表层沉积物中的研究中发现其几乎全由白云石组成。虽然以上两例均以微生物白云岩模式予以解释，但这些观察无疑证明白云石在同生-准同生期近水体温度的条件下便可以形成。

与上述两例中的白云石相比，研究区目的层白云石相对特殊，成分上主要为含铁类型。铁白云石多被认为是埋藏白云石化产物，因此研究区目的层的白云石可能是在埋藏后较晚时期形成。通过阴极发光［附录图 2（e）］及染色薄片［附录图 2（f）］观察可以发现，目的层白云石核心部位的铁含量并不高，由此可推断 Fe^{2+} 是白云石形成之后才进入矿物晶格，并非白云石沉淀析出时即已在晶格之中。结合埋藏白云石化所形成的白云石晶粒往往较大（细晶级）的特点，认为目的层白云石经历铁白云石化，在埋藏后 Fe^{2+} 进入了白云石之中，岩石中出现了铁白云石。

High 和 Picard（1965）曾提到方解石在 pH > 7.8 时便结晶析出，并会在 pH < 7.8 时溶解，方沸石可能在 pH 为 8 ～ 9 时析出。但前述探讨中已指出方沸石在 pH 为中性时也可形成，依靠 pH 界定两种矿物形成时间先后存在一定困难。不过二者在现代沉积物中的空间产出位置能够为形成序列提供一些指示，方沸石和白云石均可以在地表或近地表条件下形成，但方沸石的形成似乎需要在空间中更"深"一些的区域（潜水面以下）才能发生。由此可推知其形成时期似乎要略晚于白云石。黏土矿物类母岩风化产物可以为白云石的形成提供必需的 Mg^{2+}，Renaut（1993）在对肯尼亚裂谷 Bogorai 湖盆中第四系河湖沉积物中沸石成因分析中认为镁元素可从有序度较差的蒙脱石及（或）镁铁质矿物中释放出来并参与白云石化，并将前述 Cerling 的认识转化成了对应的反应方程式，即蒙脱石 +Na^++ 方解石 = 方沸石 + 白云石 +Ca^{2+}。Goodwin 和 Surdam（1967）曾指出，现代盐碱湖中盐度和沸石反应速度存在相关关系，高盐度往往会增加反应速率及降低水的活性，从而促使方沸石这一类少含水沸石的形成。

综合以上分析，结合纹层中白云石与方沸石呈"镶嵌状"产出，可以认为方沸石与白云石的转化顺序如下：黏土矿物入湖发生沉积后不久，湖水在蒸发作用下首先析出文石或镁方解石，然后伴随着盐度的增加，蒙脱石开始快速向方沸石发生转化排出 Mg^{2+}，Mg^{2+} 与先前形成的文石或镁方解石结合后快速形成白云石。在整个过程中，根据上述反应方程式可以得知，方沸石和白云石可能在同时形成的。但该反应是基于蒙脱石脱镁这一机理构建，胶体成因中蒙脱石可能在形成胶体时便会释放出 Mg^{2+}，这可能会略微延缓方沸石的形成时间，因此认为方沸石与白云石的形成时间应较为接近，方沸石出现总体上略晚于白云石。

由以上分析可得出如下认识：目的层岩石处于早－中成岩阶段，白云石化及方沸石化作用时间接近，随后依次为第一期溶蚀、破裂作用、第二期溶蚀、充填作用、重结晶作用及第三期溶蚀。

7.3　白云岩复合成因模式

综合上述研究，研究区沙三段白云岩复合成因模式有三个层次。

早同生期：在物源供给减少，湖水体稳定时期，由于干旱蒸发作用，湖水碱度和盐度的增加，湖心较深水体部位先后达到各个矿物相的饱和度，白云石、方沸石相继析出，使方沸石常见"镶嵌状"与白云石共生。物源区悬浮过来的黏土矿物成为方沸石物质成分来源的主体，原生白云石与方沸石相继以稳层状在古隆起湖心位置逐层沉淀。之后，白云岩地层进入浅埋藏早成岩阶段，岩石开始固结成岩，随着古新世末期构造运动抬升，研究区裂缝大量第一期发育，此时同沉积性质的塘北断层和海河断层重新活动直至深部，富钠热流体、成岩流体进入裂缝与碱 - 咸水反应并析出裂缝充填型方沸石，且伴生有其他热液矿物。

随着埋深加大及热液持续作用，白云岩进入埋藏调整阶段，其中的 Fe^{2+} 对先前已经形成正常白云石中的 Mg^{2+} 发生部分类质同象交代，造成沙三段白云石富含铁。最终形成了该区独有的富有机质，富方沸石，热液改造及成岩调整的较深湖相白云岩成因的复合模式。

第8章 白云岩储层裂缝表征及模拟预测

8.1 岩心裂缝特征

岩心是地下储层裂缝观察描述与分析最直观的对象，系统取心不仅提供岩石学、矿物学、沉积学信息，同样也有丰富的储层裂缝信息。经过对 TG2C 井取心段岩性、裂缝详细描述、记录，完成裂缝信息第一手资料收集。裂缝描述内容主要包括裂缝组合参数（裂缝期次、各期条数、裂缝线密度、交切关系）和单裂缝参数（裂缝倾角、裂缝与岩层夹角、裂缝长度、裂缝开度、充填情况）。

8.1.1 岩心裂缝类型

岩心裂缝成因类型描述是最重要的裂缝描述工作。TG2C 井 77.45m 取心段共识别出不同规模的各类裂缝 695 条，从裂缝成因角度统计，主要为构造裂缝（占 98.99%），其余主要为成岩缝。统计结果显示，裂缝倾角以高角度斜交（44.03%）及垂直（43.88%）为主；裂缝开度大部分小于 1mm（84.32%），且多为网状微裂缝（裂缝开度小于 100μm）；岩心所见裂缝长度多为 0 ~ 10cm（67.05%），延伸长度较短；裂缝填充情况主要为未充填（35.68%）、方沸石及沥青质充填（31.65%）（图 8-1）。

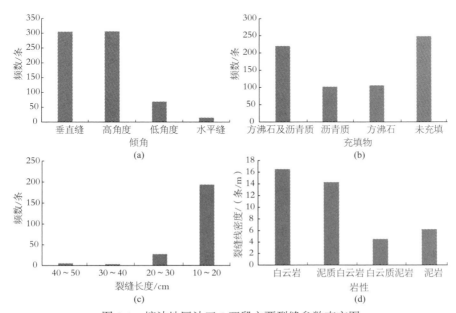

图 8-1 塘沽地区沙三 5 亚段主要裂缝参数直方图

剪切应力成因的构造缝包括四组：①倾角为 70°～ 85°的高角度和垂直缝（232 条）：该组裂缝在取心段全段均较发育，尤其在泥质白云岩、白云质泥岩段大量发育，缝面较光滑，断面见擦痕，方沸石、沥青质充填，开度为 1～ 5mm，含油极好，局部呈雁列状分布。②倾角为 45°的共轭斜交缝（68 条）：该组裂缝在取心段中段（3131.14～ 3135.64m）的白云质泥岩、白云岩中较发育，裂缝面光滑，可见擦痕，方沸石、沥青质充填，一组平行裂缝较发育，另一组弱发育。③倾角为 60°的高角度斜交缝（306 条）：该组裂缝在取心段中下段（3138.14～ 3151.14m）的含泥白云岩、白云岩中较发育，裂缝线平直，可见擦痕，方沸石、沥青质弱充填或未充填，白云岩中常呈闭合的微裂缝，局部见油迹。④平行层面的层理缝（10 条）：该组裂缝是在剪切应力作用下沿层间滑动形成的一组顺层缝，全取心段局部发育，在泥岩段相对发育，裂缝面光滑常呈镜面，局部偶见少量方沸石、沥青质充填，多闭合而无法识别（图 8-2）。

拉张应力成因的裂缝为一组倾角为 75°～ 90°的高角度或垂直张裂缝（73 条）：该组裂缝常见于取心段薄互层岩性段的含泥白云岩及泥质白云岩中，裂缝面粗糙，多溶蚀，开度达 3～ 5mm，方沸石、沥青质充填，含油极好，局部见断层平移特征（图 8-2）。

8.1.2　岩心裂缝发育程度——裂缝线密度

裂缝密度是裂缝发育程度指标，单井测量中又以"裂缝线密度"作为裂缝发育程度的最常用指标。沿着岩心垂向单个岩性层的裂缝条数与层厚的比值，即为该层裂缝线密度。该区白云岩层系中利用裂缝线密度确定裂缝发育程度的划分标准确定为"裂缝弱发育"（裂缝线密度小于 3 条 /m）、"裂缝中等发育"（裂缝线密度为 3～ 10 条 /m）、"裂缝高发育"（裂缝线密度不小于 10 条 /m）。TG2C 全岩心段岩性剖面、裂缝线密度曲线、岩性照片及岩性层描述如图 8-3 所示，裂缝线密度曲线阴影部分代表裂缝高发育段。

8.1.3　微观裂缝特征

在破裂作用下，研究区白云岩及泥质白云岩内产生了大小、规模、产状及配置关系不一的裂缝系统，岩石薄片中观察到大量微观裂缝，这些信息同样反映了裂缝类型及成因期次，也反映储层裂缝改造程度。按裂缝开启与否，在镜下可将裂缝划分出开启裂缝及闭合裂缝两类，其中开启裂缝按缝宽及缝长又可划分出小裂缝（缝宽为 100～ 1000μm，长度为 0.1～ 1m）及微裂缝（缝宽为 10～ 100μm，长度小于 0.1m）两类。

通过对 38 块岩石薄片中的微观裂缝条数及缝宽进行统计（图 8-4），研究区内白云岩中主要发育 10～ 50μm 的微裂缝及 100～ 500μm 的小裂缝，泥质白云岩中具有相似的特征。不同的是，泥质白云岩中小裂缝及 10～ 50μm 的微裂缝发育程度更高，而 50～ 100μm 的微裂缝则主要出现于白云岩之中，此外，白云岩中闭合裂缝更多见。

研究区内目的层泥质白云岩中多发育高角度小 - 微型开裂缝。裂缝之间多以组合形式产出，常见裂缝间交切形成网状裂缝[附录图 9（a）、附录图 9（c）]或帚状裂缝组合[附录图 9（b）]，裂缝常见切穿泥质纹层现象，表明其为晚期构造成因。裂缝内充填矿物主要为方沸石，虽然微裂缝间多呈交切状产出，考虑到裂缝中充填物的单一性，认为微观镜下的交切状微裂缝为同期构造运动下产物。

不同应力状态	具体类型	岩心裂缝照片		
剪切应力成因	倾角为 70°～85°的高角度或垂直缝			
	倾角为 45°的共轭斜交缝			
	倾角为 60°的高角度斜交缝			
	平行层面的层理缝			
拉张应力成因	75°～90°的高角度或垂直张裂缝			

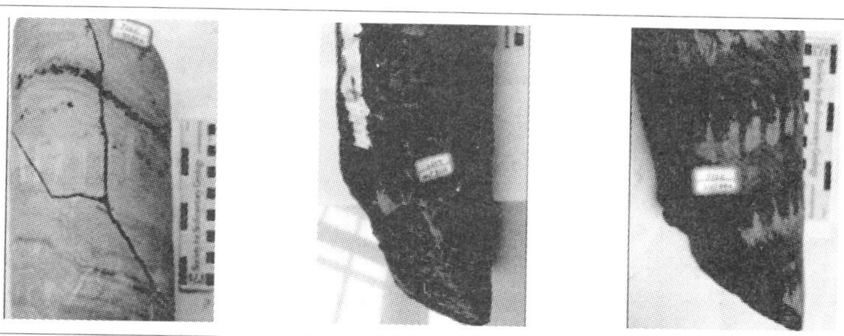

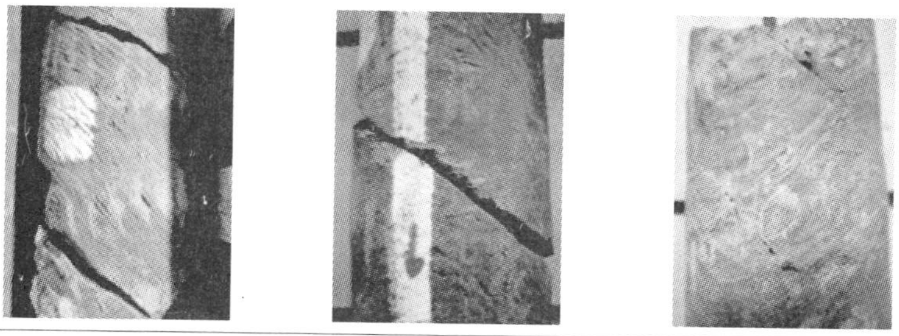

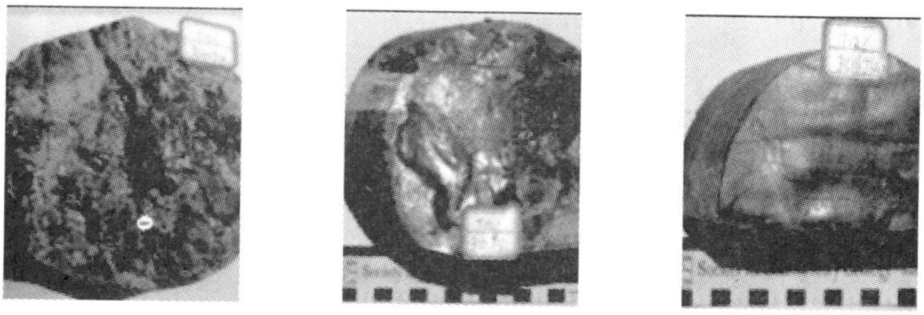

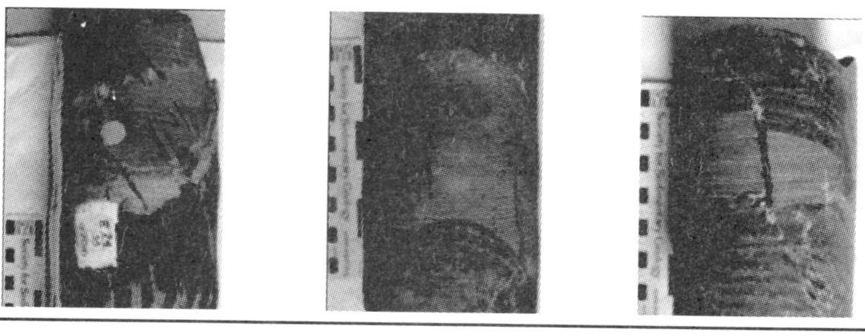

图 8-2　塘沽地区沙三 5 亚段岩心裂缝类型

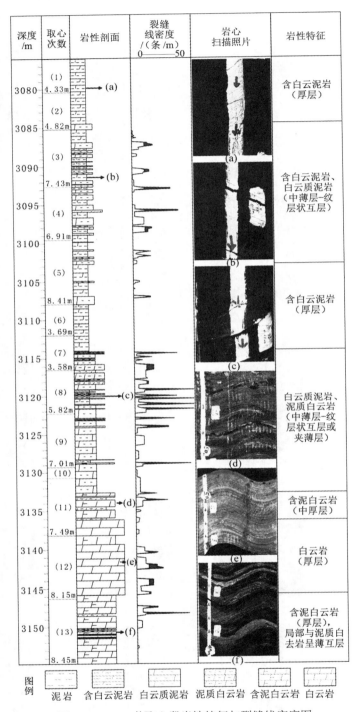

图 8-3　TG2C 井取心段岩性特征与裂缝线密度图

单侧扫描图像：（a）含泥白云岩；（b）含白云泥岩与白云质泥岩纹层状互层；（c）白云质泥岩夹泥质白云岩薄层；环形扫描
图像：（d）含泥白云岩；（e）白云岩；（f）含泥白云岩与泥质白云岩薄互层

白云岩内以高角度-垂直产状的小-微型开裂缝为主，镜下可见单条小裂缝（约

500μm）产出于白云岩之中［附录图 9（d）］，亦可见多条裂缝组合呈帚状展布产出［附录图 9（e）］，还可见少量闭合裂缝［附录图 9（g）］。裂缝多切穿泥质、方沸石、白云石及碎屑颗粒纹层，缝内常为方沸石等矿物充填或半充填［附录图 9（f）、附录图 9（h）、附录图 9（i）］，也可见重晶石矿物的充填［附录图 9（g）］，两类不同充填矿物表明裂缝的形成至少由两期构造运动形成。

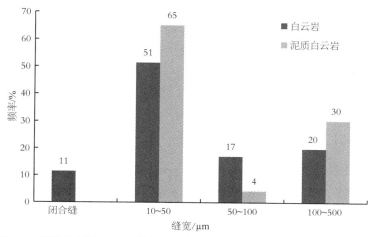

图 8-4　塘沽地区沙三 5 亚段白云岩类微观裂缝频率统计表（样点数：38）

8.1.4　裂缝发育控制因素

基于岩心裂缝描述资料，认为构造作用、岩性（沉积微相）、层厚是研究区裂缝发育的主要影响因素。异常压力对裂缝也有重要影响（详见第 9 章）。构造应力集中的地方，或发生断裂，或褶皱变形，均会造成坚硬的泥质白云岩层系产生形变，裂缝发育，在 TG2C 井取心段也可发现，切穿岩心的大断裂上下层段裂缝更发育，即构造活动是该区裂缝产生的重要因素。

在构造运动均匀变化或较弱的区域，湖相白云岩岩性对裂缝分布有控制作用。岩性因其脆性矿物含量高低而与裂缝发育程度有很大关系。裂缝发育特征受岩性、沉积控制的岩性纵向变化频率（即层厚）影响明显（Narr and Suppe, 1991）。岩性因其脆性矿物含量高低而与裂缝发育程度有很大关系。该区岩石矿物成分主要为白云石、方沸石及少量石英、长石等陆源碎屑物，白云岩、泥质白云岩中大量存在的白云石、方沸石均为脆性矿物，裂缝发育程度随白云石、方沸石含量的升高而增大。通过对比各岩性中裂缝平均线密度可知（图 8-5），白云岩中的裂缝发育程度最高，这与白云岩中方沸石和白云石含量较高的矿物学认识相匹配。综合各类岩性中产出的裂缝类型，可对相关特征进行总结（图 8-6）：①白云岩主要发育高角度剪裂缝，多期裂缝互相交错可形成网状裂缝，裂缝发育程度最高；②泥质白云岩主要发育开度大的高垂直张裂缝，但裂缝发育程度中等；③白云质泥岩及泥岩中主要发育高角度剪裂缝，岩心断面可见裂缝呈共轭状产出，整体裂缝发育程度较低。

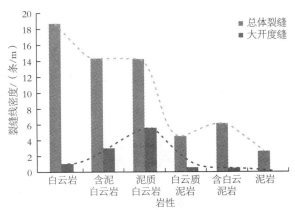

图8-5　塘沽地区沙三5亚段裂缝发育程度与岩性关系图

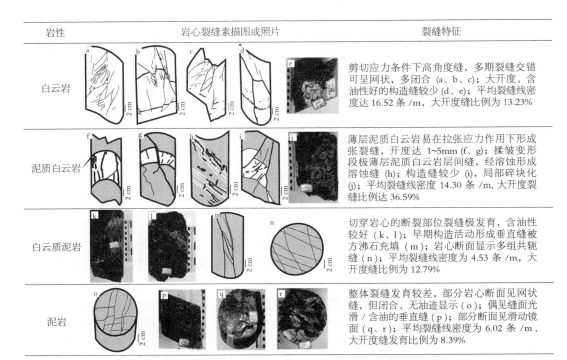

岩性	岩心裂缝素描图或照片	裂缝特征
白云岩		剪切应力条件下高角度缝,多期裂缝交错可呈网状,多闭合(a、b、c);大开度、含油性好的构造缝较少(d、e);平均裂缝线密度达16.52条/m,大开度缝比例为13.23%
泥质白云岩		薄层泥质白云岩易在拉张应力作用下形成张裂缝,开度达1~5mm(f、g);揉皱变形段极薄层泥质白云岩层间缝,经溶蚀形成溶蚀缝(h);构造缝较少(i),局部碎块化(j);平均裂缝线密度14.30条/m,大开度裂缝比例达36.59%
白云质泥岩		切穿岩心的断裂部位裂缝极发育,含油性较好(k、l);早期构造活动形成垂直缝被方沸石充填(m);岩心断面显示多组共轭缝(n);平均裂缝线密度为4.53条/m,大开度缝比例为12.79%
泥岩		整体裂缝发育较差,部分岩心断面见网状缝,但闭合、无油迹显示(o);偶见缝面光滑/含油的垂直缝(p);部分断面见滑动镜面(q、r);平均裂缝线密度为6.02条/m,大开度缝发育比例为8.39%

图 8-6　塘沽地区沙三 5 亚段岩性与裂缝发育特征图

　　单一岩层中构造裂缝的发育程度与岩层厚度密切相关,一般来讲,裂缝密度与岩层厚度往往呈负相关关系(穆龙新等,2009)。当湖平面频繁升降时,陆源碎屑(泥质等)与化学岩的沉积此消彼长,形成中薄层 - 纹层状互层的过渡类岩性(白云质泥岩、泥质白云岩)。对于研究区沙三 5 亚段中的裂缝,不同岩性中的线密度与层厚呈明显的负相关关系,此外,薄层段位置往往出现裂缝密度高值(图 8-7),这些特征与上述认识保持一致。该区大开度缝发育比例最高的泥质白云岩,其单层厚度普遍小于 30cm,表明层厚与裂缝开度相关,层厚越小,在剪切或拉张应力条件下,其裂缝开度大的概率均会增高。

　　按照取心段小层单元裂缝组合分析结果看，不同岩性组合段的裂缝发育情况及组合特征有一定差别，详述如下。

　　沙三 5 亚段 1 小层：该段岩性主要为厚层含白云泥岩及白云质泥岩，裂缝成因类型主要为剪切作用（一组倾角为 70°～88° 的高角度 / 垂直缝 + 少量顺层缝）。

　　沙三 5 亚段 2-1 小层：该段岩性主要为白云质泥岩、泥质白云岩，同时为薄互层发育段，裂缝成因类型主要为剪切作用（一组倾角为 75° 的剪切缝 + 一组倾角为 45° 的共轭剪节理）、拉张作用（一组发育于薄层泥质白云岩中的张节理，偶见平移特征）。

　　沙三 5 亚段 2-2 小层：该段岩性主要为厚层含泥白云岩、白云岩，裂缝成因类型主要为剪切作用（一组倾角为 60° 的剪切微裂缝 + 一组倾角为 75° 的共轭剪节理 / 网状缝）。

　　综上所述，塘沽地区沙三 5 亚段裂缝的发育受构造部位、应力及层厚等多种因素共同控制，其中，断裂及应力所对应的构造因素是促使岩石中出现大量裂缝的直接因素，岩性和层厚则是控制裂缝发育程度的重要因素。

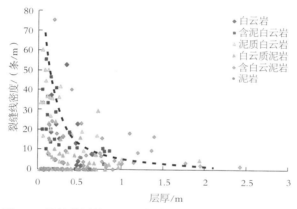

图 8-7　塘沽地区沙三 5 亚段裂缝发育程度与层厚关系图

　　根据取心段裂缝切割关系、充填类型、溶蚀情况可以确定裂缝发育期次，研究区裂缝可以识别出四期。第一期：低角度、小规模镜面擦痕，闭合，无油迹，无充填，是未固结差异压实的产物。第二期：倾角为 45° 的共轭斜交缝、倾角为 60° 的高角度斜交缝，该期裂缝多为方沸石充填（开度较小）、沥青质充填（开度较大），少量开度大的裂缝遭受溶蚀，是剪切应力作用产物。第三期：倾角为 75°～90° 的高角度 / 垂直张性裂缝，该期裂缝的显著特征为遭受溶蚀，开度大，方沸石、沥青质共同充填，含油性极好。第四期：倾角为 70°～85° 的高角度 / 垂直缝，该期裂缝未受溶蚀，裂缝面粗糙，充填物多为沥青质，少见方沸石，含油性极好。综合四期裂缝特征，认为第三期、第四期的裂缝对储层产能关系最重要，裂缝局部溶蚀，裂缝长度长、开度大，含油性极好。

8.2　裂缝测井识别及评价

　　利用测井资料识别裂缝、评价裂缝储层质量是一种不可替代的重要储层表征方法。储层存在的裂缝在不同的测井曲线上都会产生响应，综合各类测井中的特征异常响应，不同学者相应地建立了裂缝 - 测井评价模型，用于对非取心段中裂缝进行识别（罗利等，2001；邓攀等，2002；陈莹和谭茂金，2003；许同海，2005；黄继新等，2006；孙加华等，2006；雷从众等，2008；穆龙新等，2009；赵军龙等，2012；刘之和赵靖舟，2014）。但是湖湘白云岩致密储层中的裂缝识别与前人所提出的裂缝 - 测井异常响应关系并非完全适配，本书在塘沽地区利用常规测井方法建立了完善的白云岩储层裂缝识别体系和评价模型。

裂缝敏感测井曲线的筛选及不同裂缝发育程度下多参数测井相图版的建立是首先要完成的重要工作，本书利用裂缝线密度表征裂缝发育程度。白云岩储层裂缝定量评价模型的研究流程如图 8-8 所示。

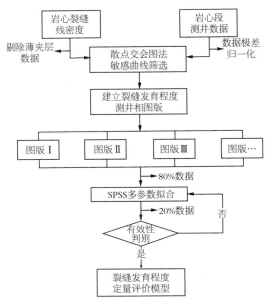

图 8-8　塘沽地区沙三 5 亚段裂缝定量评价模型研究流程图

8.2.1　裂缝敏感曲线筛选

裂缝在多种测井类型中均有不同程度响应。常规测井系列有：井径（CAL）、声波时差（AC）、密度（DEN）、补偿中子（CNL）、自然电位（SP）、深浅侧向电阻率（R_{lls}、R_{lld}）、自然伽马（GR）等。特殊测井系列有：地层微电阻率扫描成像测井（FMI）、方位电阻率成像测井（ARI）、井下声波电视（BHTV）、偶极横波测井（DSI）、地层倾角测井（FIL）等。

利用 TG2C 取心井详细描述资料，绘制各类岩性层裂缝线密度与各类测井参数交会图，判断裂缝敏感的测井曲线。以每个分层（为消除薄夹层测井数据易受上下围岩影响的误差，剔除层厚小于 30cm 的层）为一组数据点，得到其裂缝线密度和各类测井曲线的平均值，然后作散点图（图 8-9）。

塘沽地区主要九种测井类型（AC、DEN、CNL、CAL、SP、R_D/R_S、R_{A25}、KTH）和两个测井比值参数（AC/GR、AC/DEN），用于分析 64 组岩性数据（白云岩 10 组、含泥白云岩 6 组、泥质白云岩 7 组、白云质泥岩 19 组、含白云泥岩 20 组、泥岩 2 组），各岩性与敏感性测井类型统计结果如表 8-1 所示。

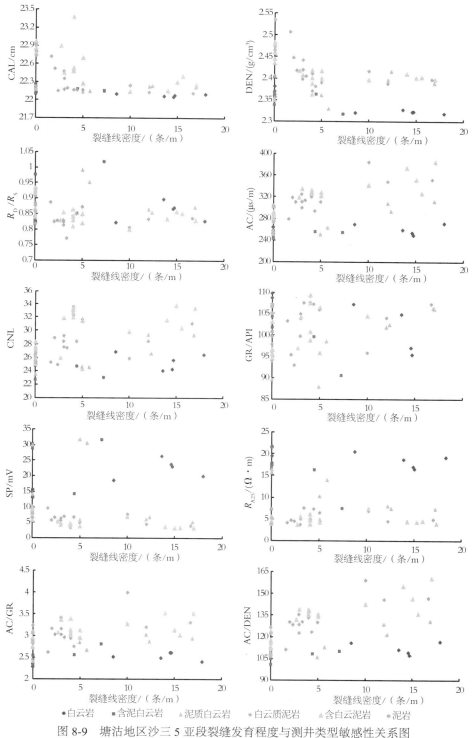

图 8-9 塘沽地区沙三 5 亚段裂缝发育程度与测井类型敏感性关系图

表8-1　各岩性与敏感性测井类型统计表

白云岩	含泥白云岩	泥质白云岩	白云质泥岩	含白云泥岩	泥（页）岩
DEN、AC/DEN	AC/GR、AC/DEN、DEN	AC/GR、AC、DEN、AC/DEN、CAL、R_{A25}、CNL	AC/DEN、AC、DEN、AC/GR、CAL、SP	AC/DEN、AC、DEN、CAL、AC/GR、SP	AC/DEN、AC、DEN、CAL、AC/GR、SP

为与岩性识别的结果对应，将含泥白云岩归入白云岩类，将含白云泥岩归入泥岩类，即 6 类岩性合并为 4 类。综合各类岩性的敏感性曲线筛选结果，确定对裂缝发育敏感性较高的测井参数为五类参数：AC、DEN、CAL、AC/DEN、AC/GR，后续裂缝测井识别就利用这几个参数。

8.2.2　裂缝测井相图版

蜘蛛网图，又称星状图、雷达图，是一种多变量对比分析方法，将多变量参数映射到单位圆上的数轴上表示，其优点是形象、直观、易操作。不同裂缝发育程度在图像上的表现不同，可以直观地分析出该层段的裂缝发育程度。选取上述五条敏感曲线（或者曲线组合）与裂缝发育程度进行作蜘蛛网图，分岩性作出有效裂缝不发育（有效裂缝线密度小于 3 条 /m）和有效裂缝高发育（有效裂缝线密度不小于 10 条 /m）两种图像以进行对比（有效裂缝即为裂缝中见油迹，对产能有贡献的裂缝）。

研究中发现白云质泥岩和泥岩的图像比较接近，因此将其再次合并为一类，命名为"泥岩类"，分白云岩类、泥质白云岩类和泥岩类三类岩性建立测井相裂缝图版（图8-10）。

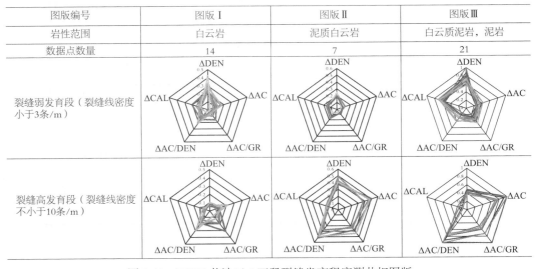

图 8-10　TG2C 井沙三 5 亚段裂缝发育程度测井相图版

1. 白云岩类（白云岩＋含泥白云岩）

白云岩裂缝高发育特征为：DEN 下降明显，AC/GR 增大，CAL 减小（微裂缝发育，泥浆滤失形成泥饼，造成缩径）（表 8-2）。

表8-2　白云岩裂缝发育程度与测井多参数分布区间表

裂缝发育程度	DEN/(g/cm³)	AC/GR	CAL/cm	AC/DEN	AC/(μs/m)
不发育	0.15～0.43	0～0.16	0.09～0.21	0.1～0.22	0.06～0.18
高发育	0.05～0.11	0.07～0.31	0.05～0.13	0.14～0.3	0.07～0.22

2. 泥质白云岩类

泥质白云岩类裂缝高发育特征为 AC、AC/GR、AC/DEN 明显增大，DEN 异常增高（推测为钻井泥浆中的重晶石进入大开度裂缝所致），CAL 增大（大开度裂缝存在时，易坍塌造成扩径）（表 8-3）。

表8-3　泥质白云岩裂缝发育程度与测井多参数分布区间表

裂缝发育程度	AC/GR	AC/(μs/m)	AC/DEN	DEN/(g/cm³)	CAL/cm
不发育	0.07～0.09	0.08～0.13	0.13～0.17	0.19～0.22	0.14～0.17
高发育	0.17～0.19	0.37～0.51	0.37～0.53	0.36～0.49	0.17～0.19

3. 泥岩类（白云质泥岩、含白云泥岩、泥/页岩）

泥岩类裂缝高发育特征为 AC、AC/DEN、AC/GR 明显增大，DEN 降低，CAL 减小（微裂缝发育，泥浆滤失形成泥饼，形成缩径）（表 8-4）。

表8-4　泥岩类裂缝发育程度与测井多参数分布区间表

裂缝发育程度	AC/DEN	AC/(μs/m)	DEN/(g/cm³)	CAL/cm	AC/GR
不发育	0.15～0.42	0.23～0.43	0.56～1	0.53～0.72	0.19～0.47
高发育	0.71～1	0.7～1	0.36～0.49	0.1～0.24	0.49～1

测井相图版中的五个端元测井参数组合后可以有效识别裂缝高发育段与裂缝不发育段，以裂缝线密度值 Y 与五个测井参数为模型输入参数，通过多元线性回归方法进行拟合，经过多次试验达到最高拟合度，从而建立裂缝发育程度判别模型（表 8-5），能够更准确地定量表征裂缝发育程度。

利用判别模型对 TG2C 井取心段重新做预测，以便与岩心描述结果对比（图 8-11），对比发现，裂缝预测结果与岩心描述结果比较接近，能够准确区分裂缝高发育段与裂缝不发育段，验证了判别模型的有效性。

表8-5　塘沽地区沙三5亚段裂缝发育程度判别模型

类型	数据个数	SPSS 回归判别公式	R^2
图版 I 白云岩类	14	$Y = 9.566\ \text{DEN} - 63.348\ \text{AC} + 0.721\ \dfrac{\text{AC}}{\text{GR}} + 63.597\ \dfrac{\text{AC}}{\text{DEN}} - 3.072\ \text{CAL} - 4.802$	0.785

类型	数据个数	SPSS 回归判别公式	R^2
图版 II 泥质白云岩类	8	$Y = 2.121\ \text{DEN} - 0.813\ \dfrac{\text{AC}}{\text{GR}} + 2.319\ \dfrac{\text{AC}}{\text{DEN}} - 11.508\ \text{CAL} + 1.037$	0.964
图版 III 泥岩类	30	$Y = 0.34\ \text{DEN} + 1.494\ \text{AC} - 0.869\ \dfrac{\text{AC}}{\text{GR}} - 0.23\ \text{CAL} - 0.275$	0.798

注：Y 为裂缝线密度，条 /m。

图 8-11 中岩心段数据为建立模型时未输入的预留数据，约占总数据点的 20%（14个）。裂缝线密度预测值中，10 个数据点的裂缝发育程度分类与岩心裂缝描述结果相匹配，综合判别准确率达到 71.43%。另外 4 个数据点匹配较差，经查询这些样点均位于泥质白云岩、白云质泥岩的薄互层段。

以取心段中的 3114.00 ～ 3124.30m 层段为例，对于 S1、S3 及 S5 三个中厚层段，计算线密度值与岩心线密度值接近，预测结果与岩心观察结果匹配性好。对于 S2 及 S4 两个中薄层段，其裂缝发育程度预测结果与岩心观察结果差异较大。S2 层中井径呈现小幅增大，从而使裂缝线密度预测值增高，井径增大可能由裂缝存在引起，但亦可能由钻井造成脆性薄层的垮塌所致。S4 层中各测井曲线均未有明显裂缝的响应，使基于测井的模型预测值较小，但由于此处岩层较薄，可能因测井采样点因素而未能有效获得准确的数值，因此基于岩心描述的裂缝线密度值呈尖峰状高值（图 8-11）。

另外，结合研究区中非取心井的另外 9 口试油井及生产井验证，单井所处的构造位置与井中裂缝发育程度预测结果密切相关。在钻遇区域断层的两口井中，所建立模型预测值显示此处裂缝发育程度最高，这两口井中经过试油亦均见高产工业油流，表明模型预测结果与构造、生产实际具有较好匹配性。

综合以上分析，笔者认为所建立的裂缝常规测井定量评价模型能够适用于研究区沙三 5 亚段储层裂缝发育程度的预测。

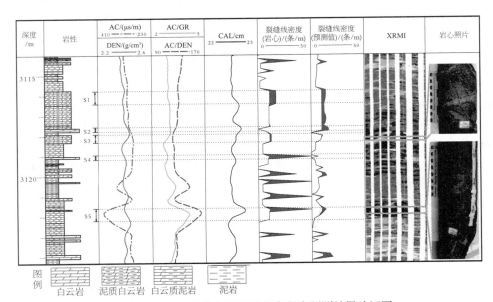

图 8-11　TG2C 井取心段裂缝发育程度预测结果验证图

8.2.3　成像测井裂缝识别

TG2C 井增强型微电阻率扫描成像测井（XRMI）测量井段为 2930 ～ 3236m。根据常规测井解释结果，结合取心资料，3091 ～ 3206m 井段 XRMI 图像白云岩层段发育大量裂缝，在成像图上显示为高电阻背景下的暗色正弦曲线，呈不规则分布，高角度斜交，倾向基本为 NE 向 [图 8-12（a）中的红色曲线]；3138 ～ 3139m 段处明显看到地层错动呈断层形态 [图 8-12（b）中的蓝色曲线]；2930 ～ 3091m 主要显示的水平和低角度正弦曲线为岩性界面 [图 8-12（c）中的绿色曲线]。

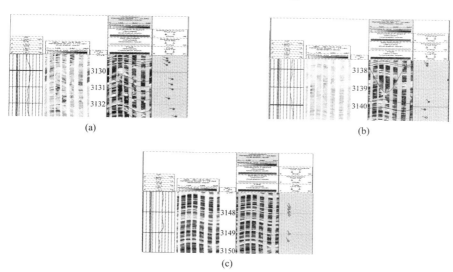

图 8-12　TG2C 井 XRMI 电成像测井解释成果图（文后附彩图）

TG2C 井沙三 5 亚段中，以 3084.09 ～ 3161.88m 岩心段的裂缝、溶孔特征与成像测井结果作对比，能够识别出大溶孔、层界面、高角度斜交缝等。观察到的裂缝开度小，多闭合，在 XRMI 图像上辨别难度仍然较大，因此在与取心段对应的成像测井图像上，多显示为岩性界面 [图 8-13（a）] 的假 "层理缝"，高角度缝较少。

在 XRMI 图像上，还可分布直径为 1cm 左右的大溶孔 [图 8-13（b）]，显示为分散分布的斑点状暗色点。图 8-13（c）为无效的早期高阻缝在 XRMI 图像上的显示，为相对高阻的亮色曲线；图 8-13（d）为泥质白云岩与白云质泥岩薄互层的揉皱发育段的裂缝图像，XRMI 图像显示为断裂、暗色点状，体现短裂缝、点状溶孔及揉皱的岩性界面或断裂。

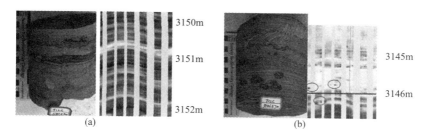

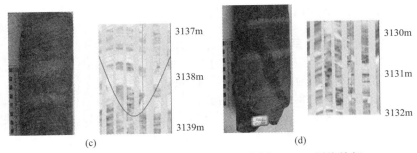

图 8-13　塘沽地区沙三 5 亚段岩心裂缝与 XRMI 图像特征

（a）层界面，3151.37～3151.57m；（b）大溶孔，3144.76～3146.57m；（c）高角度高阻缝，3138.05～3139.37m；（d）斜交高阻缝，3130.75～3131.36m

　　通过对 TG2C 井成像测井的分析，在沙三 5 亚段 3096.78～3200.05m 共统计得398 条裂缝。对 TG2C 井裂缝的倾角、走向的分布规律进行统计（图 8-14）：TG2C 井裂缝倾角主要为 30°～75°，裂缝走向主要为 NE 向 25°～45°。

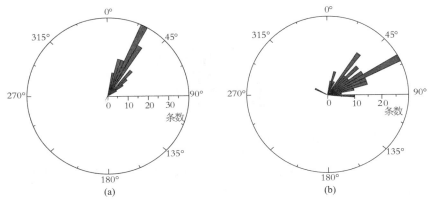

图 8-14　TG2C 井 XRMI 图像裂缝走向、倾角玫瑰花图

（a）裂缝走向；（b）裂缝倾角

8.2.4　剖面／平面裂缝发育程度评价

以单井裂缝发育程度模型计算值为基础，通过连井剖面及平面图评价裂缝分布情况。

1. 裂缝发育程度剖面分布

油藏 SN 向及 EW 向两条连井剖面，展示裂缝发育程度平面变化（图 8-15、图 8-16）。由于构造、沉积、超压、地层埋深及差异压实等因素均可影响裂缝发育，图件绘制过程中，加入了断层及地层压力等地质信息以辅助分析裂缝发育主要受控因素。

由连井剖面图可见，中央断垒区两侧的地层裂缝发育程度最高，可见构造断层对裂缝发育带具有绝对的控制作用。在各层位中，裂缝高发育带主要集中于沙三 5 亚段的2-2 及 3-1 小层，其次为 2-1 小层。

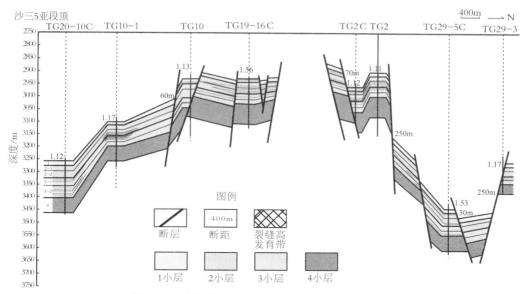

图 8-15　塘沽地区 SN 向裂缝发育程度连井剖面图

图中数值表示压力系数

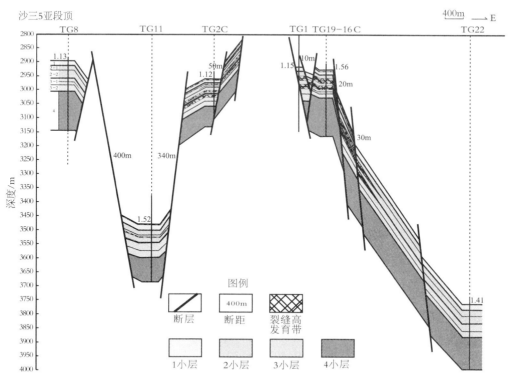

图 8-16　塘沽地区 EW 向裂缝发育程度连井剖面图

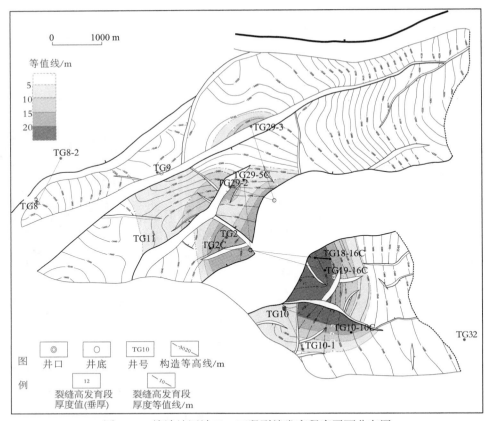

图 8-17　塘沽地区沙三 5 亚段裂缝发育程度平面分布图

2. 裂缝发育程度平面分布

裂缝发育程度平面展布更能直观地突显局部构造对裂缝发育的控制情况。此处本书仅依靠 10 口井的单井裂缝发育程度数值初步预测全区裂缝的平面发育情况(图 8-17),在本章 8.3 节中则结合了主曲率及应力场数学模拟方法对其进一步进行综合预测。考虑到裂缝发育非均质性极强,图件绘制过程中亦考虑了白云岩类厚度分布、构造断层发育情况等因素。

从裂缝发育程度平面分布可以看出,与岩心裂缝、剖面图的分析结果整体较为一致,研究区内中央断垒两侧的 TG19-16C 断块构造高部位裂缝最发育,其次为 TG2C、TG29-2 断块。

8.3　裂缝数学模拟与空间分布预测

对储层裂缝的预测,学者们提出了多种解决方法:以储层构造为切入点,讨论层位主曲率与裂缝发育程度关系;根据井点的裂缝实测数据,采用地质统计的方法应用到整个区域;利用地震资料进行裂缝识别;结合分形维数定量预测;建立地质体模型,用应力场分析方法，结合岩石破裂准则，对裂缝定量化表征等。塘沽地区的湖相白云岩储层储集性主要受构造裂缝发育程度的控制，故必然会利用主曲率和应力场数值模拟预测储层的储集性。

8.3.1　裂缝数学模拟

1. 主曲率数学模拟

从数学观点来看，裂缝分布主要可由构造面的主曲率来反映（刘金华等，2009）。通俗地说，曲面的构造主曲率越大，就越弯曲，越弯曲就越容易有裂缝，所以由构造曲率来反映裂缝的分布和发育程度是合理的。利用曲面主曲率来研究分析构造面的变形和弯曲程度，对单个层面内空间断裂缝隙发育的相对频率及裂缝、孔隙体积做出定量的估算。构造面曲率在一定程度上控制了裂缝发育的密度、方向、宽度和深度，油层厚度及与之有关的裂缝、孔隙体积和渗透率也在一定程度上受到构造面曲率的影响（孙尚如，2003）。

极值主曲率法，简称主曲率法，是构造曲率法的一种，是进行构造拉张裂缝分布评价预测的传统方法。它的应用有三个前提条件：一是储层是变形弯曲层；二是变形弯曲，岩层面上的裂缝都是由于弯曲派生的拉张力形成的；三是将岩层看作完全弹性体，不考虑其塑性变形，裂缝产生于曲率相对高值区（Chopra and Marfurt, 2014）。在此条件下可采用两种方法求曲率值：一是利用经钻井校正后的构造剖面图编制岩层的曲率图；二是根据地震剖面图或地震构造图用计算方法（倾角变化率法、三点圆弧法、五点曲线拟合法、极值主曲率法、垂直二次微商法等）求取，编制岩层的曲率图。在编制出岩层的曲率图后，就可对构造拉张裂缝的分布情况进行分布及评价。

首先利用多项式回归的方法（polynomial regression）对网格化数据进行拟合，当拟合面和构造面拟合程度达到 85% 得出构造拟合面方程。本书采用的是三次多项式回归的方法建立的构造面数学模型，并由该模型计算出主曲率，其模型建立如下：

设已知 $n \times m$ 个网点 (x_i, x_j)，其中 $i=0, 1, \cdots, n-1$ ；$j=0, 1, \cdots, m-1$，且给定各网点上的 $z_j = z(x_i, y_j)$，其中 $i=0, 1, \cdots, n-1; j=0, 1, \cdots, m-1$。拟合构造面方程，$z(x, y) = ax^3 + by^3 + cx^2y + dxy^2 + exy + fx^2 + gy^2 + hx + iy + j$，由此方程导出构造面主曲率公式：

$$R_{1,2} = \left(\frac{1}{r_x} + \frac{1}{r_y} \right) \pm \sqrt{\frac{1}{4}\left(\frac{1}{r_x} + \frac{1}{r_y} \right)^2 + \frac{1}{r_{xy}}}$$

式中，$\dfrac{1}{r_x} = \dfrac{\partial^2 z}{\partial x^2}$ ；$\dfrac{1}{r_y} = \dfrac{\partial^2 z}{\partial y^2}$ ；$\dfrac{1}{r_{xy}} = \dfrac{\partial^2 z}{\partial x \partial y}$。

根据计算结果，将平面上某点处的最大主曲率值进行作图，得到主曲率分布图（图 8-18 ～图 8-20）。计算分析层面主曲率的具体操作过程是，首先将塘沽地区沙三 5 亚段顶面与底面构造图数字化并导入 Petrel 中，进行地质建模。根据建立好的模型层面数据中的海拔 Z 值，利用 Petrel 自带的 Surface 属性计算功能，计算层面的（最大曲率），并生成平面图（图 8-18 ～图 8-20），图中色标显示的是曲率的大小，红色为正异常（地层上凸），紫色为负异常（地层下凹）。

　　由各个小层的顶面最大曲率图可见（图 8-18 ～图 8-20），整个塘沽地区的曲率分布与断层有良好的契合关系：沿着断层附近的曲率有明显的正负异常，表现为颜色偏红色或偏紫色，这些区域的裂缝较为发育。特别是 TG19-16C 井附近的曲率异常值较大，由于构造主曲率正异常的部位往往是构造的高部位，根据油气差异聚集的原理，构造高部位是油气的最有利聚集区。结合实际生产情况，TG19-16C 井生产数据显示日产油可达 69t，说明此裂缝性油藏发育。另一个口相邻的 TG18-16C 处于曲率较为正常的区域，其裂缝发育程度不如 TG19-16C 井，产量也有很大的差距（平均日产油 6 ～ 7t）。说明此种方法与实际情况吻合，结果较为可信。

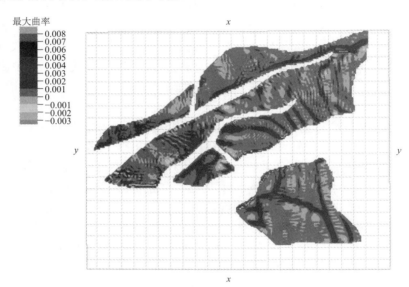

图 8-18　塘沽地区沙三 5 亚段 1 小层顶面最大曲率分布图（文后附彩图）

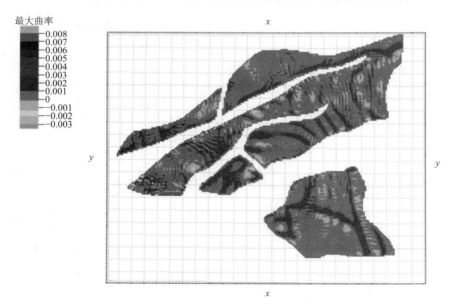

图 8-19　塘沽地区沙三 5 亚段 2 小层顶面最大曲率分布图（文后附彩图）

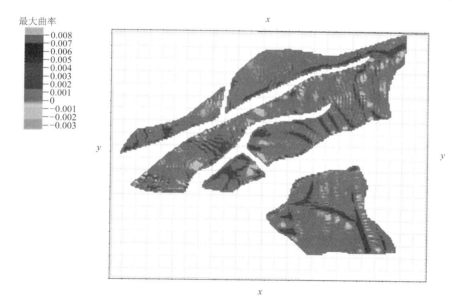

图 8-20　塘沽地区沙三 5 亚段 3 小层顶面最大曲率分布图（文后附彩图）

2. 应力场数学模拟

本书利用 ANSYS 有限元软件对古应力场进行模拟，依据计算结果，计算岩石破裂值和能量值，利用破裂准则判断裂缝发育程度，综合考虑多个裂缝属性参数，将其与岩心观察的裂缝线密度进行多元回归关系拟合标定，建立一个适合该区的裂缝预测数学模型，对整个研究区进行裂缝分布预测。

1）有限元模拟基本理论

有限元数值模拟是力学中的一种数学方法，力学中，它的变量是应变、应力、位移。有限元模拟首先是网格离散化，其次是把求解的连续场函数转化为求解有限个离散节点处的场函数值，即以所有节点的位移作为基本变量进行有限元求解（戴俊生等，2014; 王俊鹏等，2014; 王珂等，2014; 赵继龙等，2014）。其有限元线性代数方程为

$$Ka = P + Q$$

$$K = \sum K_e$$

$$K_e = \iiint B'DBdV$$

$$P = \sum P_e$$

$$P_e = \iiint N'pdV$$

$$Q = \sum Q_e$$

$$Q_e = \iiint N'qdV$$

式中，a 是系统节点位移矢量；K 是系统刚度矩阵；P 是体积载荷 p 的等效节点力矢量；Q 是边界面上面力载荷 q 的等效节点力矢量；D 为弹性矩阵；P_e 为节点体积载荷。

通过对研究工区的分析，当研究工区的结构、形状、尺寸及边界条件不具备某种特殊性时，这种结构便属于空间问题。这时，结构内的任一点 i 都具有三个位移分量、六个应变分量及六个应力分量。即

$$\{q_i\}=\{u_i, v_i, w_i\}^{\mathrm{T}}$$

$$\{\varepsilon\}=\{\varepsilon_x, \varepsilon_y, \varepsilon_z, v_{xy}, v_{yz}, v_{zx}\}^{\mathrm{T}}$$

$$=\left[\frac{\partial u}{\partial x}, \frac{\partial v}{\partial y}, \frac{\partial w}{\partial z}, \frac{\partial u}{\partial y}+\frac{\partial v}{\partial x}, \frac{\partial v}{\partial z}+\frac{\partial w}{\partial x}, \frac{\partial w}{\partial x}+\frac{\partial u}{\partial z}\right]^{\mathrm{T}}$$

$$\{\sigma\}=\{\sigma_x, \sigma_y, \sigma_z, \tau_{xy}, \tau_{yz}, \tau_{zx}\}^{\mathrm{T}}=[D]\{\varepsilon\}$$

在有限网络离散化后并知道岩石和岩石组合常数 E（弹性模量）和 μ（泊松比）的情况下，系统刚度矩阵 K 很容易由计算机形成，从而可用方程组求出系统节点位移矢量 a，进而求出应变场和应力场。式中对于任一弹性体受到外力作用时，体内各点要产生相应的变形和应力。其体内变形可以用体内各点的位移矢量表示：

$$\{u\}=\{u, v, w\}^{\mathrm{T}}$$

$$u=u(x,y,z),\ v=v(x,y,z),\ w=w(x,y,z)$$

式中，u、v、w 分别表示在 x、y、z 方向的位移矢量，即是 x、y、z 的函数，因此 u、v、w 称为位移函数。

弹性体的应力状态可用应力矢量 $\{\sigma\}$ 表示：

$$\{\sigma\}=\{\sigma_x, \sigma_y, \sigma_z, \tau_{xy}, \tau_{yz}, \tau_{zx}\}^{\mathrm{T}}$$

式中，σ_x、σ_y、σ_z 为正应力；τ_{xy}、τ_{yz}、τ_{zx} 为剪应力。

受载弹性体处于平衡状态时，应变-位移、应力-应变、应力-外力之间存在关系，被称为弹性力学的基本方程；求解弹性力学问题就是在弹性力学基本方程的基础上加之给定的边界。

（1）应变-位移关系（几何方程）。

当弹性体变形小时，应变与位移 u 之间呈线性关系：

$$\varepsilon_x=\frac{\partial u}{\partial x}, \varepsilon_y=\frac{\partial v}{\partial y}, \varepsilon_z=\frac{\partial w}{\partial z};$$

$$\tau_{yx}=\frac{\partial u}{\partial x}+\frac{\partial v}{\partial y}, \tau_{yz}=\frac{\partial v}{\partial z}+\frac{\partial w}{\partial y}, \tau_{zx}=\frac{\partial w}{\partial x}+\frac{\partial u}{\partial z}$$

用矩阵表示为

$$\begin{bmatrix} \varepsilon_x \\ \varepsilon_y \\ \varepsilon_z \\ \tau_{xy} \\ \tau_{yz} \\ \tau_{zx} \end{bmatrix} = \begin{bmatrix} \dfrac{\partial}{\partial x} & 0 & 0 \\ 0 & \dfrac{\partial}{\partial y} & 0 \\ 0 & 0 & \dfrac{\partial}{\partial z} \\ \dfrac{\partial}{\partial y} & \dfrac{\partial}{\partial x} & 0 \\ 0 & \dfrac{\partial}{\partial z} & \dfrac{\partial}{\partial y} \\ \dfrac{\partial}{\partial z} & 0 & \dfrac{\partial}{\partial x} \end{bmatrix} \begin{bmatrix} u \\ v \\ w \end{bmatrix}$$

可简写成：$\{\varepsilon\} = \{L\}\{u\}$，其中，$\{L\}$ 为微分算子。

（2）应力-应变关系（物理方程）。

对于线性各向同性材料，点的应变分量与应力分量之间的关系满足胡克定律，表示为

$$\begin{cases} \varepsilon_x = \dfrac{1}{E}\left[\sigma_x - \mu(\sigma_y + \sigma_z)\right] \\ \varepsilon_y = \dfrac{1}{E}\left[\sigma_y - \mu(\sigma_z + \sigma_x)\right] \\ \varepsilon_z = \dfrac{1}{E}\left[\sigma_z - \mu(\sigma_x + \sigma_y)\right] \\ \mu_{xy} = \dfrac{2(1+\mu)}{E}\tau_{xy} \\ \mu_{yz} = \dfrac{2(1+\mu)}{E}\tau_{yz} \\ \mu_{zx} = \dfrac{2(1+\mu)}{E}\tau_{zx} \end{cases}$$

则变换可得到应力与应变的关系。

用矩阵表示为

$$\{\sigma\} = [D]\{\varepsilon\}$$

其中，

$$\{\sigma\} = \left\{ \sigma_x,\ \sigma_y,\ \sigma_z,\ \tau_{xy},\ \tau_{yz},\ \tau_{zx} \right\}^{\mathrm{T}}$$

$$\{\varepsilon\} = \left\{ \varepsilon_x,\ \varepsilon_y,\ \varepsilon_z,\ \mu_{xy},\ \mu_{yz},\ \mu_{zx} \right\}^{\mathrm{T}}$$

$$[D] = \dfrac{E(1-\mu)}{(1+\mu)(1-2\mu)} \begin{bmatrix} 1 & 0 & 0 & 0 & 0 & 0 \\ \dfrac{\mu}{1-\mu} & 1 & 0 & 0 & 0 & 0 \\ \dfrac{\mu}{1-\mu} & \dfrac{\mu}{1-\mu} & 1 & 0 & 0 & 0 \\ 0 & 0 & 0 & \dfrac{1-2\mu}{2(1-\mu)} & 0 & 0 \\ 0 & 0 & 0 & 0 & \dfrac{1-2\mu}{2(1-\mu)} & 0 \\ 0 & 0 & 0 & 0 & 0 & \dfrac{1-2\mu}{2(1-\mu)} \end{bmatrix}$$

式中，$[D]$ 为弹性系数矩阵；E 为弹性模量；μ 为泊松比。

（3）应力–外力的平衡关系（平衡方程）。

受载弹性体内任意一小六面体，根据力和力矩的关系，存在如下方程：

$$\begin{cases} \dfrac{\partial \sigma_x}{\partial x} + \dfrac{\partial \tau_{xy}}{\partial y} + \dfrac{\partial \tau_{xz}}{\partial z} + \vec{F}_x = 0 \\[2mm] \dfrac{\partial \tau_{yx}}{\partial x} + \dfrac{\partial \sigma_y}{\partial y} + \dfrac{\partial \tau_{yz}}{\partial z} + \vec{F}_y = 0 \\[2mm] \dfrac{\partial \tau_{zx}}{\partial x} + \dfrac{\partial \tau_{xy}}{\partial y} + \dfrac{\partial \sigma_z}{\partial z} + \vec{F}_x = 0 \end{cases}$$

式中，$\tau_{xy}=\tau_{yx}$；$\tau_{yz}=\tau_{zy}$；$\tau_{xz}=\tau_{zx}$；$\vec{F}=\left[\vec{F}_x,\ \vec{F}_y,\ \vec{F}_z\right]^{\mathrm{T}}$ 是给定的体力矢量作用在弹性边界的面矢量。

用矩阵表示为 $[A\{\sigma\}]+\{\vec{F}\}=0$，其中 A 是微分算子：

$$[A]=\begin{bmatrix} \dfrac{\partial}{\partial x} & 0 & 0 & \dfrac{\partial}{\partial y} & 0 & \dfrac{\partial}{\partial z} \\[2mm] 0 & \dfrac{\partial}{\partial y} & 0 & \dfrac{\partial}{\partial x} & \dfrac{\partial}{\partial z} & 0 \\[2mm] 0 & 0 & \dfrac{\partial}{\partial z} & 0 & \dfrac{\partial}{\partial y} & \dfrac{\partial}{\partial x} \end{bmatrix}$$

式中，$\{\vec{F}\}$ 是体积力矢量，$\{\vec{F}\}=\{\vec{F}_x,\ \vec{F}_y,\ \vec{F}_z\}^{\mathrm{T}}$ 也就是弹性体的平衡方程。

（4）最大主应力的求法。

利用弹性力学中以应变求应力的公式可求得单元最大主应力的数值和方向：

$$\sigma_x = \frac{E}{(1+\mu)(1-2\mu)}\left[(1-\mu)\varepsilon_x + \mu\varepsilon_y + \nu\varepsilon_z\right]$$

$$\sigma_y = \frac{E}{(1+\mu)(1-2\mu)}\left[\nu\varepsilon_x + (1-\mu)\varepsilon_y + \mu\varepsilon_z\right]$$

$$\tau_{xy} = \frac{E}{2(1+\mu)}V_{xy}$$

式中，E 为弹性模量；μ 为泊松比；ε 为应变量，由此可得最大主应力为

$$\sigma_1 = \frac{\sigma_x+\sigma_y}{2} + \sqrt{\frac{(\sigma_x-\sigma_y)^2}{2}+\tau_{xy}^2}$$

最小主应力为

$$\sigma_3 = \frac{\sigma_x+\sigma_y}{2} - \sqrt{\frac{(\sigma_x-\sigma_y)^2}{2}+\tau_{xy}^2}$$

最大主应力的方向

$$\tan 2\theta = \frac{2\tau_{xy}}{\sigma_x - \sigma_y}$$

由此可得出每个单元构造应力的方向，性质和相对大小并可以图示法表现在各有限单元中。

2）有限元模拟的一般步骤和计算流程

对于不同物理性质和数学模型的问题，有限元求解法的基本步骤是相同的，只是具体公式推导和运算求解不同，有限元求解问题的基本步骤如图 8-21 所示。

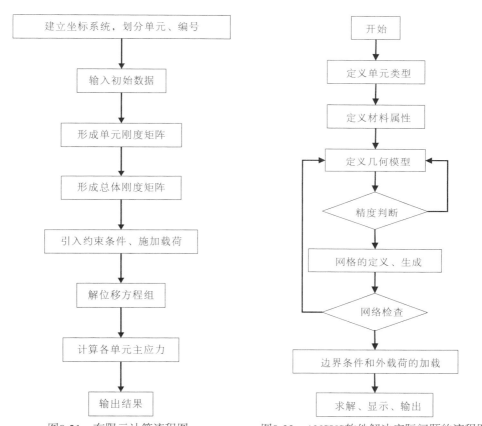

图8-21　有限元计算流程图　　　　图8-22　ANSYS软件解决实际问题的流程图

第一步：结构的离散化。在应力应变变化剧烈、地质构造复杂的区块，可设计较小的单元，应力、应变变化较平缓的区块可采用较大的单元。

第二步：单元分析。即选择位移模式建立单元刚度方程。将求解域近似为具有不同有限大小和形状的彼此相连的有限个单元组成的离散域，称为有限元网格划分。单元越小，则离散域的近似程度越好，计算结果也越精确，

第三步：整体分析，确定状态变量及控制方法。一个具体的物理问题通常可以用一组包含问题状态变量边界条件的微分方程表示，为适合有限元求解，通常将微分方程化

为等价的泛函表示。

第四步：求解方程，得出节点位移。有限元法最终导致联立方程组，联立方程组的求解可用直接法、迭代法和随机法，求解结果是单元节点处状态变量的近似值。

第五步：由节点位移计算单元的应力应变。

ANSYS 软件是利用有限元数值模拟技术分析各种物理场及其耦合场的大型工程设计软件（computer aided engineering，CAE）。它是融结构、流体、电场、磁场、声场分析于一体的大型通用有限元分析软件。ANSYS 是大型有限元分析软件，是本书建立模型的基础，将研究思路直接建立在模型设计和力学机制上。本书将利用有限元的数值模拟方法，在 ANSYS 软件平台上建立各种地质构造的力学模型。通过得到这些典型的地质构造的应力场来分析不同力学参数和边界条件与相应应力场之间的关系。进一步分析和研究塘沽地区沙三 5 亚段储层裂缝提供理论依据。

ANSYS 软件的分析主要步骤如下（图 8-22）。

（1）模型前处理。

主要工作室：定义工作文件名、设置分析模块、定义单元类型和选项、定义实常数、定义材料特性、建立分析几何模型、对模型进行网格划分、施加载荷及约束。

（2）求解计算。

主要是选择求解类型、进行求解选项设定、进行有限元求解。

（3）模型后处理。

在典型地段切剖面进行最大主应力、最小主应力、最大剪应力等分析研究，以及对该地区主要断裂的应力场进行研究，在三维空间与实测结果进行各种参数对比分析，以检验模拟结果的准确性。

3）地质模型建立

构造应力场的有限元数值模拟不是单一的数学、力学和地质问题，而是一个综合的相互渗透、相互结合、相互联系的系统。由于地质体复杂的非均质性和各向异性，在数值模拟之前必须建立合适的地质模型。在建立地质体时，首先应将目的储层连同上下隔层作为一个地质隔离体，把该隔离体作为应力场计算模拟的对象，然后从地质的角度分析构造原因、构造应力场的宏观特征及断层发育史，在此基础上推断地质隔离体的受力方向及大小，设定边界条件并确定反演应力场的地质标准。

研究区所在的北塘凹陷属于古近纪以来形成的新生代陆内伸展盆地，呈 NE 走向，以伸展构造为主。塘沽地区的主体走向呈 NE-SW 向，展布特征比较清楚的是南北分块的构造特征，由南向北区域内主要分布两个大断层：海河断层和塘北断层，以及中部的断垒带，其余较小的断裂及褶皱均在造山运动的挤压和牵引作用形成的背斜-向斜构造带。

4）力学模型建立

将地质模型转化为数值计算的关键是力学模型的建立，其中包括力学参数（主要指弹性模量，泊松比等）、边界力的作用方式、方向、大小及边界约束条件等确定。

（1）力学参数。

地质模型的建立主要是参考了沙三 5 亚段顶面构造图，在此基础上将各层面伸展拉平，建立起地质模型，垂向上划分三个小层，分别对应沙三 5 亚段的三个小层。

早期和同期断层对构造应力场及构造裂缝的空间分布具有很大影响。在三维有限元数值模拟中，对断层的处理方式主要有三种：一是断层带方式，将断层两侧适当距离内充填岩性的强度减弱，岩石的弹性模量、抗张强度、抗剪强度等力学参数相对于相同的岩性降低一定比例，即把断层作为一个软弱带来处理；二是节理单元方式，在有限元中引用节理单元，将断层作为一种特殊的单元类型，具有自己的特殊单元刚度矩阵；三是双节点方式，在网格剖分节点编号时，断层处编为双点，双点固定或者双点间设置杆单元加以连接。本书采取了第一种处理方式，将断裂带按照正常地层的 60% 处理（尤广芬，2010）。每层的厚度及各自的岩石物理参数如表 8-6 所示。

表8-6 塘沽地区沙三5亚段模拟力学参数表

材料模型编号	层位	密度 /（g/cm³）	泊松比	杨氏模量 /（N/m²）	厚度 /m
1	1	2.398	0.2658	2.7954	39.54
2	2	2.366	0.2660	2.9513	41.00
3	3	2.4	0.2659	2.9510	40.14
4	1（断层）	1.4388	0.1595	1.6772	39.54
5	2（断层）	1.4196	0.1596	1.7708	41.00
6	3（断层）	1.44	0.1596	1.7706	40.14

（2）约束条件。

根据对区域构造演化、应力场方向的分析，以地质构造作用模式来确定有限元模型的边界条。模型的垂直方向为 Z 轴，铅直向上，总体坐标 X 轴指向东，Y 轴指向北，为了便于约束和施加边界力，还定义了局部坐标系。局部坐标系 X 轴与水平最大主应力平行，Y 轴与水平最小主应力平行，两个坐标系的原点重合。

约束情况为：在模型底部施加 Z 方向约束；模型的南（下方）边界，在局部坐标的 Y 方向约束；模型东（右方）边界为局部坐标系 X 方向约束，这样的约束满足有限元分析的要求，即模型没有总体的平移和转动，能够对模型进行运算求解，得到收敛解答。

（3）边界力作用方式。

边界力包括水平构造力、自身重力、上覆岩层压力。自身重力由岩层的密度和重力加速度计算，ANSYS 程序自动产生。在此基础上，在近 SN 向和近 EW 向反复加载（具体方向参考图 8-23），观察模型的变形结果，寻找变形结果接近于现今构造的加载方案。此项工作的前提是当变形后的模型与塘沽地区现今构造情况相吻合时，那么所加载的方式反映了沙三 5 亚段形成时区域受力情况（周灿灿，2003；周新桂等，2004；曾联波等，2007；刘宏等，2008；曾联波等，2008）。

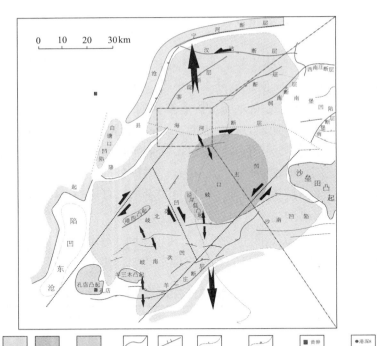

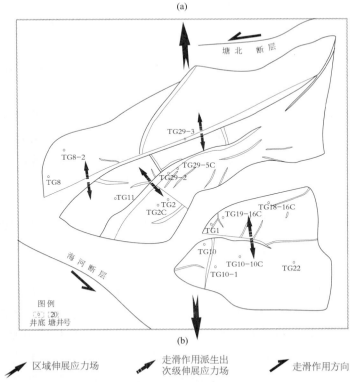

图 8-23 塘沽地区应力场方向分析

（a）为区域应力示意图；（b）为研究区应力示意图

经过反复调试，拟合出接近于现今构造的加载方案，方案如下：第一步，垂向上加载自身重力（重力加速度取 9.8m/s²，密度由密度测井得出）；第二步，近 EW 向加载＋59.9MPa（正值表示挤压）；第三步，近 SN 向加载—76.6MPa（负值表示拉张）。

5）数学模型建立

建立数学模型就是选择合适的数值计算方法。本书利用三维有限元数值模拟的方法来对塘沽地区沙三 5 亚段的应力场进行模拟。在进行有限元数值模拟之前，要注意几点事项如下：①如何根据地质构造特点来划分单元；②如何具体实施建模，加载等方案；③如何选择合适的有限元程序。

ANSYS 软件是利用有限元数值模拟技术分析各种物理场及其耦合场的大型工程设计软件。SOLID187 是个三维结构实体单元，可用于建立三维实体结构模型。对大港油田塘沽地区沙三 5 亚段构造模型的部分采用三维实体单元，每个单元均用八节点六面体表示。基底及周边等非主要研究区，采用粗网格三维立体单元；沙三 5 亚段断层、背斜、向斜作为计算模型的主要目的层和对象，采用细网格的三维立体单元，以适应其地质构造特征。有限元模型范围的面积按照实际构造图电子化坐标生成，共划分了 24374 个单元，32765 个节点。

6）应力场模拟结果分析

首先在 ANSYS 中建立研究区沙三 5 亚段的几何模型。建立几何模型的过程如图 8-24 所示。

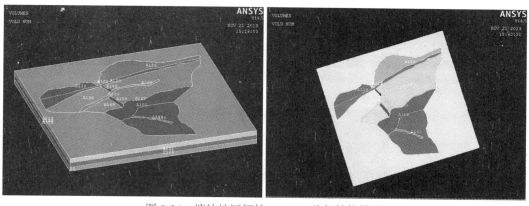

图 8-24　塘沽地区初始 ANSYS 几何结构模型

（a）立体模型图；（b）平面图

对建立好的几何模型进行网格划分，得到沙三 5 亚段的有限元模型，其有限元模型如图 8-25 所示。

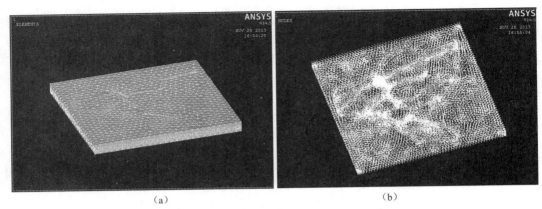

（a）　　　　　　　　　　　　　　　（b）

图 8-25　塘沽地区有限元模型建立过程

（a）网格模型；（b）节点模型

对六面体底面积及体积单元施加载荷，如图 8-26 所示。

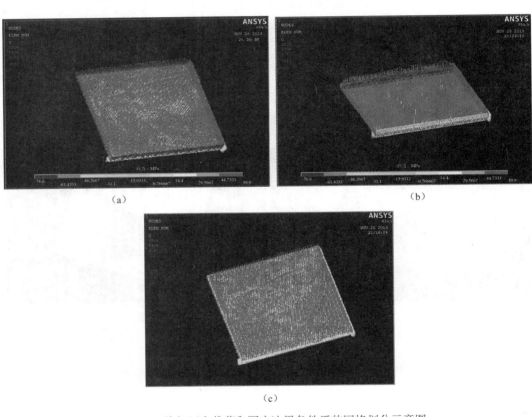

（a）　　　　　　　　　　　　　　　（b）

（c）

图 8-26　施加压力载荷和固定边界条件后的网格划分示意图

（a）、（b）为边界条件施加；（c）为压力载荷施加计算结果展示为塘沽地区沙三 5 亚段 1 小层应力等效云图（图 8-27 ～图 8-30）。

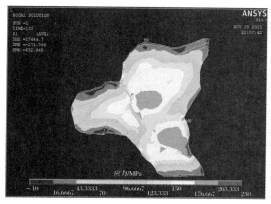

图 8-27　1 小层第一主应力云图

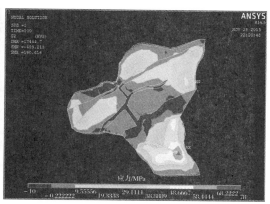

图 8-28　1 小层第二主应力云图

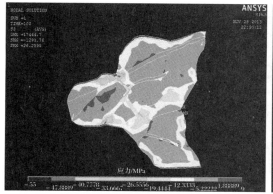

图 8-29　1 小层第三主应力云图

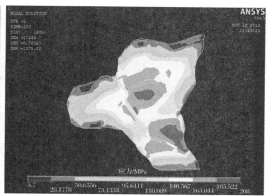

图 8-30　1 小层应力强度云图

由图 8-27 ～图 8-30 可以得出沙三 5 亚段 1 小层应力场分布特征如下。

第一主应力由中部向四周逐渐减小，背斜、向斜、断层影响区域应力值略低；中部地垒及北部的南北向断层将应力集中发育的区域基本分成三部分，其中以南部应力最大；1 小层第一主应力的数值范围为 –10 ～ 230MPa。

第二主应力分布基本上表现为断层、背斜、向斜影响区域应力值略低，中部区域较低，南部的 TG19-16C 等处数值较高，1 小层第二主应力的数值范围为 –10 ～ 78MPa。

第三主应力表现为西北、东北及南部较高，中部地垒带及区域内几条断层分割应力带，应力值偏低，1 小层第三主应力的数值范围为 –55 ～ 9MPa。

应力强度从中心向两翼逐渐减小，受背斜、向斜、断层影响区域应力强度值偏低，1 小层应力强度的数值范围为 5.7 ～ 208MPa。

塘沽地区沙三 5 亚段 2 小层应力等效云图如图 8-31 ～图 8-34 所示。

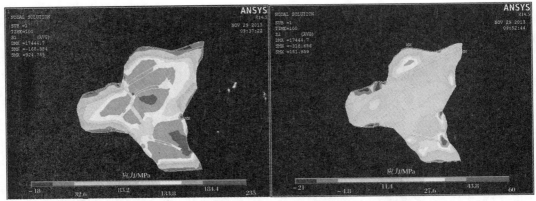

图 8-31　2 小层第一主应力云图　　　　　　　图 8-32　2 小层第二主应力云图

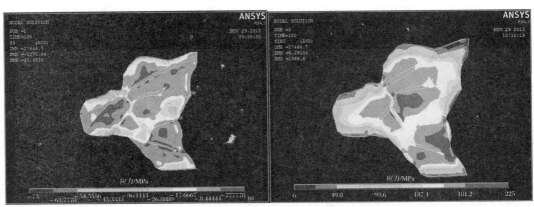

图 8-33　2 小层第三主应力云图　　　　　　　图 8-34　2 小层应力强度云图

由图 8-31～图 8-34 可以看到沙三 5 亚段 2 小层应力场分布特征如下。

第一主应力仍然保持了 1 小层中中部向四周减小的规律，背斜、向斜、断层影响区域应力值略低；中部地垒带及研究区内断层将应力发育带分割成多个部分，区域最高值出现在南部及中部；2 小层第一主应力的数值范围为 –18～235MPa。

第二主应力分布基本上表现为高值区域分散在略微靠近周围的断块区域，主要为南部、北部及西部，且周围的构造因素封堵应力带明显，2 小层第二主应力的数值范围为 –21～60MPa。

第三主应力表现为三个区域：西北、东北及南部数值最高，中部地垒带及区域内几条断层分割应力带，应力值偏低，2 小层第三主应力的数值范围为 –73～10MPa。

应力强度从中心向两翼逐渐减小，受背斜、向斜、断层影响区域应力强度值偏低，2 小层应力强度的数值范围为 6～225MPa。

塘沽地区沙三 5 亚段 3 小层应力等效云图如图 8-35～图 8-38 所示。

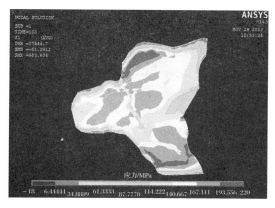
图8-35　3小层第一主应力云图

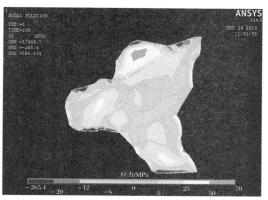
图8-36　3小层第二主应力云图

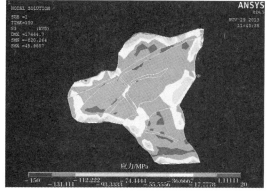
图8-37　3小层第三主应力云图

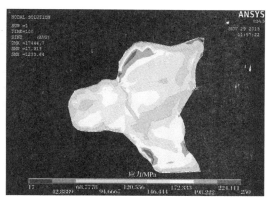
图8-38　3小层应力强度云图

由图 8-35～图 8-38 可以看出沙三 5 亚段 3 小层应力场分布特征如下。

第一主应力基本保持上部 2 个小层的中部向四周减小的规律，背斜、向斜、断层影响区域应力值略低，但略微不同的是区域应力最高值出现在北部及南部的边界附近，被断层遮挡的构造高点；中部地垒带及研究区内断层将应力发育带分割成多个部分；3 小层第一主应力的数值范围为 –18～220MPa。

第二主应力分布基本上表现为高值区域分布较为零散，主要以四周断块区域的构造高部位为主，3 小层第二主应力的数值范围为 –165～70MPa。

第三主应力表现与第一主应力的分布有相似性，但深色区域（高值）的分布不同，表现为零散状分布，集中在四周或是中部偏南的断层附近；中部地垒带及区域内几条断层分割应力带，应力值偏低，3 小层第三主应力的数值范围为 –150～20MPa。

应力强度与第一主应力有较高的相似度，受背斜、向斜、断层影响区域应力强度值偏低，3 小层应力强度的数值范围为 17～250MPa。

8.3.2　构造裂缝空间分布预测

首先利用 ANSYS 模拟古应力场得到的网格模型各点应力值（最大应力值、中间应力值、最小应力值），按照格里菲斯、库仑准则（汪必峰，2007），并且利用通过 TG2C 的全波列测井成果中得到不同岩石类型破裂压力、内摩擦角等参数，从而进行储层裂缝的判断。

一般来说，裂缝性储层不会单独存在张裂缝系或剪切裂缝系，而是两者同期发育。岩石破裂程度是两者的综合反映。据此引入综合破裂率 I_z（周新桂等，2004）：

$$I_z=（aI_t+bI_n）/2$$

式中，a、b 分别是岩心观察中所得到的张裂缝和剪裂缝所占比例小数，张、剪裂缝条数依据裂缝开启或闭合进行统计；I_t 为张破裂率；I_n 为剪破裂率。

在实际应用中，首先求出单元的张破裂率 I_t 和单元的剪破裂率 I_n，然后对其分别进行变量标准化（根据取心井岩心观察，所统计裂缝中张裂缝和剪裂缝所占的比例，标准化后的张破裂率和剪破裂率分别乘上各自的比例系数），最后相加得出单元的综合破裂率 I_z，并以此来判断岩石的破裂程度。当 I_z 不小于 1 时，岩石达到破裂状态，而且其值越大破裂程度越大。这就是储层构造裂缝发育程度的定量判断依据。

为了进一步判断岩石中张裂缝与剪裂缝的发育程度，引用描述岩石破裂情况的参数：破裂值 F_y 和能量值 W（周灿灿，2003）。根据曾联波等的研究（曾联波等，1998，2007，2008；Zeng et al.，2013）取心井点上的裂缝线密度，与弹性应变能、岩石破裂值存在一定的相关关系，利用取心井 TG2C 岩心观察的裂缝线密度 β 与破裂值 F_y、能量值 W，运用多元线性回归方法，拟合标定出裂缝线密度数学模型，由点到面、将构造因素、岩性因素、岩心测井观测数据整合。

构造裂缝密度预测数学模型（陈艳华等，2003）为

$$当 F_y \leqslant 1.0 时，\beta = aF_y+bF_y^2+c$$
$$当 F_y \geqslant 1.0 时，\beta = aF_y^2+bW^2+cF_y+dW+e$$

式中，F_y 为岩石破裂值；W 为岩石综合能量值；β 为裂缝线密度；a、b、c、d、e 均为常数。此模型的实际意义是当岩石破裂值低于发生宏观破裂临界值时，裂缝发育程度由破裂值决定；当岩石已发生明显宏观破裂时，裂缝发育程度由破裂值与能量值共同来决定（周新桂等，2004）。

对表 8-7 中数据进行分析，并利用其中部分进行拟合得出预测模型，再用剩余实测值进行精度验证，从而可以求出塘沽地区沙三 5 亚段其他未知点储层构造裂缝的密度大小和分布特征，最终定量预测该区的储层裂缝分布情况。

塘沽地区沙三 5 亚段裂缝预测模型如下：

$$当 F_y \leqslant 1.0 时，\beta=-6.975F_y+3.986F_y^2+3.352$$
$$当 F_y > 1.0 时，\beta=-0.147F_y^2+52.419W^2+0.3341F_y+12.021W+3.083$$

根据上述模型计算的裂缝线密度与岩心线误差对比见表 8-8。

表8-7　TG2C井部分岩心观察点裂缝线密度β及对应的深度破裂值F_y、能量值W

	深度 /m	W^2	F_y^2	F_y	W	β - 岩心观察 /（条 /m）
$F_y>1.0$	3158.573	0.159226	32.98081	5.742892	0.399031	4.167
	3157.186	0.01612	19.27129	4.389907	0.126966	1.029
	3130.446	0.078551	20.06495	4.479392	0.280269	3.070
	3130.060	0.111874	18.74134	4.329127	0.334475	3.488
	3124.853	0.029614	7.616859	2.759866	0.172086	2.551
	3124.522	0.028779	13.68884	3.699843	0.169643	4.545
	3122.231	0.002739	6.423896	2.534541	0.052335	1.786
$F_y\leq1.0$	3120.046		0.408087	0.638817		0.300
	3100.714		0.175705	0.419172		1.125
	3158.308		0.408087	0.638817		0.760
	3098.047		0.682922	0.826391		0.250
	3096.957		0.731806	0.855457		0.350

表8-8　塘沽地区构造裂缝线密度β观测值与预测值对比

β - 岩心观察 /（条 /m）	β - 预测 /（条 /m）	误差 / %	β - 岩心观察 /（条 /m）	β - 预测 /（条 /m）	误差 / %
4.167	3.721	10.7	1.786	1.504	15.8
1.029	1.046	1.7	0.300	0.363	20.9
3.070	2.390	22.2	1.125	1.128	0.3
3.488	3.628	4.0	0.760	0.623	18.1
2.551	2.373	7.0	0.250	0.310	23.9
4.545	4.784	5.2	0.350	0.302	13.8

　　所有验证点均来源于取心井 TG2C 的岩心观察数据。各点裂缝线密度的误差均小于 25%，认为提出的裂缝参数定量数学模型是可行的，将模型运用于全区域，可得到各小层的裂缝线密度等值线图（图 8-39 ～图 8-41）。

　　得到的三张层面约束图综合考虑了构造、岩性因素，并利用岩心、测井所得的参数进行修正，可以作为裂缝模型的约束条件，形成的裂缝密度属性体是可靠的，综合多种因素三维层次上的体现，可以用形成的三个约束面建立模型约束体，控制裂缝分布。

　　根据预测的裂缝线密度平面图，沙三 5 油组 1 小层裂缝发育主要分布在两个区域：①在 TG29-2 断层、TG2 断层与中部中生界凸起相夹持区域，其中 TG29-5C 井和 TG29-2 井最接近高密度区，根据试采数据，TG29-5C 井平均日产油 3.76t，含水率为 41.35%，油水同层，佐证裂缝发育；②在 TG10 东断层与中生界凸起之间。该区域中间裂缝密度分布受控于两个边界之中多条 NNW 方向小断裂，这些都反映了主干断层所围限的断块区域是裂缝发育的有利区域。

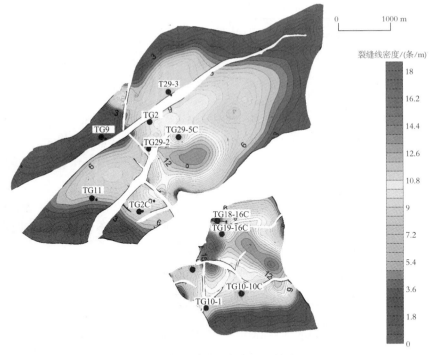

图8-39　1小层裂缝线密度平面等值线图

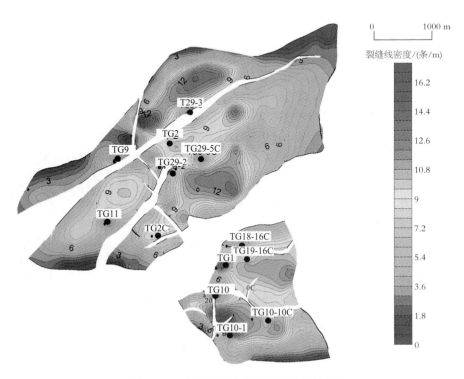

图8-40　2小层裂缝线密度平面等值线图

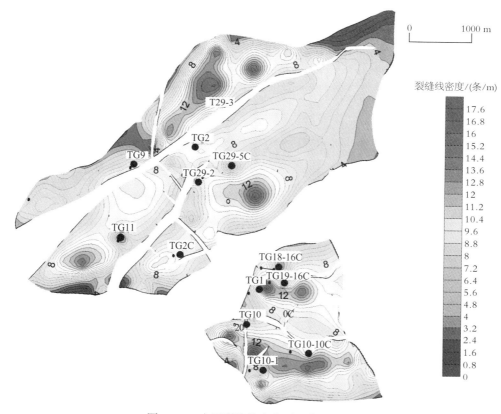

图8-41　3小层裂缝线密度平面等值线图

　　沙三 5 油组 2 小层及 3 小层的裂缝线密度平面图总体来说规律相似，从北向南被三个主干断层：TG9-3 断层、中生界凸起、TG10 东断层分割，边界被海河断层和塘北断层控制，形成三个主要的裂缝发育区。北部的 TG29-3 断块裂缝主要发育在构造高部位，此处区域为应力集中区。中部的 TG29-5 附近为重要的裂缝发育区，不同于 1 小层，此处有多处高值点，受控于构造的地形起伏，均是相对高部位，小部分是由于处于断层尖灭处，应力值异常，并不能良好反应实际裂缝发育程度。南部区域的"双峰"明显，受限于 TG10 东断层，一个以 TG19-16C 井为中心，一个以 TG10-1 井为中心，两个区域有明显的长条状特点，沿地层构造轴线呈 EW 向延伸。

　　以上分析可得出如下认识：①塘沽地区沙三 5 亚段湖相白云岩储层的裂缝成因以构造成因为主，层理缝、溶蚀的裂缝比例较少。②泥质白云岩中多发育高角度小-微型开裂缝，其内充填矿物主要为方沸石；白云岩内以高角度-垂直产状的小-微型开裂缝为主，缝内常为方沸石、重晶石矿物充填或半充填。③研究层段共发育四期裂缝：平行层面的层理缝；倾角为 45° 的共轭斜交缝、倾角为 60° 的高角度斜交缝；倾角为 75° ～ 90° 的高角度 / 垂直张性裂缝；倾角为 70° ～ 85° 的高角度 / 垂直缝。第三期、第四期的裂缝对储层产能关系最为重要，裂缝局部溶蚀，裂缝长度长、开度大，含油性极好。④建立了塘沽地区湖相白云岩储层构造裂缝分布定量预测模型，垂向上 3 小层较 1、2 小层发育程度高；平面上发育带集中在南部边界、北部，及中部 **TG30-2** 井附近。整体由中央断垒带分割为南北两部分，分布明显沿断层走向呈半椭圆形分布的特征。非均质性明显，断层走向、特点及局部构造控制了裂缝的发育与分布，靠近断层带及被主干断层分割的断块为裂缝发育优势区，斜坡等地形变化单一的区域裂缝相对不太发育。本书裂缝研究提出了适合该研究区的裂缝预测模式，并且为有利区域的选取提供了科学依据。

第9章 异常地层压力特征

9.1 异常地层压力空间变化

塘沽地区沙三 5 亚段存在异常高压，且不同断块地层压力差异性明显。TG19-16C 断块（TG19-16C 井压力系数为 1.56、TG18-16C 井压力系数为 1.54）；TG29-2 断块（TG29-2 井压力系数为 1.59、TG29-5C 井压力系数为 1.53）和 TG11 断块（TG11 井压力系数为 1.52）三个断块为超压断块；其余四个断块为常压断块，表现出异常压力空间变化的复杂性。

9.1.1 单井地层压力识别与计算

1. 实测地层压力

研究区四口井的实测压力数据显示（表 9-1），沙三 3 亚段—沙三 5 亚段层位发育复杂地层压力系统。按照郝芳（2005）划分方案，该区存在低压、正常压力、弱高压、高压压力系统。在沙三 4 亚段层位异常高压值达到 40.16MPa，压力系数达 1.25；沙三 5 亚段层位异常高压值达到 52.8MPa，压力系数达 1.59；TG19-16C 特殊岩性内部压力系数高达 1.59，压力值 45.7MPa，均显示为异常高压地层。

表9-1 塘沽地区TG2C区实测压力数据表

井号	层位	层号	测压时间	试油所测静压 /MPa	油层中深 /m	压力系数
TG11 井	沙三 4	52 ~ 54	1993.6	40.16	3276.55	1.25
	沙三 4	51 ~ 54	1991.6	37.81	3269.81	1.18
TG22 井	沙三 4	65、66	1995.7	45.14	3528.04	1.3
	沙三 3	53、54、56	1995.9	37.87	3422.93	1.13
	沙三 3	53、54、56	2001.10	31.47	3422.93	0.94
TG29-2 井	沙三 4	55	1995.11	37.50	3026	1.26
	沙三 5	76	1995.9	52.8	3374.09	1.59
	沙三 3	39、40	1995.12	32.43	2762.7	1.2
	沙三 3	34、35	1996.1	28.53	2636.4	1.1
TG29-3 井	沙三 4	61、62	1996.11	40.87	3217.06	1.3
	沙三 5	65	1996.9	29.15	3315.86	0.9
	沙三 4	57	1997.2	37.58	3142.94	1.22
	沙三 4	57	1997.1	37.58	3136.76	1.22
	沙三 4	54	1997.3	36.04	3105.3	1.18

2. 地层压力测井计算

地层压力预测是进行地层异常压力识别的首要基础，按照开发阶段的不同，地层压力信息可从不同类别的资料中提取出来，具体包括：①钻前阶段，可由地表地球物质方法资料中的 P 波（纵波）和 S 波（横波）波速、密度、孔隙度指示压力；②钻井中阶段，可由钻井参数中的钻井速度、随钻测井、随钻地震，泥浆参数中的泥浆气钻屑、压力波动、地面温度、泥浆池液位、总泥浆体积、井眼灌满状态、泥浆流量，页岩钻屑参数中的体密度、页岩地层因素体积、形状、大小、百分含量及新老井对比资料中的钻井资料对压力进行指示；③钻后阶段，可由地表及地下地球物理资料（VSP、联井、四维、三分量）中的 P 波和 S 波波速、密度、孔隙度、井下重力及岩石物理资料中的声波、电阻率、密度、中子指示压力；④测试及完井阶段中，可由孔隙压力变化监测资料中的重复地层测试、中途测试、井底压力及四维地震资料指示压力（Chilingar et al., 2002）。

在塘沽地区，记录岩石物理性质的测井资料相对较为完备，本书主要以声波时差资料为基础的等效深度法进行地层压力的预测，为消除测井曲线系统误差，提高测井解释成果精度，首先对测井数据进行合适的标准化处理。测井压力计算主要步骤如下。

1）建立正常压实曲线关系

声波的传播速度主要是岩性和孔隙度的函数。对已单一岩性泥岩而言，它基本反映了孔隙度的变化，可以用以下公式表示：

$$\Delta t = \Delta t_0\, e^{-CH}$$

式中，Δt_0 为地面（$Z=0$）岩性声波时差；Δt 为深度为 H 的声波时差；C 为常数；H 为地层深度。

对上式两边取对数，得

$$\ln\Delta t = \ln\Delta t_0 - CH$$

推导得

$$H = -\frac{1}{C}(\ln\Delta t - \ln\Delta t_0)$$

绘制 H 和 Δt 的关系可以求得 C 值。

2）地层压力计算公式

流体静压力是由垂直液柱高度引起的压力：

$$P_{静压} = \rho_w g H$$

式中，ρ_w 为水的密度；g 为重力加速率；H 为液体高度。

用等效深度法确定 A 点的地层压力（图 9-1）：

$$P_0 = \sigma + P_f$$

式中，P_0 为上覆岩层压力，MPa；σ 为骨架颗粒支撑力；P_f 为地层孔隙流体压力。

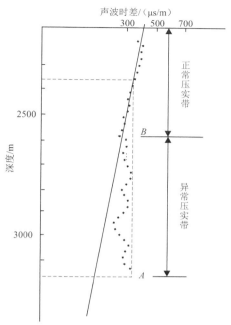

图 9-1　等效深度法示意图（据赵焕欣和高祝军，1995）

从图 9-1 看出，对于 A 点和 B 点声波时差 Δt 相同，表示孔隙率相同，表示此时的骨架颗粒支撑力相同，即 $\sigma_A = \sigma_B$。

由 $P_A = \sigma_A + P_{fA}$ 与 $P_B = \sigma_B + P_{fB}$ 得

$$P_A = P_B + P_{fA} - P_{fB}$$

式中，P_{fA} 为 A 点地层孔隙流体压力，P_{fB} 为 B 点地层孔隙流体压力。

P_A 表示 A 点的地层压力等于 B 点的静压力与 AB 之间的上覆岩层压力的差值：

$$P_A = G_O H_B + G(H_A - H_B)$$

式中，G_O 为静水压力梯度，MPa/m；G 为上覆岩层压力梯度，MPa/m；一般可默认 $G_O = 0.01\text{MPa/m}$，$G = 0.0231\text{MPa/m}$。则

$$P_A = 0.01H_B + 0.0231(H_A - H_B)$$

得

$$P_A = 0.0231H_A - 0.0131H_B$$

因 $\Delta t_A = \Delta t_B$，

$$H_B = \frac{1}{C}(\ln\Delta t_0 - \ln\Delta t_A)$$

将上式代入 P_A 计算式，得

$$P_A = 0.0231H_A - 0.0131\frac{1}{C}(\ln\Delta t_0 - \ln\Delta t_A)$$

得到计算地层压力的通式：

$$P = 0.0231H + 0.0131\frac{1}{C}(\ln\Delta t - \ln\Delta t_0)$$

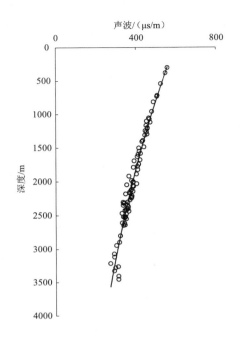

图9-2　TG32井泥岩正常压实趋势线

基于以上的等效深度法，本书对研究区各井中的地层压力进行计算。数据筛选处理过程中，主要选取层厚大于5m的泥岩所对应的声波时差均值，对于厚度过大的泥岩层则将之处理为若干个5m的泥岩层以分别获取声波时差均值。为了保证纵向上样点的连续性，在缺少纯泥岩的层段，研究亦选取白云质泥岩替代泥岩获取相应的数值。在将获取的数据投点于单井剖面中，并对比各井段中的泥岩压实趋势线后，研究中选取以TG32C井为代表的泥岩正常压实趋势线（图9-2）计算方法中的C值及Δt_0，二者分别为1.98×10^{-4}、565μs/m。在计算各井段中的地层压力后，将TG10-1井、TG11井、TG22井、TG29-2井和TG29-3井在试油过程中获取的静压值与计算值进行了对比，由表9-2可知，计算值与实测值之间的相对误差为2.17%～9.76%，绝对误差为–3.16～2.76，这表明等效深度法所获取地层压力值的精度较高，使用该方法计算研究区不同井段的地层压力的思路是可行的。

表9-2　塘沽地区沙三5亚段部分井段预测地层压力和实测地层压力对比统计表

井号	垂直深度/m	实测值/MPa	预测值/MPa	相对误差/%	绝对误差
TG10-1井	2975.262	36.17	36.95	2.17	–0.78
TG10-1井	2824.073	32.11	33.32	3.79	–1.21
TG11井	3270.719	40.16	42.43	5.67	–2.27
TG22井	3528.268	45.14	47.58	5.42	–2.44
TG29-2井	3026.204	37.5	34.73	7.37	2.76
TG29-2井	2762.075	32.43	35.59	9.76	–3.16
TG29-3井	3217.997	40.87	39.92	2.30	0.94
TG29-3井	3150.01	37.58	40.33	7.32	–2.75

3. 单井地层压力结构

对于正常压实条件下的泥岩而言，其孔隙度随地层埋藏深度增加而减小，中子孔隙度、声波时差也将减小，密度、电阻率、自然伽马计数率则增大；对于异常压实条件下的泥岩而言，其孔隙流体压力比正常压力高，出现异常高压，颗粒间有效应力减小，相对于正常压力，地层孔隙度将增大，密度、电阻率、自然伽马计数率减小，中子孔隙度、声波时差值将增大。这些响应特征则为测井识别异常压力发育段提供可能。

　　在完成各井段泥岩压实趋势线绘制及计算地层压力后，便可根据上述测井异常响应对不同单井中的异常压力段进行识别。在研究区各钻井中，根据地层压力特征可区分出正常压力型和异常压力型两种类型。

　　对于正常压力型，声波时差值随深度的增加而均匀减小，整体与泥岩正常压实趋势线的变化规律保持一致（图 9-3），流体压力曲线亦趋于静水压力梯度线，计算压力系数在这些井中整体保持在 1.2 左右，此外试油实测压力数值亦反映常压条件，超压并不发育，这一类型钻井主要以 TG1 井、TG2 井、TG2C 井、TG10-10C 井等为代表，主要分布于研究区靠近中央隆起带两侧的边缘位置。

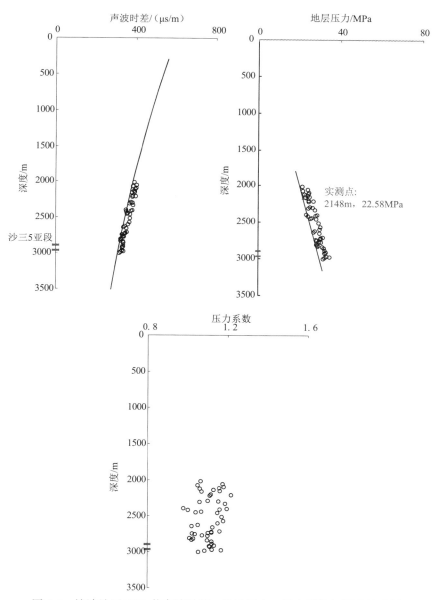

图 9-3　塘沽地区 TG1 井声波时差、地层压力、压力系数与深度关系图

对于异常高压型，声波时差值明显偏离泥岩正常压实趋势线呈现异常高特征，实际压实趋势线可划分为明显的上、下两段，上段为正常压实型，而下段则开始出现因欠压实导致的明显偏差，这一类型钻井则以 TG11 井、TG19-16C 井、TG19-2 井、TG18-16C 井等为代表。进一步根据偏离程度，研究区单井压力系统在纵向上还可划分上部超压体系和下部超压体系两个体系（图 9-4、图 9-5）。对于上部超压体系，它主要发育于区域浅层部位，其底界深度在不同井上是不一样的，TG29-2 井约为 2970m，TG29-5C 井为 2570m。虽然不同井静水压力带的底界深度不同，但可以认为塘沽地区上部超压体系底界深度大致为 2500m，该深度大概对应于研究区的沙三 3 亚段。对于下部超压体系，它主要从沙三 5 亚段顶界附近开始出现，其底界深度由于井深的限制不能确定，压力值为 40 ～ 80MPa，有些井最大压力可以达到 70MPa，如 TG29-2 井，深度达到 3374 m 时，压力值超过 83MPa，压力系数为 1.5（图 9-6 ～ 图 9-9）。

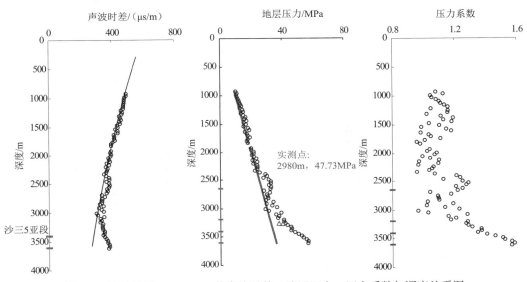

图 9-4　塘沽地区 TG19-16C 井声波时差、地层压力、压力系数与深度关系图

9.1.2　异常高压体空间分布

1. 剖面压力系统结构特征

将声波时差资料计算的地层压力系数投点于连井剖面并根据压力系数变化范围区绘制出相应的等值线剖面（图 9-10 ～ 图 9-12），剖面中显示了研究区地层压力分布的信息，可以见到塘沽地区存在三环带结构的压力系统：内环为超高压系统，中环为高压系统，外环为常压系统。

1）外环常压

压力系数小于 1.1 由剖面可知，正常压力系统发育在沙三 3 亚段顶面以上地层，包括沙三 2 亚段到第四系的地层。

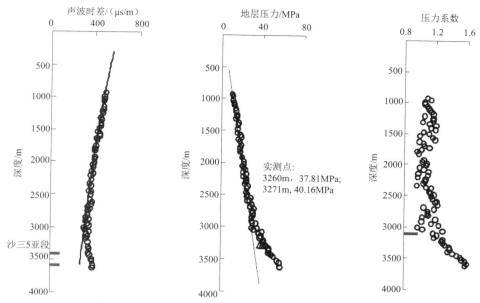

图 9-5　塘沽地区 TG11 井声波时差、地层压力、压力系数与深度关系图

2）中环高压系统

压力系数为 1.2 ～ 1.4。主要发育在沙三 3 亚段和沙三 4 亚段，超压顶界面在不同构造带也不一致。

3）内环高压系统

压力系数大于 1.5，主要发育在沙三 5 亚段层位，下部压力体系比上部超压体系大。沙三段各亚段压力系数的变化很有规律性，沙三 5 亚段压力系数最大，塘沽地区平均压力系数最高达 1.5 以上，其中 TG29-5C 井甚至达到 1.53。

2. 平面压力系统结构特征

1）超压顶界面分布特征

塘沽地区压力系数为 1.2 的超压顶界面制图可以看出（图 9-13），在隆起的两侧分布两个超压井区，分别为 TG29-5C 井区和 TG19-16C 井区。TG19-5C 井区超压顶界面的埋深为 2400 ～ 3260m，其中在 TG21 井位置处于埋深较大的区域，在塘北断块带附近相对埋深较浅。TG19-16C 井区超压顶界面的埋深为 2160 ～ 3450m，其中在 TG22 井位置处于埋深较大的区域，在海河断层附近顶界面的埋藏深度较浅。

2）异常压力体分布及演化特征

在沙三 5 亚段压力系统分为两个压力中心，最大值分别位于 TG29-2 井、TG19-16C 处，压力值分别为 52.8MPa、45.7MPa，压力系数分别为 1.59、1.56，且分别由 TG29-5C 和 TG19-16C 井区向四周压力系数值有规律的递减，部分断层对超压起封闭作用。在西、北和东、南方向附近处于正常压力状态下，压力系数大约为 1.15。从沙三 5 的平面分布特征和剖面分布特征可以看出，超压发育范围和程度相同，说明在塘沽地区发育两个大型的超压囊，位置处于 TG29-5C 井区和 TG19-16C 井区（图 9-14、图 9-15）。

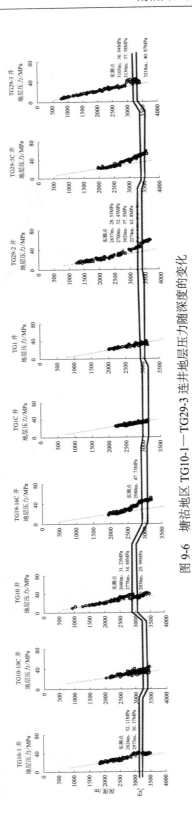

图 9-6　塘沽地区 TG10-1—TG29-3 连井地层压力随深度的变化

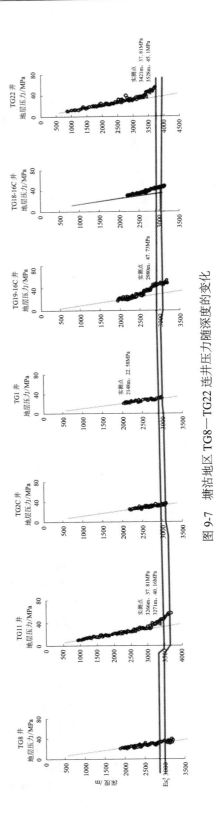

图 9-7　塘沽地区 TG8—TG22 连井压力随深度的变化

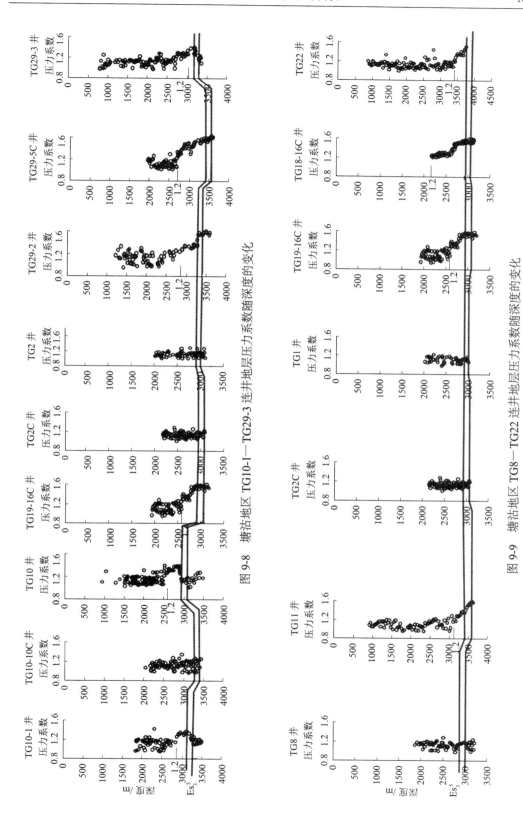

图 9-8　塘沽地区 TG10-1—TG29-3 连井地层压力系数随深度的变化

图 9-9　塘沽地区 TG8—TG22 连井地层压力系数随深度的变化

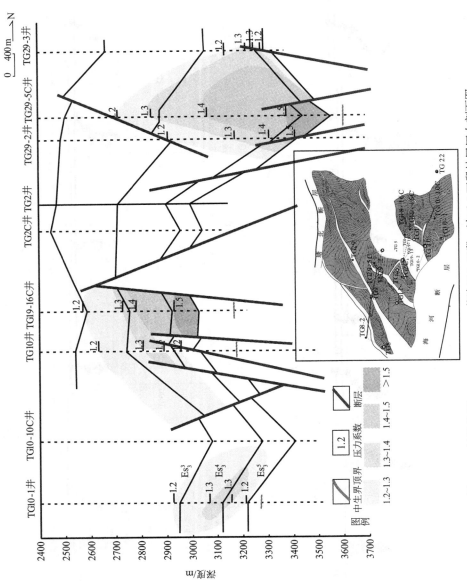

图 9-10　塘沽地区 TG10-1—TG29-3 井沙三 3 亚段一沙三 5 亚段地层压力剖面图

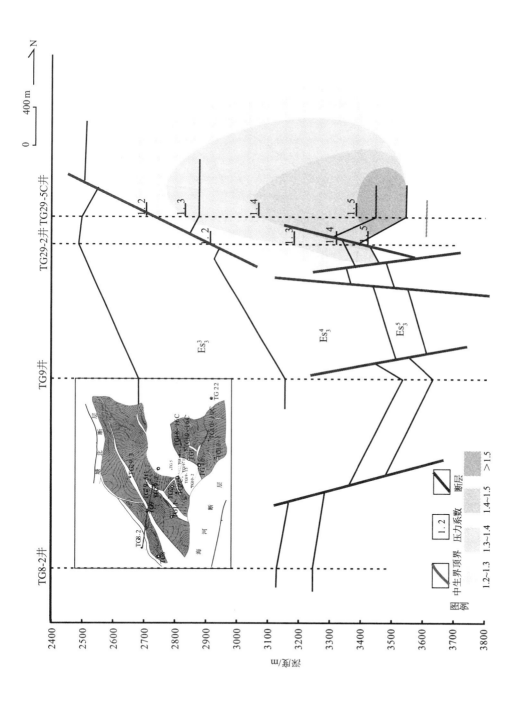

图 9-11　塘沽地区 TG8-2 井—TG29-5C 井沙三 3 亚段—沙三 5 亚段地层压力剖面图

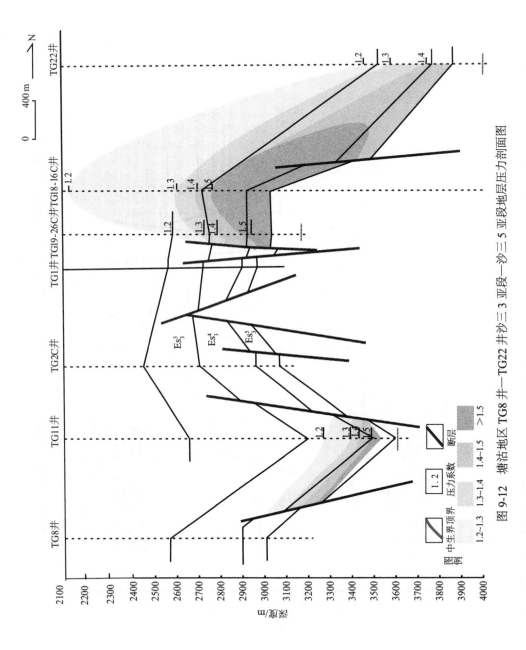

图 9-12　塘沽地区 TG8 井—TG22 井沙三 3 亚段—沙三 5 亚段地层压力剖面图

在沙三 4 亚段，压力为 30.5 ～ 48.1MPa，压力系数为 1.13 ～ 1.45。压力高值区域，主要分布在 TG29-5C 井区和 TG22 井区附近，压力值分别为 45.2MPa、48.1MPa，压力系数分别为 1.45、1.35（图 9-16、图 9-17）。

在沙三 3 亚段，压力为 28 ～ 35MPa，压力系数为 1.1 ～ 1.3，大部分井处于常压状态下。对比沙三 3 亚段、沙三 4 亚段、沙三 5 亚段超压发育情况，沙三 5 亚段超压最发育，其次为沙三 4 亚段、沙三 3 亚段最弱（图 9-18、图 9-19）。

9.2　地层异常压力与油气

塘沽地区致密白云岩油藏非均质性受控于多种因素，异常地层压力与油气成藏、裂缝形成、储层孔隙度保存、油藏封闭性、油气产能密切相关。

9.2.1　异常高压与岩石破裂关系

异常高压储层的储集性能的影响在孔隙及裂缝两大类储集空间中均可得到反映，具体影响可归纳为：①减缓或抑制成岩作用从而保留原生孔隙，以及加强深部酸性水对易溶性矿物（长石或碳酸盐矿物）的溶蚀从而形成次生溶孔；②促使早期闭合裂缝开启、扩张及延伸，以及促使岩石破裂形成新的裂缝（查明等，2002；卞德智等，2011；侯凤香等，2012）。由于异常高压对孔隙的影响探讨大多以碎屑岩为研究对象展开，沙三 5 亚段岩石为一种特殊的白云岩且取心井 TG2C 井为一口常压井，在缺少参照案例及对比对象条件下，本书主要从裂缝方面探讨异常高压对储层的影响。

根据统计结果（表 9-3），各井中地层破裂压力均大于现今地层压力。由于抬升剥蚀在影响，沙三 5 亚段古埋深远大于现今埋深。由于排烃导致异常高压产生的情况下，地层压力梯度最大为 0.0194MPa/m（压力系数 1.59），最小破裂压力梯度为 0.0188MPa/m，在邓荣敬等（2005）对塘沽 - 新村地区沙三段地层异常压力的研究中，并未见到地层压力系数超过 1.5 的钻井，该种压力条件下并不足以使岩层中出现大量的裂缝。

表9-3　塘沽地区沙三5亚段各井地层压力与地层破裂压力统计表

井号	埋深 /m	地层压力 /MPa	破裂压力梯度 /（MPa/m）	地层破裂压力 /MPa
TG2C 井	3000.05	33.8	0.0194	58.8
TG19 -16C 井（第一次压裂）	2989.98	48.33	0.0188	55.3
TG19 -16C 井（第二次压裂）	2989.98	48.33	0.019	57.28
TG10 -10C 井	3328.47	37.28	0.0189	83.5
TG29 -5C 井	3485.975	53.34	0.0192	87.8
TG18 -16C 井	2941.275	45.298		

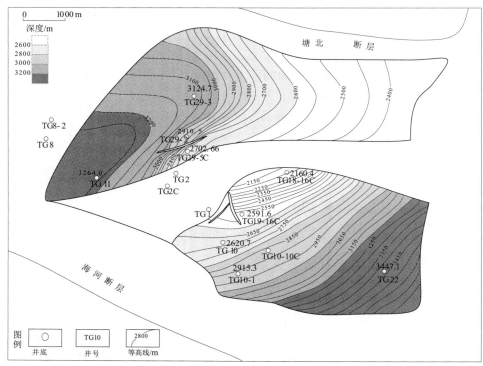

图 9-13　塘沽地区压力系数 1.2 的顶界面深度等值线图

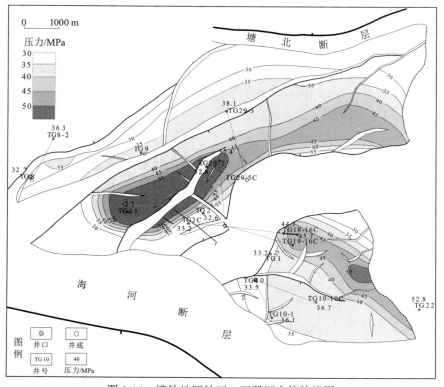

图 9-14　塘沽地区沙三 5 亚段压力等值线图

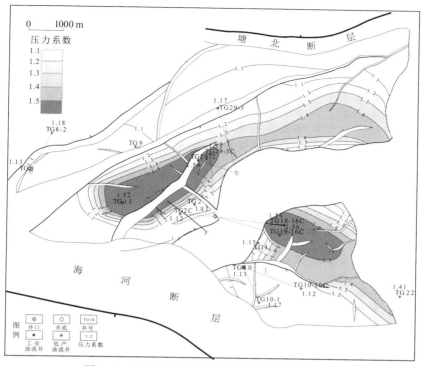

图 9-15　塘沽地区沙三 5 亚段压力系数等值线图

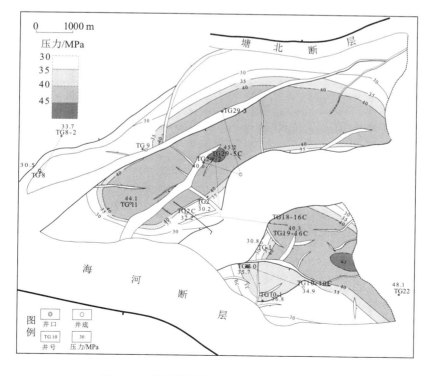

图 9-16　塘沽地区沙三 4 亚段压力等值线图

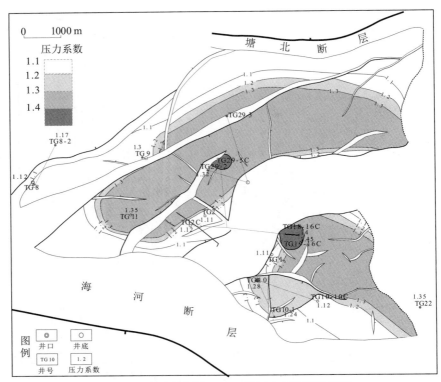

图 9-17　塘沽地区沙三 4 亚段压力系数等值线图

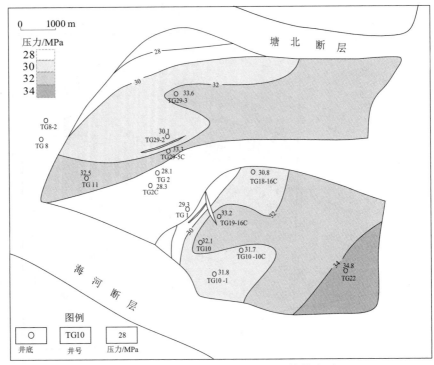

图 9-18　塘沽地区沙三 3 亚段压力等值线图

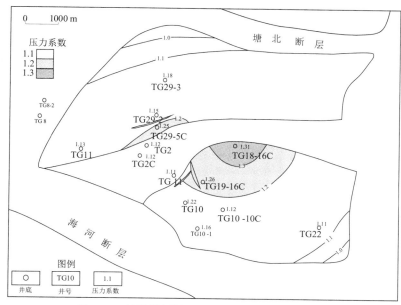

图 9-19　塘沽地区沙三 3 亚段压力系数等值线图

除此之外，研究中亦统计了裂缝发育程度与压力系数的关系（表 9-4），裂缝高发育的 5 口井中，有 2 口井为超压井（TG29-2 井、TG19-16C 井），另外 3 口井则为常压井（TG29-3 井、TG32 井、TG2C 井）。TG32 井数据可能受砂岩影响较大，因此可能产生误差，但 TG29-3 井、TG2C 井裂缝同样比 TG18-16C 井、TG29-5C 井发育，说明超压对裂缝的形成影响较小。此外，远离断层、位于常压断块的 TG10-10C 井中部裂缝也比较发育。

综合以上分析，认为异常高压在形成新裂缝方面的作用可能较为有限，其主要作用在打开一些早期闭合缝，促使其扩展及延伸。

表9-4　塘沽地区沙三5亚段裂缝发育程度与超压关系表

序号	井号	高发育段厚度 /m	沙三 5 亚段总厚度 /m	高发育厚度比例 /%	裂缝发育程度均值	压力系数
1	TG29-2 井	15.875	47.875	33.18	0.3954	1.59
2	TG29-3 井	12.5	51.125	24.45	0.3828	1.17
3	TG19-16C 井	27	112.88	23.92	0.3101	1.58
4	TG32 井	4.375	98.75	4.52	0.2411	1.07
5	TG2C 井	18.13	103.25	15.82	0.2183	1.12
6	TG18-16C 井	21	302	8.95	0.181	1.54
7	TG11 井	8	118.88	15.87	0.1499	1.52
8	TG29-5C 井	8.38	114	7.34	0.1448	1.53
9	TG10-10C 井	18	148.375	10.78	0.142	1.12
10	TG10-1 井	7.5	101.375	7.40	0.1397	1.17
11	TG10 井	8.825	91.25	7.28	0.1238	1.13
12	TG8-2 井	0.825	122.83	0.51	0.0781	1.18

序号	井号	高发育段 厚度 /m	沙三5亚段 总厚度 /m	高发育 厚度比例 /%	裂缝发育 程度均值	压力系数
13	TG8 井	0.25	115.75	0.22	0.0181	1.13

9.2.2　异常高压与油气

研究区 TG19-16C 和 TG29-5C 井在沙三 5 亚段显示具有高产油流，试井日产油分别为 20.5t 和 5.78t，对应沙三 5 亚段为最高压力的分布层段，压力系数普遍大于 1.5，压力主要集中在 TG19-16C 井和 TG29-5C 井。TG10-10C 井为油水井，日产油为 1.41t，处于正常压力状态下，缺少强压力为油气的产出提供能量（表 9-5）。高压高产的现象暗示着异常压力与油气聚集具有密切的关联。

表9-5　塘沽地区沙三5亚段评价井参数统计表

序号	井号	压力系数	试油产量	平均日产油 /m³	平均日 产水 /m³	累产油 /m³	累产水 /m³	油水层判别
1	TG19-16C 井	1.58	洗井出油 2.9t	20.5	1.371	1828	122	油层
2	TG29-5C 井	1.53	洗井见油花	5.78	4.819	795.3	885	油水同层
3	TG18-16C 井	1.53		10.7	2.757	1495	388	油层-油水同层
4	TG2C 井	1.12	洗井见少量气	0.81	8.427	48.11	482	（含油）水层
5	TG10-10C 井	1.12	洗井见油花	1.41	2.843	221.1	415	油水同层

油气聚集与成藏研究表明，研究区白云岩油藏的成藏模式经历了三个主要过程（图 9-20）。

沉积过程：沙三 5 亚段沉积时期，在近海陆相湖盆的碱性、半咸-咸水介质环境条件下，白云岩沉积在湖盆深部的中生界古隆起上，为半深水沉积环境，因受沧县物源的影响，储层岩石含较多及呈层状沉积方沸石、石英、长石及泥质等陆源碎屑，形成矿物成分复杂的白云岩层系。

构造活动：沙二段至东营组沉积时期，海河断层、塘北断层的长期活动，使研究区抬升并形成复杂断块。脆性岩层如白云岩、泥质白云岩发生破裂，裂缝发育。断层活动还使断层面发生厚层泥岩的涂抹效应或"砂泥对接"，使部分断层产生封闭性。

主要成岩演化：沙二段至明化镇组沉积时期，以埋藏溶蚀、方沸石充填为主。沙二段至东营沉积末期，黄骅拗陷中北部构造与火山活动发育，深部热液沿主要断层上涌，以致断层周围的裂缝、孔隙发生方沸石胶结，形成或增强断层的封闭性，形成良好的断块-岩性圈闭；东营组与明化镇组沉积时期，伴随生烃过程产生的有机酸流体沿裂缝运移，使储层产生强烈的埋藏溶蚀，极大改善了储层物性。

成藏过程：东营组末期及明化镇组沉积中期，是该区域重要的两个生排烃高峰期。沙三 5 亚段先后两次进入埋深 2500m 的生油门限开始生烃（邓荣敬等，2001），烃类流体在断块 - 岩性圈闭内不断聚集形成超压，在断层未封闭的断块，烃类流体沿油源断裂运移到上下部地层未形成超压。白云岩类储层致密、具良好生油能力及亲油性，因此，储层普遍含油、油水过渡带厚度大，具油水分异特征，但超压断块油气聚集更好。

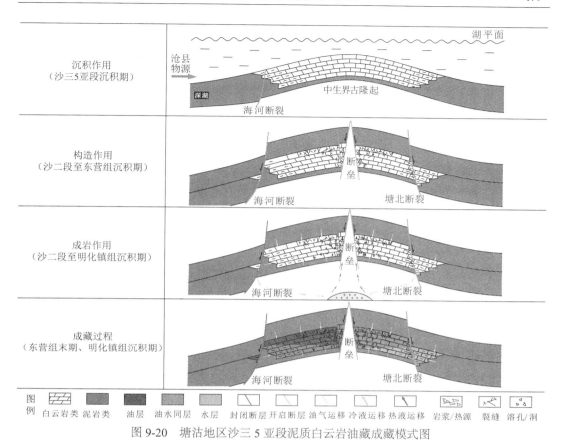

图 9-20　塘沽地区沙三 5 亚段泥质白云岩油藏成藏模式图

9.3　异常高压成因及断层封闭性探讨

9.3.1　断层垂向封闭性

根据断层级别，对全区各断层进行编号，主要的海河断层、塘北断层作为一级断层，分别命名为 F1、F2；对于与海河断层走向 NW-SE 向平行的其他主要断层（二级断层），命名为 F1-1 ～ F1-5；对于与塘北断层走向 NE-SW 向平行的其他主要断层（二级断层），命名为 F2-1 ～ F2-3；其余的断层属于小断层，分别编号 F3-1 ～ F3-7（图 9-21）。

在对全区断层编号的基础上，根据各断块上各井的压力状态，评价各断块周围断层的封闭性，由断层编号图上可以看出，TG19-16C 断块、TG29-2 断块、TG11 断块周围的主要二级断层 F1-1、F1-2、F1-3、F2-1、F2-2、F2-3 均为封闭断层；海河断层 F1、塘北断层 F2 为开启断层，使 TG10-10C 断块、TG2 断块、TG29-3 断块、TG9 断块呈正常压力状态。

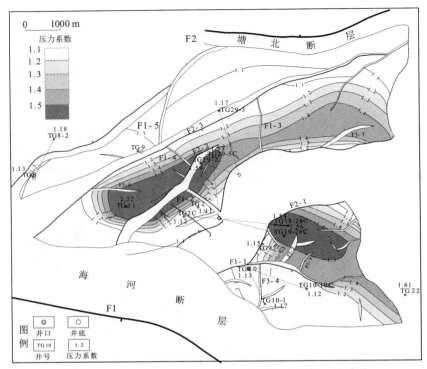

图 9-21　塘沽地区沙三 5 亚段压力系数分布与断层关系图

从泥质含量变化上也可以反映断层封闭性，从表 9-6 可以看出 TG19-16C 井、TG29-2 井、TG11 井泥岩的含量最小值都大于 40%，油气垂向封闭性较好，二级断层 F1-1、F1-2、F1-3、F2-1、F2-2、F2-3 均起封闭作用。TG10-10C 井、TG2 井、TG29-3 井泥岩含量最小值分别为 32.1%、28.8% 和 30.6%，均小于 40%，所以油气垂相运移概率较大，断层封堵性较差，致使海河断层 F1、塘北断层 F2 为开启断层。与压力系数法判别结果相符。

表9-6　塘沽地区沙三5亚段泥岩含量统计表

井号	最小值 /%	最大值 /%	平均值 /%	压力系数
TG19-16C 井	41.2	83.3	68.7	1.56
TG29-2 井	43.9	88.2	70.3	1.59
TG11 井	47.3	67.5	67.5	1.52
TG10-10C 井	32.1	82.6	62.5	1.12
TG2 井	28.8	90.1	60.7	1.12
TG29-3 井	30.6	92.5	61.8	1.17

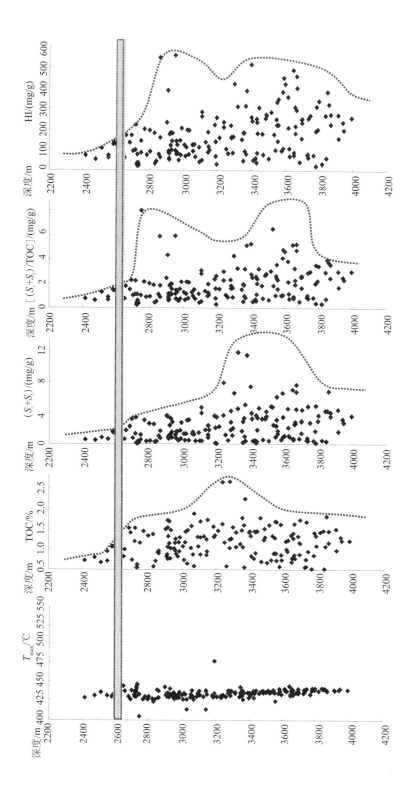

图 9-22 塘沽地区沙三段热演化剖面（据油田资料）

9.3.2　异常高压成因探讨

邓荣敬等（2005）提出塘沽-新村地区沙三段的异常高压主要是由不均衡压实及源岩生烃作用所造成。结合研究区实际，沙三3亚段的地层沉积厚度大（如 TG29-2 井，厚度约为 290m），发育厚层的泥岩段，具有快速沉积的特点，容易形成地层欠压实现象。有机地球化学中的多项指标（T_{max}、TOC、生烃量 S_1+S_2、氢指数 HI 等）指示研究区生油门限深度为 2600m 左右（图 9-22），沙三5亚段已进入生油窗内，超压顶界面的深度大约在 2500m。目的层上覆泥岩中干酪根为富氢的 I 型和 II$_1$ 型[①]，结合 T_{max} 参数在 2600m 深度以下具有明显降低的趋势，表明烃源岩生烃已造成了异常高压环境，并已开始对有机质热演化形成了一定的抑制（郝芳等，2004，2006）。因此，塘沽地区塘 10 井区不均衡压实及源岩生烃作用为塘沽地区沙三5亚段异常高压产生的原因。

---

① 姚光庆，王家豪，谢丛娇 . 2013. 塘沽地区沙三5亚段特殊岩性体沉积特征及油藏综合评价研究报告 . 武汉：中国地质大学（武汉）。

第 10 章　白云岩储层物性与流动单元

致密储层与低渗储层一样是一个相对概念，随时间的变化而变化，并没有绝对统一标准，且根据油层或气层不同实际生产中也有变化。致密储层物性标准一般采用渗透率大小界定，Nehring（2007）将致密砂岩气定义为渗透率不大于 1mD，这是国外目前比较普遍的看法；李道品（2003）也将绝对渗透率平均值小于 1.0mD 定义为超低渗油藏储层或者致密储层。塘沽地区白云岩类储层平均渗透率小于 1.0mD，因此，可以认为是典型致密油储层。

致密储层物性研究不同于常规储层研究，本章以白云岩岩心分析为基础，主要利用脉冲渗透率仪、恒速压汞、核磁共振、CT 扫描和低渗 / 致密岩心物理模拟实验等手段，研究 TG2C 井储层的物性特征、微观孔隙结构特征和储层敏感性特征，样品测试分析主要由中国石油勘探开发研究院廊坊分院杨正明研究员团队完成。

10.1　基本物性特征

采自岩心段的 32 件白云岩类样品进行孔隙度、渗透率物性分析，另外 14 个泥岩类样品进行了孔隙度、渗透率物性分析对比。岩心孔隙度的测定主要在美国 CoreLab 公司生产的 Ultra-Pore™-300 型孔隙度测试仪上完成，针对岩样致密的特点，实验气体选用了氦气。岩心渗透率的测定主要在 PDP-200 脉冲衰减渗透率仪上完成，测试介质为氦气。

实验中比较了气测渗透率与脉冲渗透率误差关系，气测渗透率普遍大于脉冲渗透率，渗透率分布区间较大，气测渗透率和脉冲渗透率之间满足二项式关系（图 10-1）。水测孔隙度和脉冲孔隙度基本吻合，满足线性关系，孔隙度值分布比较集中。

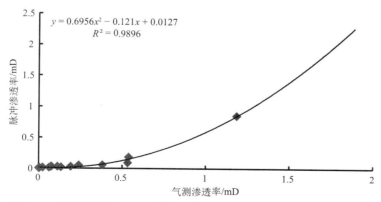

$$y = 0.6956x^2 - 0.121x + 0.0127$$
$$R^2 = 0.9896$$

图 10-1　塘沽地区沙三 5 亚段白云岩气测渗透率与脉冲渗透率关系 [1]

---

[1]　杨正明，刘学伟，骆雨田，等 . 2013. TG2C 井特殊岩性岩石物性、孔隙结构和渗流物性分析研究报告 . 廊坊：中国石油科学技术研究院廊坊分院。

气测孔隙度及脉冲渗透率测试数据显示（表 10-1）：白云岩类中，白云岩孔隙度为 9.2% ～ 16.8%，平均为 12.3%；渗透率为 0.0008 ～ 0.0494mD，平均为 0.008mD；泥质白云岩孔隙度为 7.5% ～ 13.3%，平均为 10.5%；渗透率为 0.0003 ～ 0.7874mD，平均 0.19645mD。根据国家标准 SY/T 6285—2011《油气储层评价方法》中规定，沙三 5 亚段白云岩类储层属于中低孔-特低渗储层。泥岩类中，白云质泥岩孔隙度为 5.46% ～ 10.968%，平均为 9.48%；渗透率为 0.0034 ～ 0.0274mD，平均为 0.01948mD；泥岩孔隙度为 6.13% ～ 9.58%，平均为 7.74%；渗透率为 0.0088 ～ 0.851mD，平均为 0.186mD。

表10-1　塘沽地区研究区沙三5亚段白云岩类及泥岩类孔隙度、渗透率统计表

序号	深度 /m	岩性	孔隙度 /%	渗透率 /mD	备注
1	3118.8	水平纹理泥岩	7.62	0.8510	微裂缝发育
2	3121.97	水平纹理白云质泥岩	9.59		
3	3129.42	水平纹理白云质泥岩	10.97	0.0274	
4	3131.87	水平纹理泥岩	9.58	0.0531	
5	3131.87	水平纹理泥岩	8.59	0.0658	微裂缝发育
6	3132.15	水平纹理泥岩	9.01	0.0088	
7	3132.72	水平纹理泥岩	7.10	0.1820	
8	3133.1	水平纹理泥岩	6.14	0.0528	
9	3133.1	水平纹理泥岩	6.13	0.0888	
10	3136.19	水平纹理白云质泥岩	5.46	0.0256	局部发育变形层理
11	3136.19	水平纹理白云质泥岩	9.53	0.0265	
12	3137.23	水平纹理白云质泥岩	9.29	0.0079	
13	3138.92	水平纹理白云质泥岩	10.29		
14	3138.92	水平纹理白云质泥岩	10.29	0.0261	
15	3138.92	水平纹理泥质白云岩	10.29		
16	3138.92	水平纹理泥质白云岩	10.29	0.0261	
17	3140.18	水平纹理泥质白云岩	10.45	0.0034	局部发育变形层理
18	3140.18	水平纹理泥质白云岩	10.45	0.0034	
19	3142.2	水平纹理白云岩	9.22	0.0015	
20	3146.78	块状层理白云岩	11.84	0.0008	
21	3149.59	水平纹理白云岩	14.94	0.0025	豆状有机质颗粒层发育
22	3150.52	水平纹理白云岩	13.21	0.0022	
23	3150.52	水平纹理白云岩	16.83	0.0038	豆状有机质颗粒层发育
24	3151.12	水平纹理白云岩	12.08	0.0165	针状溶孔、闭合微裂缝发育
25	3151.12	水平纹理白云岩	14.75		

续表

序号	深度 /m	岩性	孔隙度 /%	渗透率 /mD	备注
26	3152.31	变形层理白云岩	15.62	0.0111	豆状有机质颗粒层，闭合微裂缝发育
27	3152.46	水平纹理白云岩	13.55	0.0494	豆状有机质颗粒层，闭合微裂缝发育
28	3153.61	水平纹理白云岩	10.37	0.0046	
29	3153.61	水平纹理白云岩	9.59	0.0024	
30	3154.66	块状层理泥质白云岩	10.49	0.1606	
31	3154.66	块状层理泥质白云岩	11.05	0.0006	
32	3154.66	块状层理泥质白云岩	9.00	0.0006	
33	3154.66	块状层理泥质白云岩	12.26	0.0003	
34	3156.33	水平纹理泥质白云岩	8.75	0.0239	闭合微裂缝发育
35	3156.6	水平纹理泥质白云岩	7.48		
36	3156.6	水平纹理泥质白云岩	9.06	0.0844	闭合微裂缝发育
37	3158.00	水平纹理白云岩	11.32	0.0009	
38	3159.38	水平纹理泥质白云岩	11.34	0.3588	
39	3159.70	水平纹理泥质白云岩	10.85	0.0081	
40	3159.70	水平纹理泥质白云岩	11.34	0.5303	闭合微裂缝发育
41	3160.72	水平纹理泥质白云岩	10.85	0.7604	闭合微裂缝发育
42	3160.72	水平纹理泥质白云岩	10.38	0.0054	闭合微裂缝发育
43	3160.72	水平纹理泥质白云岩	10.71	0.7874	闭合微裂缝发育
44	3160.72	水平纹理泥质白云岩	13.32		闭合微裂缝发育
45	3161.58	水平纹理白云岩	9.45		
46	3161.58	水平纹理白云岩	9.71	0.0014	

　　大港塘沽地区白云岩类致密储层与国内主要致密储层比较，孔隙度与渗透率差别不大（表 10-2），区别之处是埋藏较深、微裂缝相对发育。

表10-2　各地致密油储层孔渗对比[①]

参数	松辽盆地	鄂尔多斯	四川盆地	大港 TG2C 井
埋深 /m	1400 ～ 2100	1960 ～ 2375	1200 ～ 1700	3118 ～ 3161
岩性	细 - 粉砂岩	中 - 细 - 粉砂岩	灰岩，中 - 细粉砂岩	泥质白云岩
孔隙度 /%	6 ～ 12	9 ～ 13（平均 8.5）	<8	约 10.5
渗透率 /mD	0.001 ～ 1	0.1 ～ 0.55（平均 0.42）	0.001 ～ 1	脉冲 0.0003 ～ 0.85 气测 0.002 ～ 1.185

① 杨正明，刘学伟，骆雨田，等 . 2013. TG2C 井特殊岩性岩石物性、孔隙结构和渗流物性分析研究报告 . 廊坊：中国石油科学技术研究院廊坊分院 .

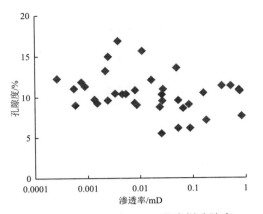

图 10-2　塘沽地区沙三 5 亚段岩样孔隙度
与渗透率交会图

统计关系显示，白云岩孔隙度和渗透率之间无明显的相关关系（图 10-2），孔隙度随深度增加甚至呈增大趋势，这可能与溶蚀孔隙增加有关（图 10-3），而渗透率随深度增加却无变化（图 10-4）。

岩性与物性统计关系不是很敏感。总体上，白云岩类岩石孔隙性好于白云质泥岩类，但渗透性方面却相反（图 10-5），可能是由于微裂缝发育所导致。白云岩及泥质白云岩中的孔隙度与渗透率之间并不具备较明显的相关关系。

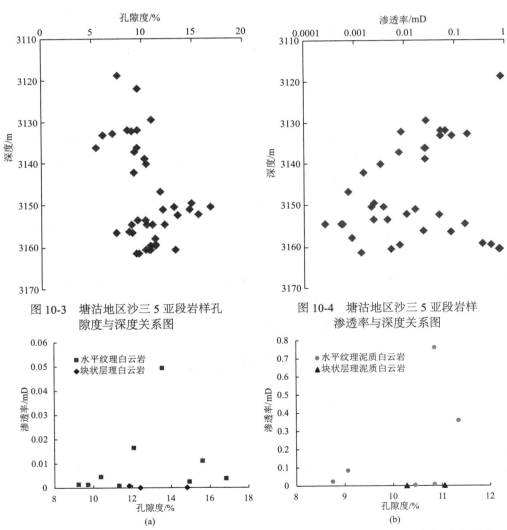

图 10-3　塘沽地区沙三 5 亚段岩样孔隙度与深度关系图

图 10-4　塘沽地区沙三 5 亚段岩样渗透率与深度关系图

图 10-5　塘沽地区沙三 5 亚段白云岩（a）及泥质白云岩（b）孔隙度 - 渗透率相关关系图

10.2　储集空间类型及孔喉结构特征

10.2.1　主要储集空间类型

白云岩储集空间类型的识别与划分主要依据 Choquette 和 Pray 于 1970 年提出的碳酸盐岩孔隙分类标准（Clyde and William, 2013）及参照本书湖相白云岩中储集类型划分方案（表 1-1）。由于研究层段岩石中缺乏碳酸盐岩颗粒组分，岩石中的孔隙类型并不太丰富，按照孔隙形成时的组构选择性，在目的层内共识别出四大类储集空间类型，分别为晶间孔、晶内孔、溶孔、溶缝及裂缝（表 10-3），按产状各类储集空间可进一步细分。本书按照观察方式的不同，从宏观岩心及微观镜下两方面对目的层的各类孔隙特征进行归纳：

表10-3　塘沽地区塘沽地区沙三5亚段储集空间类型

	组构选择型	晶间孔
		晶内孔
储集空间类型	非组构选择型	溶孔
		溶缝
		裂缝

1. 宏观储集空间特征

在岩心尺度下，可以明显观察到的孔隙类型包括溶孔、溶缝及裂缝三大类。其中，溶孔类型中按孔隙直径大小又可细分出针眼状（<1mm）[附录图 8（a）]及豆状溶孔（2～8mm）两类 [附录图 8（b）]，这两类溶孔往往多顺层呈带状产出于岩石中，豆状溶孔壁周缘往往可见油迹残留及方沸石矿物充填，针眼状溶孔则因过于细小难以对内部充填情况进行分辨。溶缝在岩心上往往以开度相对较大的裂缝形式产出，缝宽一般为 1～4mm，多见于泥质白云岩之中，含油性极好，显示出良好的储集性能。由于该类裂缝两侧边缘并不平整规则，结合其缝宽明显大于类型构造缝，研究认为该类裂缝实际上是由初期构造运动中形成的张裂缝经后期溶蚀改造后所形成。分类中的裂缝在岩心上则多以一些半充填或闭合缝形式产出 [附录图 8（c）]，该类孔隙在白云岩及泥质白云岩中广泛分布。

2. 微观储集特征

通过显微镜观察，微裂缝缝宽为 10～500μm，这些微裂缝中往往可见方沸石充填 [附录图 10（a）、（b）]。缝宽小于 80μm 的微裂缝多被方沸石完全充填，缝宽大于 80μm 的微裂缝同样见到方沸石充填的现象，充填的方沸石中可以见到一些形状不规则的溶蚀孔，孔径为 30～300μm，孔壁周缘可以见到残余沥青。类似的溶孔也可在岩心针状孔发育处所磨制的薄片中见到 [附录图 10（c）]。薄片制作中亦加入了前述包含黑色有机质颗粒的样品，在镜下观察中，可以见到这些颗粒极为疏松 [附录图 10（d）]，内部发育着大量的形状不规则孔隙，这些孔隙中虽可见方沸石充填但依然表现出了极好的孔隙性。颗粒周缘与矿物接触处可见到沥青浸染现象，这可能是由薄片中可见沥青呈片状浸染于周边基质［附录图 10（b）］或以星点状分散于基质之中，表明基质存在晶间孔或晶内孔。在扫描电镜观察尺度下，晶间孔及晶内孔特征可以得到揭示。铁白云石、方沸石两类矿物之间的晶间孔多以不规则形状产出［附录图 10（e）、（f）］，孔隙直径为 1 ～ 4μm，该类孔隙发育处局部可见到伊利石矿物的搭桥充填［附录图 10（g）］。铁白云石和方沸石矿物之内同样可见到孔隙的发育［附录图 10（h）、（i）］，这些矿物晶内孔孔隙直径多小于 1μm。除此之外，可偶见矿物晶粒间赋存的晶内缝［附录图 10（j）］，这些晶内微裂缝往往成组出现，研究认为其可能为构造因素影响下形成。基质中的更为细微尺度的微裂缝在扫描电镜下也可观察到，这类微裂缝缝宽多小于 1μm［附录图 10（k）］。

10.2.2　孔喉结构特征

四块岩样进行了高压压汞分析，该项测试于美国麦克高性能全自动压汞仪 AutoPore IV 9500 上完成。对 10 块岩样进行了低温氮气吸附分析，该项测试于美国 Quantachrome 公司的 Autosorb®-6B 自动等温吸附仪完成，采用温度在液氮温度（77.4K）下以氮气（纯度为 99.99%）为吸附介质，在相对压力为 0.01 ～ 1MPa 时测定等温吸附线，测试孔径为 1 ～ 100nm。五块岩样选作进行了 Micro-CT 分析，该测试于台式锥形束 Micro-CT 扫描仪 Skyscan 1172 上完成。

高压压汞测试分析方面，压汞曲线中白云岩样品及泥质白云岩样品中的退汞曲线与进汞曲线不重合（图 10-6），表明液汞难以注入岩样，岩石中孔隙大多为不连通孔隙，储层有效孔隙少。白云岩岩样测试出的排驱压力为 1.57 ～ 9.98MPa，平均为 4.68MPa；中位孔径为 0.039 ～ 0.059μm，平均为 0.047μm；曲折度则为 4.578 ～ 241.202，平均为 83.681；最大孔径为 0.074 ～ 0.469μm，平均为 0.279μm（表 10-4）。

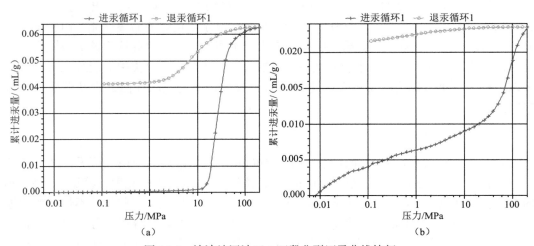

图 10-6　塘沽地区沙三 5 亚段典型压汞曲线特征

（a）水平纹理白云岩压汞曲线，3151.33m；（b）水平纹理泥质白云岩压汞曲线，3143.7m

表10-4　塘沽地区沙三5亚段白云岩及泥质白云岩高压压汞孔喉参数统计表

序号	深度/m	岩性	排驱压力/MPa	中位孔径/μm	比表面/(m²/g)	曲折度	最大孔径/μm
1	3127.8	块状层理泥质白云岩（含溶孔）	0.02	0.032	230	7.305	37.33
2	3149.78	块状层理白云岩	1.57	0.059	230	4.578	0.469
3	3151.28	水平纹理白云岩	2.50	0.039	230	5.265	0.294
4	3151.33	水平纹理白云岩	9.98	0.043	230	241.202	0.074

低温氮气吸附测试方面，白云岩岩样测试所得孔容为 $14.36 \sim 31.55 mm^3/g$，平均为 $20.45 mm^3/g$；微 - 介孔率为 $27.33\% \sim 55\%$，平均为 38.32%；表面积体积比为 $0.69 \times 10^7 \sim 1.04 \times 10^7/m$，平均为 $0.83 \times 10^7/m$。泥质白云岩孔容为 $15.82 \sim 28.65 mm^3/g$，平均为 $23.46 mm^3/g$；微-介孔率为 $42.51\% \sim 71.67\%$，平均为 55.7%；表面积体积比为 $0.47 \times 10^7 \sim 1.29 \times 10^7/m$，平均为 $0.9325 \times 10^7/m$（表 10-5）。上述参数中，孔容为单位质量岩样中微孔和介孔所占的体积；微-介孔率为50nm以下孔隙体积与总孔隙体积之比；表面积-体积比为总表面积与岩样外观体积之比，该值关系到固液作用强度，越大作用越强，流动能力越弱，开发难度越大。由这些参数的分布同样可推知目的层岩石具有孔喉细小、配置关系极为复杂的特征。

表10-5　塘沽地区沙三5亚段白云岩及泥质白云岩低温氮气吸附孔喉参数统计表

序号	深度/m	岩性	孔容/(mm³/g)	平均微 - 介孔半径/nm	微 - 介孔率/%	表面积体积比/(10⁷/m)
1	3142.2	水平纹理白云岩	20.93	13.29	43.85	0.74
2	3150.5	水平纹理白云岩	31.55	27.27	55	0.69
3	3151.1	水平纹理白云岩	20.23	14.09	29.52	0.94
4	3152.5	水平纹理白云岩	16.57	13.23	27.73	0.84
5	3153.6	水平纹理白云岩	19.06	8.59	43.24	1.04
6	3154.7	块状层理泥质白云岩	22.56	11.74	51.77	1.29
7	3156.3	水平纹理泥质白云岩	26.8	13.77	71.67	0.85
8	3156.6	水平纹理泥质白云岩	15.82	26.4	42.51	0.47
9	3158	水平纹理白云岩	14.36	12.21	30.56	0.74
10	3159.7	水平纹理泥质白云岩	28.65	12.32	56.86	1.12

注：微、介、大孔分类依据国际纯粹与应用化学联合会划分方案，其中微孔孔径小于2nm，介孔孔径为 $2 \sim 50nm$，大孔孔径大于50nm。

传统孔喉特征研究中铸体薄片图像分析是较为常用的方法，本书也采用了该方法，但是由该资料绘制出的孔隙统计直方图可见（图 10-7），白云岩及泥质白云岩样品中的孔隙直径多大于 $40\mu m$，这与薄片观察结果相差较大，考虑前面讨论过的铸体未能有效充注缘故，该数据所反映的孔隙与喉道主要为裂缝相关联的孔隙及喉道，无法反映基质孔喉特征。

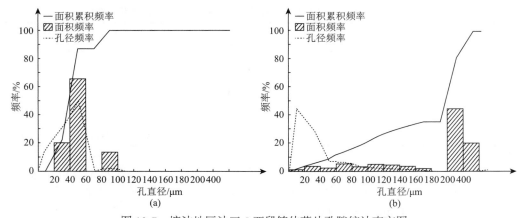

图 10-7　塘沽地区沙三 5 亚段铸体薄片孔隙统计直方图

（a）块状层理白云岩，3155.36m；（b）水平纹理泥质白云岩，3832.32，TG29-3 井

10.2.3　孔喉结构模型

1. Micro-CT 扫描

本次五个样品分析由中国地质大学（武汉）完成（表 10-6），研究采用的 Micro-CT 扫描设备是比利时 Skyscan 公司生产的 1172 型 Micro-CT。本书实验设定样品旋转台的角精度为 0.001°，白云岩 CT 图像的体元分辨率为 5μm（图 10-8）。

表10-6　高压压汞及Micro-CT扫描样品清单

序号	样号	深度 /m	岩性
1	M1	3127.80	块状层理泥质白云岩（含溶孔）
2	M2	3143.70	水平纹理白云岩
3	M3	3149.78	块状层理白云岩
4	M4	3151.28	水平纹理白云岩
5	M5	3151.33	水平纹理白云岩

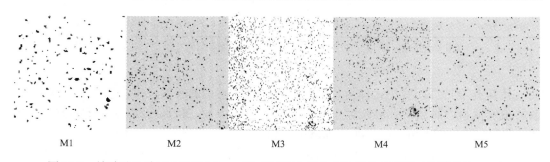

M1　　　　　　　M2　　　　　　　M3　　　　　　　M4　　　　　　　M5

图 10-8　塘沽地区沙三 5 亚段 Micro-CT 扫描五个样品的孔径分布范围（分辨率为 5μm）

根据扫描得出的图像，采用 DataViewer 软件绘制白云岩子样本的固体相（图 10-9）和孔隙相三维可视化图像（图 10-10）。从图 10-9 可以看出，TG2C 井裂缝发育，溶蚀孔和晶间孔为主要储集空间，连通孔隙之间的喉道较窄，配位数很小。通过软件可任意切片三维可视化图像，进行任意方向的孔隙空间展示，可知该样品裂缝形态多样、大小不等。五个样品中有两块矿物颗粒十分清晰，形状似松花，镜下鉴定和元素化学分析认定为方沸石。矿物内溶蚀孔发育，且被后期外来物质充填。相对于压汞实验和透射电镜、扫描电镜等传统实验分析方法，通过建立岩石内部孔隙结构的三维可视化图像，可以更加直观地研究储集岩的孔隙空间展布情况，特别是孔隙的连通情况，再利用孔隙和喉道的统计数据，可以深入研究岩心内部的微观孔隙在三维空间的分布及连通情况。

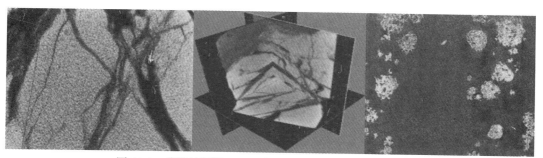

图 10-9　塘沽地区沙三 5 亚段 Micro-CT 图像重建任意切片

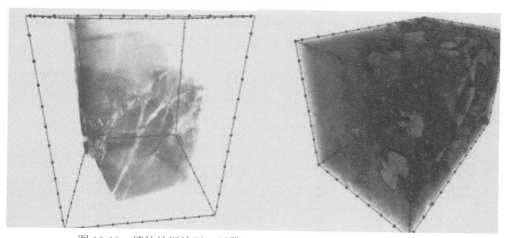

图 10-10　塘沽地区沙三 5 亚段 Micro-CT 重建三维立体可视化图像

采用 CTAn 分析软件对五个 Micro-CT 扫描样品进行了孔隙结构参数分析，孔径分布范围如表 10-7 所示。该软件通过二值化处理后，还可以计算所得图像的封闭孔隙度、连通孔隙度和总孔隙度和平均孔径。从表中可以看出，五个样品的孔隙度为 2.39% ～ 6.31%，平均孔隙度为 4.112%。单个图像最小孔隙度为 1.66%，最大孔隙度为 18.26%；五个样品的孔径大小在 7.37 ～ 10.8μm，平均孔径为 8.726μm，单个图像最小孔径为 0.96μm，最大孔径为 33.8μm（表 10-7）。

表10-7　塘沽地区沙三5亚段Micro-CT扫描5个样品的孔隙结构参数

样号	范围1/μm	范围2/μm	范围3/μm	范围4/μm	范围5/μm	范围6/μm	总面积/μm²	孔隙度/%	平均孔径/μm
M1 扫描范围	0.0～9.9	9.9～19.8	19.8～39.6	39.6～79.3	79.3～158.5	158.5～317.0	52209.1	2.39	7.37
面积/μm²	11850.1	30054.6	10304.4	0	0	0			
M2 扫描范围	0.0～9.9	9.9～19.8	19.8～39.6	39.6～79.3	79.3～158.5	158.5～317.0	480480.9	6.31	9.34
面积/μm²	52847.1	215975.9	190288.5	16413.5	4955.9	0			
M3 扫描范围	0.0～3.0	3.0～6.0	6.0～11.9	11.9～23.9	23.9～47.8	47.8～95.5	271049.8	4.41	10.8
面积/μm²	4664.2	25544.0	88127.7	97295.7	417819	13636.2			
M4 扫描范围	0.0～3.0	3.0～6.0	6.0～11.9	11.9～23.9	23.9～47.8	47.8～95.5	50426.4	3.24	7.54
面积/μm²	1314.1	11818.7	23762.0	11805.3	1726.3	0			
M5 扫描范围	0.0～3.0	3.0～6.0	6.0～11.9	11.9～23.9	23.9～47.8	47.8～95.5	57116.1	4.21	8.58
面积/μm²	1002.6	8456.8	26689.3	18025.8	2941.6	0			

Micro-CT 法计算出的孔隙度为 2.39%～6.31%，平均孔隙度为 4.112%，明显小于用常规方法测得的气测孔隙度。类似的，Micro-CT 法中岩石样品的孔径集中分布在 6～23.9μm 的小孔-中孔范畴（图 10-11），明显大于压汞分析及低温氮气吸附分析中孔径分布，这是由于 Micro-CT 扫描中分辨率相对较粗致使亚微米至纳米级孔隙及喉道未能得到有效识别。虽然识别精度存在差异，Micro-CT 分析中反映的样品中白云岩类孔径比泥质白云岩类孔径粗的规律与压汞资料分析结果具有一致性。

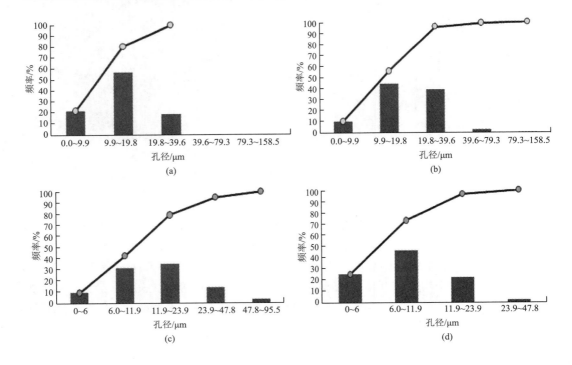

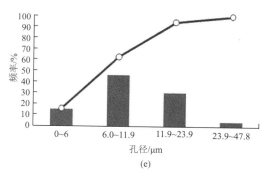

(e)

图 10-11 塘沽地区沙三 5 亚段 Micro-CT 孔径频率分布图

（a）M1, ρ= 2.39%, D=7.37μm；（b）M2, ρ= 6.31%, D=9.34μm；（c）M3, ρ= 4.41%, D=10.8μm；
（d）M4, ρ= 3.24%, D=7.54μm；（e）M5, ρ= 4.21%, D=8.58μm

2. 核磁共振可动流体分析

对致密储层而言，只以孔隙度、渗透率来判断储层物性的好差存在很大的欠缺，可动流体百分数是一个更优于孔隙度、渗透率的表征特低渗透储层物性的参数。核磁共振技术结合离心法研究致密储层可动流体饱和度及标定致密储层岩石 T_2 弛豫时间截止值，以准确方便地计算可动流体饱和度，更好地评价致密储层孔隙结构。

T_2 图谱是核磁共振测试所得的最直观的结果之一，其对不同的孔隙结构类型具有不同的响应，反映在图谱上即为存在不同的峰数和峰值。结合 CT 图像，可以将大港致密岩样分为三种类型，如图 10-12 所示。

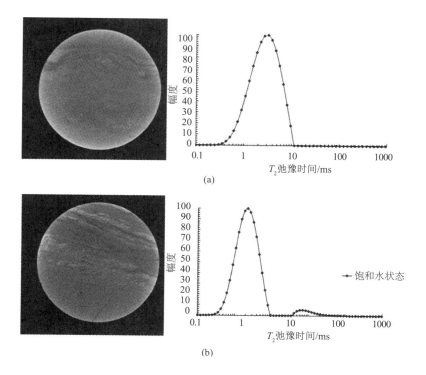

(a)

(b)

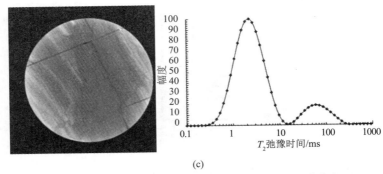

(c)

图 10-12　塘沽地区沙三5亚段岩样核磁 T_2 图谱分类

（a）基质型岩样，全 1 号样，白云岩夹含油条带，12.412%；（b）层理缝型岩样，全 2 号样，含白云泥岩，12.673%；（c）缝洞型岩样，全 5 号样，含白云泥岩，10.278%

将岩样分为基质型、层理缝型和缝洞型三种类型（图 10-12，表 10-8）。

表10-8　塘沽地区沙三5亚段致密岩样可动流体含量特征

分类	可动流体百分数 /%				可动孔隙度 /%
	0.05～0.1μm	0.1～1μm	大于 1μm	有效孔喉	
基质型	5.144	1.861	0.531	7.54	0.956
层理型	5.785	2.004	5.217	13.01	1.181
缝洞型	3.537	5.764	8.276	16.16	1.529

基质型岩样的孔隙结构单一，无可见裂缝和可见孔隙，表现在核磁 T_2 图谱上为单峰形态。可动流体主要存在于纳米级孔喉；微米级孔喉动用量最少；可动孔隙度最小。

层理缝型岩样除了基质以外，层理作用比较明显，层理中含有微裂缝，连通基质，在核磁 T_2 图谱上一般表现为双峰，并且峰与峰之间过渡区 T_2 值为零，无平滑过渡区。可动流体主要存在于纳米级与微米级孔喉。

缝洞型岩样孔隙结构复杂，基质、孔洞、层理、可见裂缝等皆有分布，表现在 T_2 图谱上为双峰或者多峰，并且峰与峰之间平滑过渡，无明显隔断。微米级、亚微米级和纳米级空间的可动流体所占比例皆可观，微米级可动用量最大；可动孔隙度最大。

按照低渗透油藏储层分级标准（表 10-9），大港致密储层属于Ⅳ类储层，用常规方法开发难以动用。

表10-9　低渗透油藏储层分级评价表

参数	界限			
	一类	二类	三类	四类
主流喉道半径 /μm	4～6	2～4	1～2	<1
可动流体百分数 /%	>65	50～65	35～50	20～35
启动压力梯度 /（MPa/m）	<0.01	0.01～0.1	0.1～0.5	>0.5
黏土含量 / %	<5	5～10	10～15	>15
原油黏度 /（mPa·s）	<2	2～5	5～8	>8

10.3 流动单元划分及识别

具有相似流体渗流特征的储集层单元称为流动单元（Hearn，1984），在以孔隙空间为主体的砂岩储层中流动单元研究广泛应用。对碳酸盐岩储层而言，"孔–洞" 单元、"孔–缝" 单元比较常用。但是对致密白云岩而言，可以借鉴碎屑岩储层流动单元研究中的成熟方法加以运用。

10.3.1 岩心流动单元类型

1. 经典参数 / 图解法流动单元

经典参数 / 图解法包括 Winland R_{35}、流动带指数法、地层修正洛伦茨曲线法及标准化累积岩石质量指数法四类，在碳酸盐岩类储层流动单元的划分中，不同学者往往单独或联合使用以上四类方法获取合理的流动单元类型（Martin et al., 1997; Shahvar and Kharrat, 2012; Rahimpour-Bonab et al., 2012; Enayati-Bidgoli et al., 2014），各类方法原理如下。

1）Winland R_{35} 法

R_{35} 是指压汞实验中进汞饱和度为 35% 时对应的孔喉半径值。Winland R_{35} 方法则是一种可以利用孔隙度和渗透率估算 R_{35} 值的方法（Martin et al., 1997）。

Winland 方程为

$$\lg R_{35}=0.732+0.588\lg K-0.864\lg \Phi$$

式中，K 为渗透率；Φ 为孔隙度。

依据 R_{35} 值分布与油藏生产能力的对应关系，四类岩石物理流动单元得以划分：①巨孔喉类（megaport），R_{35} 大于 10μm，若地层带厚度及其他因素稳定，该类流动单元中每天可以很容易地获取数万桶中比重原油；②大孔喉类（macroport），R_{35} 为 2 ～ 10μm，其他条件稳定情况下，每日可获取上千桶原油；③中孔喉类（mesoport），R_{35} 为 0.5 ～ 2μm，同样在其他条件稳定下，每天可获取上百桶原油；④小孔喉类（microport），$R_{35}<0.5μm$，这一类流动单元往往代表非储层。

2）流动带指数法（flow zone indicator，FZI）

该方法主要基于 Kozeny-Carman 方程（Carman, 1997）建立，是一种常用的流动单元划分方法。控制流动流动的参数主要为孔喉（port）几何属性，这又主要由矿物组成及结构所控制，孔喉参数可用储层品质指数（reservoir quality index，RQI）来表示：

$$RQI=0.0314\sqrt{\frac{K}{\Phi_e}}$$

式中，K 为渗透率，mD；Φ_e 为有效孔隙度，%。

RQI 除以标准化（normalized）孔隙度（Φ_Z）后就可以得到流动带指数。FZI=RQI/Φ_Z，其中，$\Phi_Z=\Phi_e/（1-\Phi_e）$。计算出 FZI 值后，通常可进一步通过绘 lgFZI 正态概率累积图解获得流动单元类别，图解中两个折点间对应的直线分隔段则可视作为一种流动

单元。概率累计分布函数为

$$F = \frac{1}{2}\left(1 + \sum_{i=1}^{N} \overline{\omega}_i f_{\text{er}} \frac{Z - \overline{Z}_i}{2\sigma_i}\right)$$

式中，N 为流动单元的类数；$\overline{\omega}_i$ 为第 i 个流动单元分布函数的权系数；f_{er} 为误差函数；σ_i 为第 i 个分布的标准差；Z 为 lgFZI；$\overline{Z}_i$ 为第 i 个的观测平均值。这里 $\overline{\omega}_i$ 满足：

$$\sum_{i=1}^{N} \overline{\omega}_i = 1 \text{ 和 } \overline{\omega}_i = \frac{1}{N}, \qquad i = 1, 2, 3, \cdots, N$$

3）地层修正洛伦兹图解法（stratigraphic modified Lorenz plot，SMLP）

Gunter 等（1997）描述了一种依据地层格架、岩石物理特征、流动能力（Kh）、储集能力（Φh）和储层流动/运输速度（reservoir process speed）（K/Φ）等参数以识别流动单元的方法，即地层修正洛伦兹图解。其中，参数中的流动能力及储集能力是孔隙度-渗透率与深度之间的函数，可表示为

$$Kh = K_1 (h_1 - h_0), K_2 (h_2 - h_1), \cdots, K_n (h_n - h_{n-1})$$
$$\Phi h = \Phi_1 (h_1 - h_0), \Phi_2 (h_2 - h_1), \cdots, \Phi_n (h_n - h_{n-1})$$

式中，K 为渗透率，mD；h 为样品深度，m；Φ 为孔隙度，%；h_n 为第 n 个样品的深度，m。

累积流动能力（Kh_{cum}）及累积储集能力（Φh_{cum}）可分别表示为

$$Kh_{\text{cum}} = K_1 (h_1 - h_0)/Kh_{\text{total}} + K_2 (h_2 - h_1)/Kh_{\text{total}} + \cdots + K_n (h_n - h_{n-1})/Kh_{\text{total}}$$
$$\Phi h_{\text{cum}} = \Phi_1 (h_1 - h_0)/\Phi h_{\text{total}} + \Phi_2 (h_2 - h_1)/\Phi h_{\text{total}} + \cdots + \Phi_n (h_n - h_{n-1})/\Phi h_{\text{total}}$$

由累积流动能力及累积储集能力建立的交会图中显示的拐点（inflection point）可将成图分为几个分隔区间，各个分隔区间则代表着不同的流动单元。分隔间线段的斜度可用于指示储集性能（reservoir performance），斜度越大表明流动单元具有更好的储集性能及流动能力，反之则代表着流动屏障（flow barrier）。

4）标准化累积岩石质量指数法（normalized cumulative rock quality index，NCRQI）

Siddiqui 等（2006）提出了标准化累积岩石质量指数法用于划分流动单元。该法是基于联合 RQI、孔隙度及渗透率数据可提供一个便捷的起始点，以发现不同储集带之中的差异的想法建立。若单井总生产能力可假定为独立流动带的线性组合，那么井底渗透率、RQI 或 FZI 的简单总和及标准化则可与裸眼井流量计测试（openhole flowmeter test）中的标准化累积图解进行简便的对比。在这类图解中，稳定段表现为直线段，线段的斜度则可指示一定深度段的储层综合品质。斜度越低，储层品质越好。

$$\text{NCRQI} = \left(\sum_{i=1}^{x} \sqrt{\frac{K_i}{\Phi_i}}\right) \bigg/ \left(\sum_{i=1}^{n} \sqrt{\frac{K_i}{\Phi_i}}\right)$$

式中，n 为数据点的总量；i 为第 i 个数据点的序号。

根据白云岩类岩心样品的计算值，结合上述各类方法，本书计算了 Winland 方程中的 R_{35}，绘制了 lgFZI 正态概率累积图解、SMLP 图解及 NCRQI 图解以对目的层的岩心流动单元类型进行划分。

计算所得 R_{35} 值范围为 $0.1 \sim 0.6\mu m$，在计算的 33 个样品中，绝大多数值小于 $0.5\mu m$，仅有两个样品的值大于 $0.5\mu m$。按照 Martin（1997）所提出的分类方案，目的层仅大于 $0.5\mu m$ 的两个样品可划入中孔喉类，其他样品则均只能归入于小孔喉类型，属非储层一类。

依据各个岩样的物性参数，分别计算了 lgFZI、Kh_{cum}、Φh_{cum} 及 NCRQI，并将之分别应用于绘制各类流动单元划分图解，根据样点连续分布处的转折点确定一类流动单元的边界，并将两个相邻的转折点之间所确定的直线段归为一类流动单元。由三类流动单元划分图解可见（图 10-13），lgFZI 正态概率累积图解中［图 10-13（a）］可划分出四类流动单元，NCRQI 图解中同样可分出四类流动单元［图 10-13（b）］，SMLP 图解中则能划分出五类流动单元［图 10-13（c）］。在划分精度上 SMLP 图解似乎优于前面两类图解，但该图解中存在仅由两个点纵向差值相近的点所构建的流动单元，这样的流动单元可能代表性相对较差。lgFZI 中同样存在由两个值所构建的流动单元，但在频率分布中二者差距相对较大，划分结果可能具有一定的代表性。在 NCRQI 图解中则没有上述图解中的问题，各个流动单元均由多点连续分布构成，结果整体较为客观。

综合以上分析，研究认为 Winland R_{35} 方法划分精度较低，不适合目的层流动单元的研究；NCRQI 方法虽然和 lgFZI 方法划分结果接近，但是前者划分方案结果更为客观。

2. 经典参数 + 聚类分析流动单元

除了上述经典参数 / 图解法可对碳酸盐岩流动单元的划分，部分学者亦将经典参数与数学方法进行联合使用以达到精确划分流动单元类型的目的，这其中包括范子菲等（2014）所采用的"RQI+R_{50}+ 其他参数 +（聚类分析）方法"及 Nouri-Taleghani 等（2015）所采用的"FZI+ 人工神经网络 + 多分辨率图形化聚类分析方法"，本书亦考虑将数学方法与经典参数相联合后对流动单元进行划分。

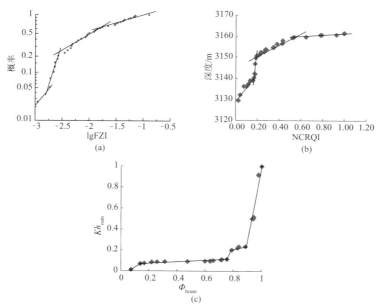

图 10-13　塘沽地区沙三 5 亚段流动单元划分图解

（a）lgFZI 正态概率累积图解；（b）NCRQI 图解；（c）SMLP 图解

上节流动单元的划分主要依据单参数进行划分，在确定 lgFZI 与 NCRQI 图解中不同流动单元边界点后，发现二者方案差别较大。考虑过于依赖单参数可能会导致划分方案的误差较大，本书也考虑借用聚类分析的数据方法进行流动单元的划分，在进行聚类分析时，首先应选取能够从多维度反映储层流动性能的参数，从而保证划分类别的准确性及可靠性。

1）储层参数优选

研究中主要选取了 K、FZI、RQI、R_{35} 及 Φ_Z 这几项参数进行分析，由于上述几类参数多基于孔隙度及渗透率两项参数得到，研究中对上述几类参数进行两两相关性分析以排除相似性过高的参数。由不同参数间的相关性可见 K、FZI、RQI 及 R_{35} 这几项参数之间的相关系数均高于 0.8 [图 10-14（a）～图 10-14（c）、图 10-14（e）、图 10-14（f）]，且绝大多数都达到了 0.9，则表明这些参数之间具有极大的重复性，在进行聚类分析时仅取一项即可。在 Φ_Z-FZI 相关关系图解中 [图 10-14（d）]，二者相关性则明显较差，相关系数仅为 0.0614，这样的相关性则能保证两项参数从不同维度反映储层的流动性能，也能在一定程度上保证所划分流动单元的可靠性，本书主要选取了 Φ_Z 及 FZI 两项参数进行聚类分析流动单元的划分。

2）聚类分析流动单元

聚类分析法是一种定量划分流动单元的方法，它是按照客体在某方面的亲疏关系，对客体进行分类，是按照同一类样品具有较大程度的相似，不同类别的样品具有较大程度的差异的原则进行不同样品间归类。用得较多的是距离判别法。

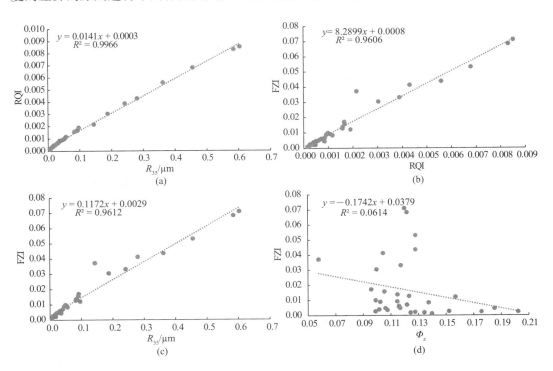

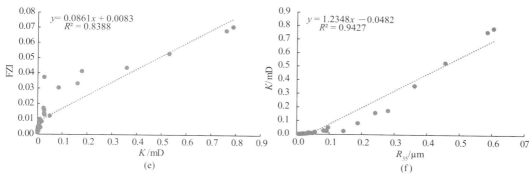

图 10-14　塘沽地区沙三 5 亚段储层参数相关关系

（a）R_{35}-RQI 相关关系图解；（b）RQI-FZI 相关关系图解；（c）R_{35}-FZI 相关关系图解；（d）Φ_z-FZI 相关关系图解；（e）K-FZI 相关关系图解；（f）R_{35}-K 相关关系图解

　　距离判别法的基本思想是：样品离哪个类型的距离最近，就判断它属于哪个类，距离判别法又称直观判别法。距离判别法分为欧氏距离判别与马氏距离判别，其差别是马氏距离采用协方差矩阵来对距离进行校正，现以马氏距离判别法为例来说明其应用条件。

　　马氏距离定义：设总体 G 里有 m 个评价指标，均值向量为 $\boldsymbol{u} = (u_1,\ u_2,\ u_3,\ \cdots,\ u_m)'$，协方差矩阵为 $\sum = (a_{ij})_{m \times m}$，则新抽取的样品 $X = (x_1, x_2, \cdots, x_m)'$ 与总体 G 的马氏距离为

$$d_2(X, G) = (X - u)' \sum{}^{-1} (X - u)$$

　　如果有两个总体被分为两类 G_1、G_2，则样品 $X = (x_1, x_2, \cdots, x_m)'$ 与 G_1、G_2 的距离分别为

$$d_1^2(X, G_1) = (X - \boldsymbol{u}_1)' \sum{}_1^{-1} (X - \boldsymbol{u}_1)$$

$$d_2^2(X, G_2) = (X - \boldsymbol{u}_2)' \sum{}_2^{-1} (X - \boldsymbol{u}_2)$$

式中，$\boldsymbol{u}_1$、$\boldsymbol{u}_2$、$\sum_1$、$\sum_2$ 分别为类 G_1、G_2 的均值向量与协方差阵。

　　马氏距离的判别函数为

$$W(X) = d_1{}^2(X, G_1) - d_2{}^2(X, G_2)$$

　　马氏距离的判别规则为：①如果 $W(X) > 0$，则 X 属于类 G_2；②如果 $W(X) < 0$，则 X 属于类 G_1；③如果 $W(X) = 0$，则有待用其他方法判定。

　　将 Φ_z 及 FZI 两项参数导入进行聚类分析，聚类结果以马氏距离 10 为标准，则可见流动单元被分为了四类（图 10-15）。由流动单元划分方案可以见到（表 10-10），不同类别流动单元的 FZI 及 Φ_z 重合度较小，孔隙度与渗透率之间分区也较明显，表明不同流动单元之间的边界清晰，整体划分效果良好。

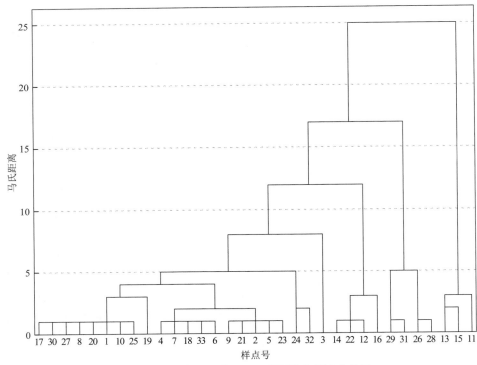

图 10-15　塘沽地区沙三 5 亚段聚类分析流动单元

使用平均连接（组内）的树状图重新调整距离聚类合并

表10-10　塘沽地区沙三5亚段聚类分析流动单元划分方案

类别	Φ_z	FZI	$\Phi/\%$	K/mD	样品数
A	0.12 ~ 0.13/0.12	0.044 ~ 0.071/0.059	10.71 ~ 11.344/11.06	0.3588 ~ 0.7874/0.609	4
B	0.14 ~ 0.16/0.15	0.001 ~ 0.012/0.006	12.08 ~ 13.55/12.78	0.0003 ~ 0.0494/0.0171	4
C	0.18 ~ 0.20/0.19	0.002 ~ 0.004/0.003	14.941 ~ 15.62/15.8	0.0025 ~ 0.0111/0.0058	3
D	0.06 ~ 0.13/0.11	0.019 ~ 0.04/0.012	5.46 ~ 11.84/9.8345	0.0006 ~ 0.1776/0.028	22

注：表中"/"之前为范围，"/"后面为平均值。

3. 岩心流动单元属性特征

流动单元 A：平均孔隙度较低，但是平均渗透率为四类流动单元中最高，构成岩石相全为韵律层理泥质白云岩，岩样表面可见到明显微裂缝的产出。该类流动单元中孔隙类型和流动单元 B 中的孔隙类型，但是该类流动单元中孔隙度比流动单元 B 中比低，考虑两类流动单元组成岩性的区别，流动单元 A 孔隙性比流动单元 B 差的缘由可能是岩性中泥质组分含量较高。该类流动单元中渗透率最高则应与岩石样品较为明显的微裂缝发育密切相关。

流动单元 B：平均孔隙度及平均渗透率均较高，构成岩石相均为韵律层理白云岩，另一个则为见少量块状层理白云岩，该类流动单元所对应的测试岩样表现可见到微裂缝的产出。在这类流动单元中，储集空间包含晶间孔、晶内孔，另外由于微裂缝的出现，该类流动单元的储集空间中还包含方沸石充填溶蚀孔。微裂缝的出现可能是使这类流动单元孔隙性及渗透率变好的主要原因。

流动单元 C：平均孔隙度最高，平均渗透率较低。构成岩石相中两个样品为韵律层理白云岩，另一个样品虽为揉皱层理白云岩，但其亦主要是在韵律层理白云岩相基础上发生变形所形成的，该类别岩石相较为统一，均可视为纹层极为发育的白云岩，该类测试岩样表面同样难以观察到微裂缝。该类流动单元中的孔隙类型同样主要为晶间孔及晶内孔，但在该类别岩样中普遍可观察到黑色有机质颗粒层的发育，结合黑色有机质颗粒在镜下显示出孔隙极为发育的特征［附录图 5（a）］，研究认为造成该类岩样异常高孔隙的原因与这些黑色有机质颗粒极为疏松多孔的特性相关，此外，虽然这些黑色有机质颗粒带来的孔隙性方面的改善，但是由岩心可见，这些黑色有机质颗粒与颗粒之间的沟通仍由基质完成，渗透性在无裂缝发育的情况下难以见到明显改善。

流动单元 D：平均孔隙度及平均渗透率为几组流动单元中最低，构成岩石相主体为韵律层理 / 块状层理泥质白云岩，亦见少量的韵律层理白云岩，测试岩石表面难以见到微裂缝。由前述的储集空间特征分析可得知，这一类样品中的孔隙应主要由晶间孔及晶内孔所提供，由于岩石极为致密，在缺乏裂缝沟通情况下，岩石的渗透率极差。

岩心资料划分出的流动单元与有效裂缝线密度（预测）进行对比分析（图 10-16），得到：流动单元 A 与流动单元 B 均对应裂缝线密度高值区段，流动单元 C 及流动单元 D 则对应裂缝线密度低值区段，这一对应关系与实测岩样表面微裂缝发育程度具有良好的匹配关系。经过进一步逐点与裂缝线密度值进行匹配后，可以得出如下的统计规律：流动单元 A 所在位置处的裂缝线密度为 11.4 ～ 17.3 条 /m；流动单元 B 所在位置处裂缝线密度为 10.5 ～ 14.5 条 /m；流动单元 C 所在位置处裂缝线密度为 4.5 ～ 13 条 /m；流动单元 D 所在位置处裂缝线密度虽个别样点分布在裂缝线密度高值域，但绝大部分所在位置的线密度均小于 6 条 /m。结合以上统计规律，本书提出以裂缝高发育段值（10条 /m）为界限辅助对流动单元 A、B 类及流动单元 C、D 类进行区分识别。

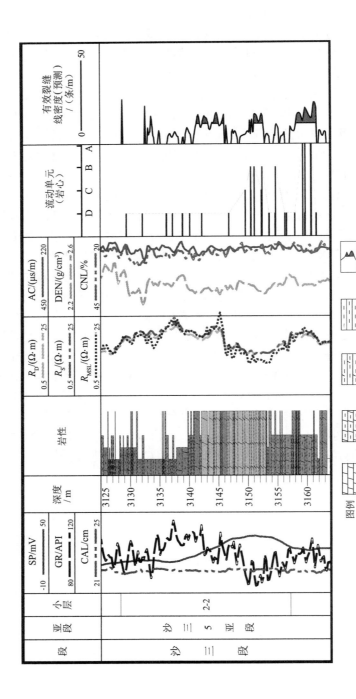

图 10-16　塘沽地区沙三 5 亚段岩心流动单元与有效裂缝线密度相关图

10.3.2 流动单元测井识别

1. 常规测井流动单元识别

流动单元可作为岩石矿物及储集空间的综合表征，这样的表征在测井资料中亦存在着相应的记录响应，本书主要挑选了 TG2C 井中的自然伽马、电阻率、补偿声波、补偿密度及补偿中子等测井曲线尝试与所划分的四类流动单元建立关联。

提取 TG2C 井中上述测井数据后，将所划分的四类流动单元逐点与各类测井响应进行匹配处理。随后编制各类流动单元-测井响应交会图，由不同测井响应交会图中可见（图 10-17），所划分四类流动单元在图中较难找到明显的区分界限，在一定程度上表明目的层流动单元与不同测井响应之间的空间关系并非为一种单一线性关联，借助主要反映线性关系的交会图难以达到对研究区内流动单元进行定量精细识别的目的。

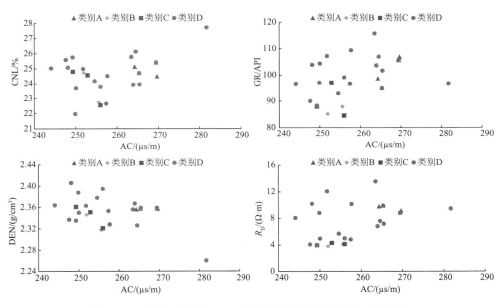

图 10-17 塘沽地区沙三 5 亚段各类常规测井流动单元识别图

2. 人工神经网络流动单元测井识别

BP 神经网络在岩性识别及储层参数反演中已证实了其优越性及实用性（杨斌等，2005），本书亦选择 BP 神经网络进行流动单元的识别。

1）网络结构确定

对于目的层流动单元识别研究，输出层神经元数由预识别流动单元的个数所决定，即 4；输入层神经元个数则由具有的测井曲线类别所决定，由于研究区不同井段测井曲线类型丰富程度具有差别，需要结合该因素确定神经元个数。对于测井曲线类型较为完备的井段（如 TG2C 井、TG29-5C 井等），考虑流动单元与岩性及孔隙的关联，本书主要选择了 AC、CNL、DEN、GR 及 R_D 五类测井曲线输入网络，即神经元数为 5。对测井曲线类型完备性较差的井段（如 TG1 井、TG10 井、TG8 等），按实际资料情况可分出两个类别：①仅存在 AC、CNL 及 R_{A25}/R_D 测井曲线组，该组中输入层神经元数定为 3；②仅存在 AC 及 R_{A25}/R_D 测井曲线组，该组输入层神经元数分别定为 2。对于网络层数，Funahashi 和 Ken-Ichi（1989）研究中提到输出层函数及隐含层为线性函数和非线性递增函数时，只需一个隐含层便可用于近似任意连续函数，本书将隐含层数定为 1，组成一个三层结构的神经网络。综合以上分析，研究中建立了网络结构为 5-30-4、4-30-4 及 2-30-4 的 BP 人工神经网络（图 10-18）。

2）样本集输入

本书将已与流动单元匹配好的测井数据与期望输出类别进行一一对应并整理成表 10-11 中的样式，整理工作完成后将之然后导入 Matlab 工作窗之中，预备进行神经网络的训练。

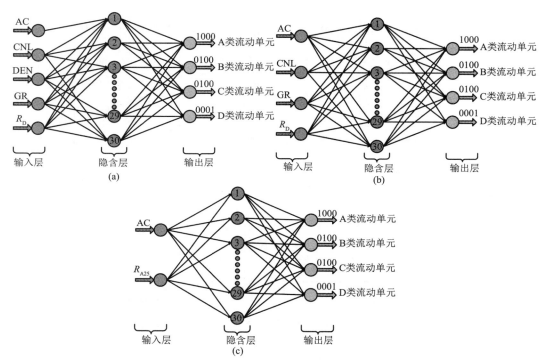

图 10-18　塘沽地区沙三 5 亚段流动单元识别神经网络结构图

（a）5-30-4 结构 BP 网络；（b）4-30-4 结构 BP 网络；（c）3-30-3 结构 BP 网络

表10-11　岩性识别神经网络输入输出层数据格式表

预备输入					期望输出			
AC/(μs/m)	CNL / %	DEN /(g/cm³)	GR/API	R_D/(Ω·m)	类别 A	类别 B	类别 C	类别 D
244.1	25.0	2.36	96.65	8.04	1	0	0	0
281.7	27.7	2.26	96.81	9.42	1	0	0	0
249.3	24.8	2.36	87.92	3.96	0	1	0	0

预备输入					期望输出			
AC/(μs/m)	CNL / %	DEN /(g/cm^3)	GR/API	R_D/($\Omega \cdot$ m)	类别 A	类别 B	类别 C	类别 D
252.9	24.6	2.35	97.06	4.32	0	1	0	0
252.9	24.6	2.35	97.06	4.32	0	0	1	0
252.0	24.7	2.35	85.13	3.80	0	0	1	0
264.3	25.1	2.36	98.69	9.76	0	0	0	1
265.3	24.7	2.36	94.99	9.87	0	0	0	1

3）网络参数设置

本书调用了 Matlab 中基于 BP 神经网络的模式识别工具箱，但初始神经网络形成后又对部分参数进行了微调以保证识别效果。所调整参数主要为训练函数、期望误差、最大迭代次数及学习速率等。

对于训练函数，由于 BP 神经网络中所采用的训练函数会对网络的整体的训练速度、稳定性及存储量具有明显的影响，其神经元常用的传递函数包括 Levenberg-Marquardt 算法、拟牛顿算法、共轭梯度算法及梯度下降算法等类型（朱凯和王振林，2010），相较于其他类别，Levenberg-Marquardt 算法在中小规模的 BP 网络中具有逼近性能最佳、训练速度快及存储量小等特点，本书优先选取该算法作为了训练函数。

对于期望误差、最大迭代次数及学习速率等参数，本书将之分别调整设置为 1×10^{-6}，1000 及 0.05。

4）网络训练及仿真输出

在进行网络训练过程中，需要分出训练样本、验证样本及测试样本三类样本数据以综合保证所训练出网络的有效性及精确性，但由于本书中流动单元 A、B 及 C 类样品数量点整体较少，考虑应尽可能将不同类别的流动单元分布于不同样本在各类样本以保证训练效果，研究选取了 60% 的样品（19 个）作为训练样本，20% 的样品（7 个）作为验证样品用以优化网络，另外 20% 的样品（7 个）则作为测试样品用以测试网络预测推广能力。

5）识别效果评价及仿真输出

流动单元识别结果好坏直接由各类流动单元识别符合率的高低所决定，经过多次调试后使所构建的三套神经网络达到最佳识别效果后，本书提取不同网络识别符合率的模糊矩阵（图 10-19）。由各网络的综合识别率（四矩阵中右下角矩阵）可见，各网络最佳综合识别率均接近 80%。在三个神经网络之中，网络 1［图 10-19（a）］对 B 类及 D 类流动单元的识别精度最佳，网络 2［图 10-19（b）］对 A 类流动单元识别效果最好，网络 3［图 10-19（c）］则较为综合。

在综合识别正确率达到要求后，保存网络并将 TG2C 井中目标层段所有的测井数据导入，进行仿真输出并将输出结果导出进一步确定各点所对应的流动单元类型，部分仿真输出结果见表 10-12。

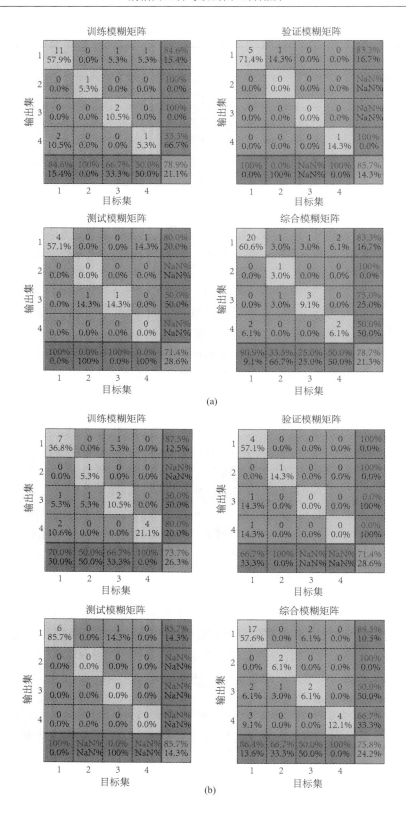

(a)

(b)

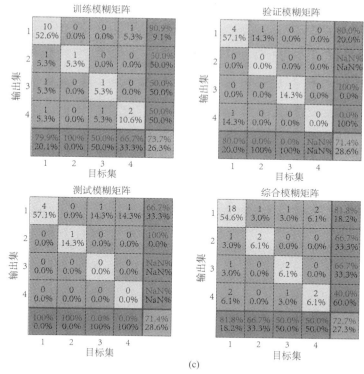

图 10-19　塘沽地区沙三 5 亚段 BP 神经网络流动单元识别符合率模糊矩阵

（a）5-30-4 结构神经网络符合率模糊矩阵；（b）4-30-4 结构神经网络符合率模糊矩阵；
（c）3-30-4 结构神经网络符合率模糊矩阵

表10-12　塘沽地区沙三5亚段神经网络流动单元识别仿真输出结果格式表

期望输出				对应流动单元
0.83	0.11	0.02	0.04	类别 A
0.71	0.13	0.05	0.11	类别 A
0.25	0.62	0.10	0.03	类别 B
0.02	0.68	0.18	0.11	类别 B
0.01	0.02	0.91	0.06	类别 C
0.00	0.06	0.84	0.10	类别 C
0.04	0.03	0.11	0.82	类别 D
0.00	0.00	0.02	0.98	类别 D

　　如同模糊矩阵中综合正确率所示，重新仿真输出后，单井剖面图中 3 类人工神经网络所识别流动单元类型与岩心流动单元同样具有较高的匹配度（图 10-20）。A 类及 B 类两类可代表裂缝较为发育的流动单元在剖面中也主要对应于裂缝线密度高值区，在一定程度上说明研究中建立的三套网络的预测推广能力较强，预测结果较为可信。同时，裂缝线密度值也可侧面验证不同网络对不同类别流动单元识别准确率方面的差异，以 A 类流动单元为例，在裂缝高发育段网络 1 及网络 3 的 4 类流动单元数量明显少于网络 2，这应与两类网络对 A 类流动单元识别精度较低相关。

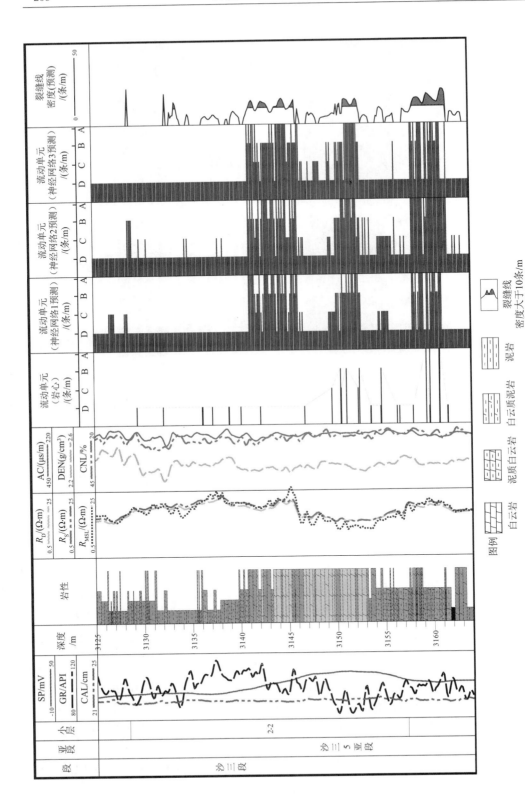

图 10-20　塘沽地区沙三 5 亚段人工神经网络流动单元识别效果图

结合前述分析研究中提出通过裂缝线密度对流动单元类型进行修正的方案，即由三类神经网络识别出流动单元后，以裂缝线密度值 10 条/m 为 A、B 类及 C、D 类流动单元的界限。若裂缝线密度值大于 10 条/m 处识别为 A 类或 B 类流动单元，则保持原方案；若将之识别为 C 类或 D 类，则应对之修正。此处结合前述裂缝线密度与流动单元类别的对应关系进一步将裂缝线密度值 15 条/m 作为 A 类及 B 类的划分界限，即若超过 15 条/m，则修正为 A 类，反之则为 B 类。类似地，以裂缝线密度值 6 条/m 为界线进一步修正 C 类及 D 类流动单元。

10.3.3　流动单元展布特征

在前述流动单元识别划分方案基础上，对各井各小层中的流动单元进行了识别及统计（表 10-13）；此外，结合裂缝发育程度平面展布图绘制流动单元平面分布图，各小层流动单元分布特征如下。

1 小层中，D 类流动单元在该小层中占比极高，平均占比高达 86.54%，部分井点所识别的流动单元中仅存在 D 类流动单元，A 及 B 类两类流动性能较好的流动单元在该小层中并未识别出来，表明 1 小层整体流动性能极差，并未对该小层成图。

对于 2-1 小层，A 类及 B 类两类流动单元仅在个别井点中少量出现，整体仍以 D 类及 C 类流动单元为主，同样表明其流动能力极差的特性。

对于 2-2 小层，A 类及 B 类流动单元在该小层中整体占比大幅提高，部分井点中（TG19-16C 井、TG10-10C 井等）两类流动单元呈现高频产出的特征，其中 TG10-10C 井中 A 类流动单元占比可达 67.58%，TG19-16C 井中 B 类流动单元占比则达 59.57%。平面分布中 A 类流动单元主要围绕 TG10-10C 井区分布，B 类流动单元则主要在 TG19-16C 及 TG18-16C 井区分布，C 类流动单元主要围绕着 A、B 流动单元分布及出现于 TG2C 井井区周边。其他区域则主要分布 D 类流动单元 [图 10-21（a）]。

对于 3-1 小层，A 类流动单元占比较高，平均达 23.55%，同样在 TG10-10C 井位置处 A 类流动单元频率最高，可达 67.68%。B 类流动单元相较于 2-2 小层其占比为低，但分布较为均匀，多井点（TG2 井、TG2C 井、TG29-2 井、TG19-16C 井等）中 B 类流动单元均大于 20%，其平均值占比仅略低于 2-2 小层。平面分布中，A 类流动单元主要出现于 TG10-10C 井、TG19-16C 井、TG18-16C 井、TG29-2 井及 TG29-3 井井区范围，C 类流动单元则主要出现 TG1 井、TG2 井、TG2C 井井区范围，外围区域则主要由 D 类流动单元所占据 [图 10-21（b）]。

对于 3-2 小层，A 类及 B 类流动单元高值区主要出现于 TG29-2 井、TG29-3 井、TG10-10C 井、TG19-16C 井等井区，但各井中 A 类流动单元及 B 类流动单元占比在小层中并未超过 D 类流动单元，该小层中仍主要以 D 类流动单元为主，其平均比例也达到了 82.55%，该类小层流动性能总体较差，研究中亦并未对该小层流动单元平面分布进行成图。

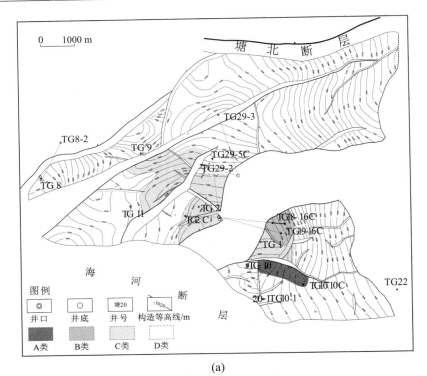

(a)

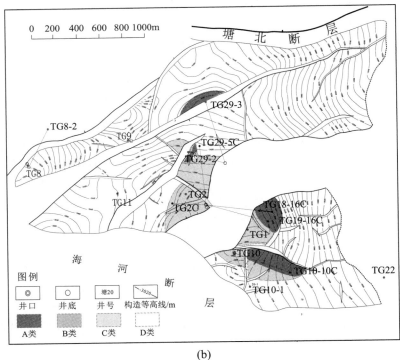

(b)

图 10-21 塘沽地区沙三 5 亚段 2-2 小层 (a) 及 3-1 小层 (b) 流动单元平面分布图

表10-13　塘沽地区沙三5亚段各类流动单元百分比统计表

小层	流动单元占比 /%			
	A	B	C	D
1	0 ~ 0/0	0 ~ 12.78/1.42	0 ~ 43.18/12.04	52.63 ~ 100/86.54
2-1	0 ~ 17.53/3.26	0 ~ 17.53/2.31	0 ~ 62.50/13.11	28.29 ~ 100/81.51
2-2	0 ~ 67.58/19.04	0 ~ 59.57/8.08	0 ~ 61.78/13.78	0 ~ 100/59.1
3-1	0 ~ 69.68/23.55	0 ~ 27.17/7.98	0 ~ 52.54/15.22	0 ~ 90.21/53.25
3-2	0 ~ 31.76/8.45	0 ~ 42.61/7.62	0 ~ 5.03/1.39	52.61 ~ 96.17/82.55

注：表中"/"前为范围，"/"之后为平均值。

第 11 章　裂缝 - 孔隙性白云岩储层地质建模与综合评价

11.1　储层地质建模

储层地质建模是储层综合研究的必然，是储层表征定量化的体现，也是油田实际开发所必需的。塘沽地区油藏地质建模难点在于复杂断块、裂缝-孔隙性介质，以及致密白云岩等属性特征的定量表达。

11.1.1　物性参数模型

1. 孔隙度模型

在裂缝-孔隙型储层的孔隙度模型研究中，分为基质孔隙度、裂缝孔隙度、总孔隙度三个部分进行分别建立模型。塘沽地区沙三 5 亚段储层具有矿物成分复杂且泥质含量较高的特点，因此，在孔隙度模型建立中需着重考虑泥质及矿物成分对模型的影响。

储层基质孔隙度模型，一般利用声波孔隙度公式、威利公式、非线性的雷蒙-汉特（Raymer-Hart）公式，其中威利公式具有较大局限性，最常用的仍为利用声波孔隙度法或雷蒙-汉特公式法。

声波孔隙度计算模型：

$$\Phi_{AC} = \frac{\Delta t - \Delta t_{ma}}{\Delta t_f - \Delta t_{ma}} - V_{sh}\frac{\Delta t_{sh} - \Delta t_{ma}}{\Delta t_f - \Delta t_{ma}}$$

式中，Δt_{ma} 为岩石骨架声波时差；Δt 为目的层声波时差测井值；Δt_f 为地层流体声波时差；Δt_{sh} 为泥岩声波时差；V_{sh} 为地层泥质含量。

雷蒙-汉特计算模型：

$$\frac{1}{\Delta t} = \frac{(1-\Phi_b-V_{sh})^m}{\Delta t_{ma}} + \frac{V_{sh}}{\Delta t_{sh}} + \frac{\Phi_b}{\Delta t_f}$$

式中，m 为岩性指数，砂岩取 2，碳酸盐岩取 2 ～ 2.2；Φ_b 为基质孔隙度。

以上两模型均考虑了泥质影响，且能够根据岩性不同对岩石骨架的 Δt_{ma} 采用动态取值，可以给予较准确的骨架参数，以保证计算结果的准确性。塘沽地区白云岩裂缝发育，AC 数据受裂缝影响极大，造成数据异常且难以准确计算基质孔隙度。因此，本书重点是通过总孔隙度与裂缝孔隙度差值获得基质孔隙度。

1）总孔隙度模型

对储层总孔隙度的计算，主要利用密度孔隙度法、中子孔隙度法及中子-密度孔隙度交会法。三孔隙度法计算的准确性取决于泥质含量 V_{sh} 及岩石骨架测井参数的准确性，因此，在应用时应着力提高以上参数的准确性。

总孔隙度计算模型如下。

密度孔隙度模型：

$$\Phi_{DEN} = \frac{\rho - \rho_{ma}}{\rho_f - \rho_{ma}} - V_{sh}\frac{\rho_{sh} - \rho_{ma}}{\rho_f - \rho_{ma}}$$

中子孔隙度模型：

$$\Phi_{CN} = \frac{CNL - CNL_{ma}}{CNL_f - \rho_{ma}} - V_{sh}\frac{CNL_{sh} - CNL_{ma}}{CNL_f - CNL_{ma}}$$

中子-密度孔隙度交会模型：

$$\Phi_{CNL-DEN} = \sqrt{\frac{\Phi_{CNL}^2 + \Phi_{DEN}^2}{2}}$$

基于三孔隙度模型的总孔隙度计算的关键有三部分：①泥质含量计算；②岩石骨架测井参数；③利用计算结果与实验分析结果的拟合获得校正模型。

（1）泥质含量计算。

泥质含量常用计算方法有 GR 法和 SP 法。

GR 法：

$$SH = \frac{GR - GR_{min}}{GR_{max} - GR_{min}}; \quad V_{sh} = \frac{2^{GCUR \cdot SH} - 1}{2^{GCUR} - 1}$$

SP 法：

$$SH = 1 - \frac{SP - SP_{min}}{SP_{max} - SP_{min}}; \quad V_{sh} = \frac{2^{GCUR \cdot SH} - 1}{2^{GCUR} - 1}$$

式中，GCUR 为与地层有关的经验系数，新地层（古近系）GCUR=3.7，老地层 GCUR=2.0（司马立强和疏壮志，2009）；SH 为自然伽马相对值。

根据图 11-1（a）显示的数据归一化后 GR、KTH（无铀伽马）在不同岩性中的分布，可以看出不同岩性的 GR、KTH 呈重叠状态，无法通过 GR、KTH 求解泥质含量，同时，GR 与 KTH 呈正相关，表明裂缝中有机质对铀的富集未对 GR 产生较大影响。

根据图 11-1（b）显示的白云岩样点使用 SP 法计算的泥质含量与常量元素实验数据计算分析[①] 得到的较为精确的泥质含量的对比，拟合发现两者呈指数型相关（R^2=0.9069），但该模型无法准确计算泥质白云岩、白云质泥岩这两类成分更复杂的岩性的泥质含量。

综合以上研究，由于研究区储层的成分过于复杂，本书中 GR、KTH、SP 等测井数据均无法准确求取泥质含量，需通过实验分析手段给定不同岩性的泥质含量平均值。

---

① 姚光庆，王家豪，谢丛姣 . 2013. 塘沽地区沙三 5 特殊岩性体沉积特征及油藏综合评价研究报告 . 武汉：中国地质大学（武汉）。

（2）岩石骨架参数。

研究区储层属于湖相碳酸盐岩，受陆源碎屑影响较大，岩石矿物成分复杂，因此，在研究中调研有关湖相碳酸盐岩、火山岩等复杂矿物储层的研究方法，李素杰和李喜海（2000）及张兆辉等（2012）在精确求取骨架测井参数时，通过光电吸收截面指数 Pe 或 ECS（元素俘获频谱测井）得到各矿物含量，进而精确求得各类岩性骨架的声波时差、密度、中子值。但 Pe 法仅能计算两种以内的矿物含量，该区又未进行 ECS 测井，因此通过以上两种方法均无法测得各矿物的含量，最终选择利用 X 衍射粉晶半定量分析及常量元素分析数据共同获取不同岩性中各矿物组分含量[①]。

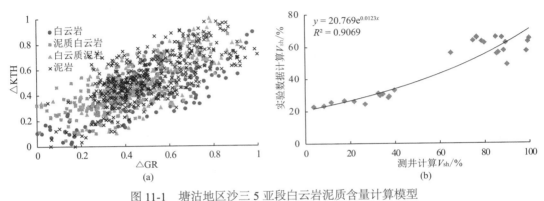

图 11-1　塘沽地区沙三 5 亚段白云岩泥质含量计算模型

（a）无铀伽马（KTH）、自然伽马（GR）与岩性关系；（b）SP 法泥质含量计算法

由斯伦贝谢《测井解释常用岩石矿物手册》（斯伦贝谢测井公司，1998）及 SY/T 5940—2010《储层参数的测井计算方法》（国家能源局，2010）中获取岩石矿物、流体、泥质测井参数值（表 11-1），由各类岩性的矿物含量及各类矿物的测井参数，即可得到各类岩性骨架的测井参数值。

表11-1　矿物、流体及泥质测井参数表

类型	名称	AC/（μs/m）	DEN/（g/cm³）	CNL/%
岩石矿物	白云石	143	2.87	2
	方沸石	203	2.25	35.4
	石英	165	2.65	−4
	钠长石	176	2.58	−1.25
	正长石	305	2.54	−1.0
	黄铁矿	123	4.997	−1.9
流体	盐水	620	1.1	100
泥质	泥质	320	2.55	32

① 姚光庆，王家豪，谢丛姣，等 . 2013.塘沽地区沙三 5 特殊岩性体沉积特征及油藏综合评价研究报告 . 武汉：中国地质大学（武汉）。

（3）总孔隙度标准值。

由于进行物性分析的岩心样品均不含裂缝或仅含微裂缝，无法完全代表真实总孔隙度值，因此，其孔隙度值与该样点的实际孔隙度值相比偏小，需对每个气测孔隙度叠加样品点位置的宏观裂缝孔隙度进行计算及修正。

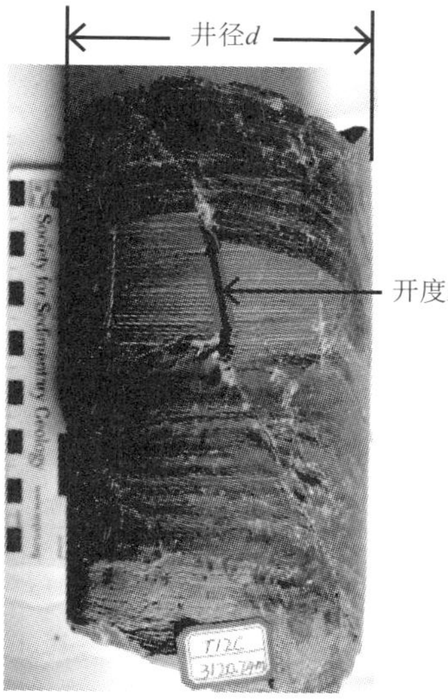

通过细致的岩心裂缝描述，可以凭借裂缝条数、开度和井径三个参数求取任意深度下岩心宏观裂缝的面孔率，近似作为裂缝孔隙度（图 11-2），其原理为

$$\varPhi_{\text{f-岩心}} = \frac{\sum B \, n}{\pi d}$$

图 11-2　裂缝孔隙度计算模式

式中，B 为裂缝开度，mm；n 为裂缝条数，条；d 为岩心直径，mm。

由实测孔隙度与岩心获取的裂缝孔隙度叠加，即得总孔隙度标准值：

$$\varPhi_{\text{总}} = \varPhi_{\text{气测}} + \varPhi_{\text{f-岩心}}$$

式中，$\varPhi_{\text{气测}}$ 为气测孔隙度；$\varPhi_{\text{f-岩心}}$ 为岩心裂缝面孔率。

经对 TG2C 井取心段各物性实验样品深度点的岩心裂缝孔隙度计算，可得到岩心裂缝孔隙度为 0.034% ～ 0.741%。

（4）实验数据标定模型。

孔隙度实验数据是最准确的参数，因此计算结果均需通过与实测数据建立关系，拟合得到标定模型，通过计算模型及标定模型所得的孔隙度结果才是可信的。

通过三孔隙度计算模型获得 TG2C 井各数据点的孔隙度计算值，通过与总孔隙度标准值进行交会图绘制，发现实验数据与密度孔隙度、中子孔隙度的拟合效果较好，而声波孔隙度可能因 AC 数据受裂缝影响相关性差（图 11-3）。

利用拟合较好的密度孔隙度、中子孔隙度交会得到的中子−密度孔隙度可消除部分误差，取得更好的拟合效果。因重点井 TG19-16C 井缺少 DEN 测井资料，因此建立两种模型，以获得最准确的总孔隙度值。

①总孔隙度标定模型 1：DEN、CNL 齐全。

通过对比所区分岩性的中子−密度孔隙度与总孔隙度标准值的拟合结果[图 11-4（a）]与不分岩性的拟合结果 [图 11-4（b）]，可发现区分岩性后拟合效果得到提高。拟合模型如下。

白云岩：

$$\varPhi_{\text{总}} = 1.94 \, e^{0.0976 \varPhi_{\text{CNL-DEN}}}, \qquad R^2 = 0.7274$$

泥质白云岩：

$$\varPhi_{\text{总}} = 2.3146 \, e^{0.0782 \varPhi_{\text{CNL-DEN}}}, \qquad R^2 = 0.9113$$

泥岩类：

$$\varPhi_{\text{总}} = 0.4031 \, \varPhi_{\text{CNL-DEN}} + 2.1002, \qquad R^2 = 0.7087$$

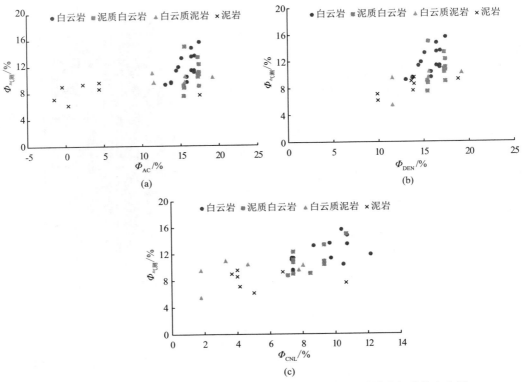

图 11-3　塘沽地区沙三 5 亚段白云岩三孔隙度计算值与总孔隙度标准值交会图

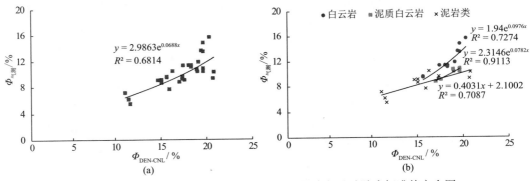

图 11-4　塘沽地区沙三 5 亚段中子-密度孔隙度与总孔隙度标准值交会图

②总孔隙度标定模型 2：仅有 CNL，缺少 DEN。

由图 11-5（a）和图 11-5（b）可发现，不分岩性时中子孔隙度与总孔隙度的拟合关系更好，但拟合度仍然不高，因此需进一步标定到中子-密度孔隙度标定值的标准（图 11-6），中子孔隙度经两次标定以实现全区各井的孔隙度数据准确且标准统一。拟合模型如下。

$$\Phi'_{总}=0.6103\ \Phi_{CNL}+6.0783,\qquad R^2=0.5169$$

白云岩：

$$\Phi_{总}=1.506\ \Phi'_{总}-6.9708,\qquad R^2=0.7641$$

泥质白云岩：

$$\Phi_{总} = 0.651 \, \Phi'_{总} + 0.8941, \qquad R^2 = 0.8035$$

泥岩类：

$$\Phi_{总} = 0.4076 \, \Phi'_{总} + 4.1596, \qquad R^2 = 0.8175$$

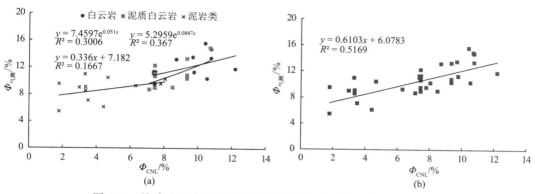

图 11-5　塘沽地区沙三 5 亚段中子孔隙度与总孔隙度标准值交会图

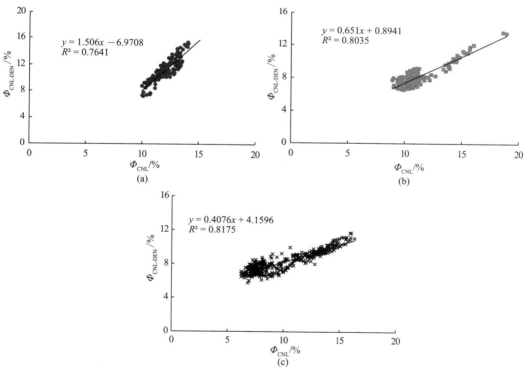

图 11-6　中子孔隙度校正值与中子 - 密度孔隙度标定值交会图

2）裂缝孔隙度模型

储层裂缝孔隙度的计算也有不同方法。Sibbit 和 Faivre（1985）最先提出利用泥浆侵入裂缝形成深浅电阻率差异的双侧向电阻率进行计算；李善军等（1996）利用三维有限元方法对裂缝双侧向测井响应作模拟分析，得到一套裂缝孔隙度的定量解释模型；张程恩等（2011）利用纵横波时差、成像测井等特殊测井资料进行裂缝孔隙度的计算。由于双侧向电阻率资料相对于其他特殊测井资料更为经济且容易获取，最常用的仍是基于双侧向电阻率的裂缝孔隙度模型。裂缝孔隙度计算模型如下。

油层（减阻侵入，$R_{lls} < R_{lld}$）：

$$\Phi_f = \sqrt[m_f]{R_{mf}(1/R_{lls}-1/R_{lld})}$$

水层（增阻侵入，$R_{lls} > R_{lld}$）：

$$\Phi_f = \sqrt[m_f]{\frac{(1/R_{lls}-1/R_{lld})}{(1/R_{mf}-1/R_w)}}$$

式中，R_{mf} 为钻井滤液电阻率；R_{lls} 为浅侧向电阻率；R_{lld} 为深侧向电阻率；m_f 为裂缝孔隙度指数。

　　基于深浅双侧向测井参数，考虑泥质、裂缝倾角、流体性质等影响得到的经验算法，对其标定一般利用成像测井得到的裂缝面孔率、岩心测量得到的裂缝孔隙度等准确性相对较高的参数。

　　本书在进行裂缝孔隙度的计算重点考虑了四个方面因素：①双侧向电阻率的可靠性；②泥质等非裂缝因素校正；③泥浆滤液电阻率等基础数据处理；④裂缝孔隙度的标定。

　　（1）双侧向电阻率可靠性分析。

　　研究发现，由于研究区储层润湿性为亲油-强亲油（润湿性实验分析结果），经绘制 TG2C 井、TG19-16C 井的冲洗带、侵入带、原状地层电阻率 R_M、R_S、R_D 的分布关系交会图（图 11-7），发现泥浆滤液侵入造成油水同层、油层出现电阻率异常现象（流体识别研究中，认为 $R_D \geqslant 6\Omega\cdot m$ 即为油水同层，$R_D \geqslant 13\Omega\cdot m$ 则为油层）。

　　在常压断块广泛分布含油较差的油水同层，以 TG2C 井为例，TG2C 井平均产水率达 91.27%，认定为水层与油水同层共存。原理上来讲，在 $R_D \geqslant 6\Omega\cdot m$ 的油水同层段，泥浆滤液侵入会造成减阻侵入（$R_M < R_S < R_D$），但该区却为增阻侵入，即 $R_M \geqslant R_S > R_D$ [图 11-7（a）]。经文献调研致密储层产生的“低阻环带”现象后分析，油水同层段，由于储层亲油，油与岩石表面分子作用力强，泥浆滤液侵入时，位于裂缝或孔隙中心部位的高矿化度地层水被泥浆滤液优先驱替到原状地层，电阻率值较高的油与泥浆滤液在侵入带聚集，形成“增阻侵入”异常。

　　在超压断块含油性较好的油层，以 TG19-16C 井为例，其平均产水率仅为 11.3%，认定为含水油层或油层。原理上来讲，在 $R_D \geqslant 20\Omega\cdot m$ 的好油层段会造成减阻侵入（$R_M < R_S < R_D$），但实际研究中却发现“增阻环带”现象的存在，即 $R_M < R_S > R_D$ [图 11-7（b）]。该现象的出现，原理为亲油储层的裂缝/孔隙中饱含油，少量束缚水存在于孔隙中央位置，泥浆滤液将冲洗带的油驱替到侵入带，冲洗带、侵入带的束缚水却因流动性强进入更深部地层，因此导致侵入带含油饱和度最高，电阻率增大，形成“高阻环带”现象。

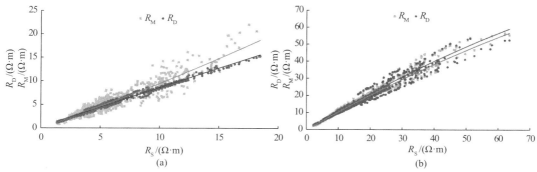

图 11-7　TG2C 井（a）及 TG19-16C 井（b）沙三 5 亚段 $R_M < R_S < R_D$ 关系图

针对该区浅侧向电阻率 R_S 易受储层因素影响造成深浅电阻率关系不适用基于常规侵入模型的裂缝孔隙度模型，此处选用正常的 R_M 和 R_D，建立正常的侵入模型，可以用于裂缝孔隙度的计算。利用 R_M、R_D 计算的裂缝孔隙度与测井得到的裂缝发育 Y 指数更能建立好的关系 [图 11-8（a）～图 11-8（d）]，表明利用 R_M、R_D 计算裂缝孔隙度是合理的。

由于研究区多数井未进行球形聚焦电阻率 R_M 的测定，研究发现超压、常压与储层含油性及泥浆侵入深度具较强相关性，因此通过 TG2C 井、TG19-16C 井分别建立常压断块与超压断块的 R_M 与 R_S 间的关系，等同于对失准的 R_S 进行校正[图 11-9（a）、图 11-9（b）]。R_M 计算模型如下。

常压部位井：

$$R_M = \frac{R_{mf}}{0.1255}（0.0094R_S^2 + 0.8254R_S + 0.2862），\qquad R^2=0.8892$$

超压部位井：

$$R_M = \frac{R_{mf}}{0.8698}（-0.0033R_S^2 + 1.1503R_S - 0.602），\qquad R^2=0.9778$$

（2）泥质等非裂缝因素校正。

利用双侧向电阻率进行裂缝孔隙度的计算，是基于裂缝内流体会对双侧向电阻率造成整体降低及幅度差增大的原理，一般适用于碳酸盐岩或特致密砂岩储层，以减小孔隙流体对电阻率的影响。当储层中泥质含量较高时，会引起电阻率降低，电阻率降低会被计算模型认为是由裂缝引起的，在泥质含量高的层段，所计算的裂缝孔隙度会发生增大异常，需对泥质等因素进行校正。

赵辉等（2012）在研究中对非裂缝因素（如孔隙增大、岩石结构变化、含水饱和度增加、泥质含量增加等）引起电阻率的降低，提供了校正模型，即在裂缝孔隙度计算模型前面乘以一个经验校正系数：

$$1/\alpha^{\frac{R_{bt}}{R_t}}$$

式中，α 为经验系数，$\alpha > 1$，随 α 越大，对裂缝孔隙度 $\varPhi_f$ 的校正越敏感；R_{bt} 为发育裂缝的特致密地层电阻率；R_t 为原状地层电阻率，R_t 与 R_{bt} 差值越大，校正量越大。

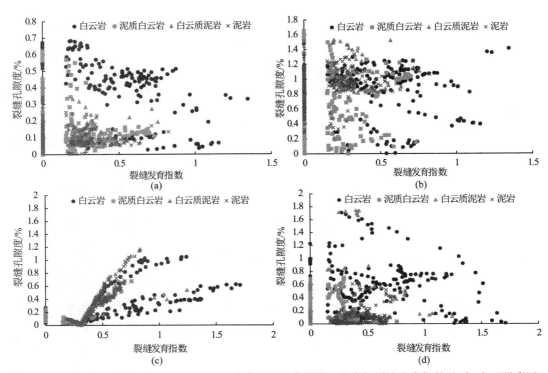

图 11-8　TG2C 井［（a）、（b）］及 TG19-16C 井［（c）、（d）］裂缝孔隙度与裂缝发育指数关系（文后附彩图）

（a）和（c）为 R_M-R_D 结果，（b）和（d）为 R_S-R_D 结果

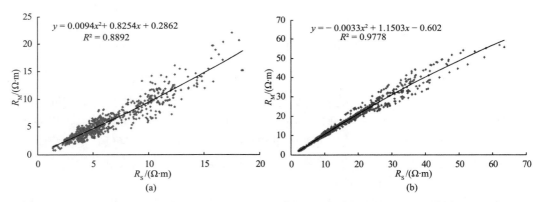

图 11-9　TG2C 井（a）及 TG19-16C 井（b）沙三 5 亚段 R_M-R_S 关系图

非裂缝因素校正的裂缝孔隙度模型如下。

油层（减阻侵入，$R_{lls} < R_{lld}$）：

$$\Phi_f = 1/\alpha^{\frac{R_{bt}}{R_t}} \sqrt[m_f]{R_{mf}(1/R_{lls}-1/R_{lld})}$$

水层（增阻侵入，$R_{lls} > R_{lld}$）：

$$\varPhi_\mathrm{f} = 1/\alpha^{\frac{R_\mathrm{bt}}{R_\mathrm{t}}m_\mathrm{f}} \sqrt{\frac{(1/R_\mathrm{lls}-1/R_\mathrm{lld})}{(1/R_\mathrm{mf}-1/R_\mathrm{w})}}$$

经 α = 1.1，1.2，1.3，1.4 试算效果分析，最终决定选取 α =1.3；经统计，研究区中致密层（干层）R_bt 分布范围为 21.351 ～ 62.182 $\Omega\cdot\mathrm{m}$，此处取算数平均值 35.43 $\Omega\cdot\mathrm{m}$。

（3）泥浆滤液电阻率等基础数据。

该部分主要对储层物性计算中所需的地层水电阻率、泥浆滤液电阻率进行计算。

①地层水电阻率。

地层水矿化度 P 与电阻率 R_w 关系：

$$P = y^{1.05}$$

$$y = \frac{3\times10^5}{R_\mathrm{w}(T+7)-1}$$

式中，T 为地层温度，℉。

根据流体分析化验资料，TG10-10C 井、TG29-5C 井、TG2C 井排出地层水的平均矿化度 P 为 25020.31ppm，油层温度取 TG2C 井，即 T=110℃ =230 ℉，由此获得地层水电阻率 R_w=0.086164$\Omega\cdot\mathrm{m}$。

②泥浆滤液电阻率。

泥浆滤液电阻率 R_mf 可根据泥浆电阻率 R_m 通过斯伦贝谢公式的经验公式求得

$$R_\mathrm{mf} = CR_\mathrm{m}^{1.07}$$

式中，R_m 为泥浆电阻率，$\Omega\cdot\mathrm{m}$；C 是与泥浆比重有关的系数，当泥浆比重 $\rho\leqslant1.678\mathrm{g/mL}$ 时，C=5.322×10$^{-0.666\rho}$。

根据以上方法求得研究区各井的泥浆滤液电阻率（表 11-2）。

表11-2　研究区各井泥浆滤液电阻率参数表

井号	密度 $\rho/(\mathrm{g/cm^3})$	系数 C	泥浆 $R_\mathrm{m}/(\Omega\cdot\mathrm{m})$	泥浆滤液 $R_\mathrm{mf}/(\Omega\cdot\mathrm{m})$
TG2C 井	1.53	0.509442	0.27	0.125502997
TG19-16C 井	1.45	0.575937	1.47	0.869769989
TG10-10C 井	1.52	0.517315	1.28	0.673704639
TG29-5C 井	1.55	0.494055	0.24	0.107300291
TG29-2 井	1.35	0.67139	1.42	0.97706487
TG29-3 井	1.4	0.621835	0.72	0.4375429
TG10 井	1.38	0.641202	0.78	0.491514229
TG11 井	1.36	0.661173	0.19	0.111835896
TG10-1 井	1.41	0.612371	0.53	0.310448847
TG8 井	1.24	0.794758	0.42	0.314131589
TG1 井	1.13	0.940795	0.82	0.760809089
TG2 井	1.23	0.80704	1.6	1.334452906
TG18-16C 井	1.58	0.47184	0.24	0.102475701

（4）裂缝孔隙度的标定。

裂缝孔隙度标定时所选用的标准值一般有两种：利用成像测井获取的裂缝面孔率、基于岩心裂缝参数获得的裂缝面孔率。

裂缝视孔隙度（FVPA），即裂缝在单位长度井壁上的视张开缝面积与单位长度井段中成像图像面积的比值，即面孔率，一般也近似作为裂缝孔隙度。

我们利用 TG2C 井取心段岩心裂缝参数所获取的裂缝面孔率、2930 ～ 3236m（306m）的成像测井 FMI 资料获取裂缝视孔隙度[①]，分别与计算模型获得的裂缝孔隙度进行对比，以获得拟合关系（图 11-10）。

由图 11-10 可知，TG2C 井的岩心裂缝面孔率、成像测井裂缝面孔率与计算模型所得的裂缝孔隙度均具正相关关系，并得到校正模型。

岩心裂缝孔隙度校正模型：

$$\Phi_{f-岩心} = 0.0848e^{1.9313\Phi_f}, \qquad R^2 = 0.777$$

成像测井裂缝孔隙度校正模型：

$$\Phi_{FVPA} = 0.0009\Phi_f^2 + 0.0004\Phi_f + 0.0001, \qquad R^2 = 0.5565$$

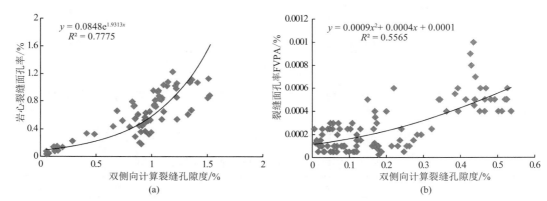

图 11-10　TG2C 井岩心（a）、XRMI（b）裂缝面孔率与裂缝孔隙度计算值关系图

XRMI 表示增强型微电阻率成像测井

TG2C 井取心段岩心裂缝孔隙度为 0.034% ～ 1.23%，FMI 提取的 FVPA 仅为 0 ～ 0.00185%，二者相差达三个数量级。由于该区裂缝开度多小于 1mm，小于 XRMI 分辨率（0.2in=5.08mm），且 FVPA 整体高低与操作者经验有关，因此认为岩心裂缝面孔率校正方法相对更准确。

3）孔隙度计算与结果

由以上孔隙度模型及校正方法，可按孔隙度计算流程图所示流程对研究区的孔隙度参数进行计算（图 11-11）。

利用以上孔隙度模型对全区数据齐全的 11 口井进行孔隙度计算，获得塘沽地区各井沙三 5 亚段孔隙度（表 11-3）。

---

　　① 姚光庆，王家豪，谢丛姣. 2013.塘沽地区沙三 5 特殊岩性体沉积特征及油藏综合评价研究报告. 武汉：中国地质大学（武汉）。

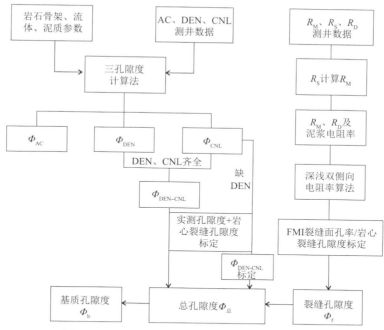

图 11-11　塘沽地区沙三 5 亚段孔隙度计算流程图

表11-3　塘沽地区各井沙三5亚段孔隙度汇总表　　　　　（单位：%）

井号	$\Phi_{总}$均值	Φ_{f}均值	白云岩			泥质白云岩			白云质泥岩			泥岩		
			最小值	平均值	最大值	最小值	平均值	最大值	最小值	平均值	最大值	最小值	平均值	最大值
TG19-16C 井	15.81	0.241	20.16	24.45	33.8	12.38	14.12	17.18	8.593	9.385	11.36	9.515	10.98	13.01
TG29-3 井	9.147	0.207	4.767	7.646	11.05	4.887	8.134	11.77	4.577	6.083	7.212	4.924	10.56	14.47
TG2C 井	9.04	0.183	7.183	10.96	17.91	6.556	8.589	17.47	6.486	8.403	11.65	5.747	8.431	11.73
TG10 井	8.004	0.39	5.127	8.802	12.9	5.209	6.217	7.209	6.59	7.671	9.355	6.33	7.883	10.38
TG29-5C 井	7.921	0.22	3.195	6.34	21.63	3.376	8.073	26.11	5.801	9.283	19.3	2.871	10.62	14.79
TG10-10C 井	7.588	0.155	5.229	8.227	12.86	3.419	8.84	33.7	5.243	6.254	11.42	5.253	7.378	13.67
TG18-16C 井	7.626	0.15	3.657	7.303	18.17	3.037	6.134	17.97	3.056	8.273	17.27	3.597	9.903	17.04
TG29-2 井	7.549	0.183	3.16	7.604	16.42	5.278	10.57	14.91	4.983	6.395	8.212	5.129	6.265	8.404
TG11 井	7.768	0.161				6.559	8.275	10.4	6.206	8.199	10.93	6.128	8.139	10.63
TG10-1 井	6.909	0.251	4.166	6.699	9.958	4.438	5.737	7.243	4.976	6.692	8.953	4.299	8.649	10.91
TG8-2 井	12.72								10.24	15.41	18.73	3.264	12.69	18.03

　　经统计，白云岩和泥质白云岩孔隙度均值分别为 9.78% 和 8.47%；单井上看，TG19-16C 井孔隙度最高（15.81%），其次为 TG29-3 井（9.147%）和 TG2C 井（9.04%）。

　　研究区沙三 5 亚段储层中，TG19-16C 井全段、TG18-16C 井上部、TG29-5C 井上部、TG29-2 井局部均出现孔隙度达 15% ～ 24% 的异常高孔隙度段，这四口井均靠近断层部位，暗示高孔与断层活动产生的裂缝或流体活动有关。结合 TG2C 井岩心中可见的溶孔，这些高孔段可能同样为溶蚀作用产物。

综合以上数据，该区储层的孔隙度以中-低孔为主，异常高孔隙与断层附近裂缝发育、流体活动频繁形成的埋藏溶蚀作用有关。

2. 渗透率模型

对于裂缝-孔隙型储层，渗透率计算模型分两部分分别建立：基质渗透率 K_b、裂缝渗透率 K_f。

1）基质渗透率模型

基质渗透率的计算，一般通过气测孔渗数据建立孔渗模型，其他方法还包括：利用经验模型计算后再用实验数据标定、利用孔隙度、比表面积、残余水饱和度、最大进汞饱和度、排驱压力等参数与实验渗透率进行回归建立关系模型（Chilingarian et al., 1990; Mowers and Budd, 1996; 廖明光等，2001）。在复杂碳酸盐岩储层渗透率研究中，不同岩性的孔喉结构不同，需要分岩性建立孔渗模型（刘宏等，2010）；储昭宏等（2006）在对比不同渗透率模型后，认为最精确的模型仍然是基于孔渗实验数据建立的一般渗透率模型，因为该模型能够体现沉积与物性之间的关系。

前述研究中已指出白云岩类岩石中渗透率与孔隙度之间并不具备良好的相关性（第9章第9.1节），利用实测孔渗数据进行拟合分析难以获得有效的孔渗关系模型，因此本书主要考虑利用国内常用的碳酸盐岩基质渗透率与基质孔隙度的谭廷栋经验关系式进行计算，并与实验渗透率数据建立校正模型：

$$K_b = e^{7.47\Phi_b + 0.506}$$

式中，Φ_b 为基质孔隙度，小数；K_b 为基质渗透率，$10^{-3}\mu m^2$。

根据谭廷栋经验公式所得渗透率计算值与实验数据对比，发现两者相关性不佳 [图 11-12（a）]。经删除异常点（白云岩 3/14、泥质白云岩 4/8、泥岩类 3/13）并合并为白云岩类及泥岩类再进行拟合后，可以见到拟合效果得到一定改善 [图 11-12（b）]，并获取了以下的渗透率标定关系式。

白云岩类：

$$K_{脉冲} = e^{\left(\frac{K_b - 5.0225}{0.2037}\right)}, \qquad R^2 = 0.4876$$

泥岩类：

$$K_{脉冲} = \frac{K_b - 2.769}{0.6148}, \qquad R^2 = 0.5145$$

2）裂缝渗透率模型

裂缝渗透率的计算，国内外有较多模型，但都是基于裂缝孔隙度 Φ_f、裂缝开度 B 两大参数，仅为根据该区裂缝特征进行大量试井分析后，获得地层裂缝渗透率，以拟合出式中不同的系数。本书工作之一即为利用双侧向电阻率计算裂缝开度 B（此处同样使用非裂缝参数校正）。

裂缝开度 B 计算模型如下（斯伦贝谢 Sibbit 模型，经非裂缝因素校正）。

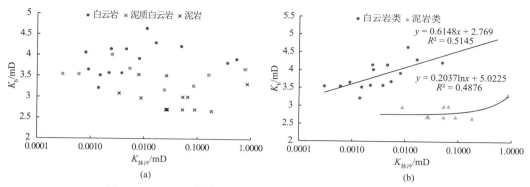

图 11-12 TG2C 井沙三 5 亚段脉冲渗透率–计算渗透率关系图

低角度缝（$R_{lls} > R_{lld}$）：

$$B = 1/\alpha^{\frac{R_{bt}}{R_t}} R_m \left(\frac{1}{R_t} - \frac{1}{R_b}\right) \frac{10^3}{1.2}$$

高角度缝（$R_{lls} < R_{lld}$）：

$$B = 1/\alpha^{\frac{R_{bt}}{R_t}} R_m \left(\frac{1}{R_{lls}} - \frac{1}{R_t}\right) \frac{10^4}{4}$$

裂缝渗透率模型：

$$K_f = 8.22185 \times 10^5 \Phi_f B^{1.596}$$

式中，B 为开度，μm；K_f 为裂缝渗透率，mD；Φ_f 为裂缝孔隙度。

因裂缝中流体流动性远高于孔隙，难以通过实验测定，一般通过试井分析获取，以裂缝型地层渗透率近似作为储层裂缝渗透率，因此裂缝渗透率模型计算结果无法标定，其结果也仅作参考。

3）渗透率计算与结果

由以上渗透率模型及校正方法，可按渗透率计算流程图所示流程对研究区的渗透率参数进行计算（图 11-13），获得各井的基质渗透率、裂缝渗透率参数（表 11-4、表 11-5）。

根据以上渗透率模型及计算流程，对研究区数据较齐全的井进行渗透率计算，获得塘沽地区各井沙三 5 亚段的渗透率。经统计，研究区沙三 5 亚段基质渗透率均值多小于 1mD，为特低渗储层。

单井中，TG19-16C 井渗透性最好，且断层与渗透率平均值具有较好的响应，靠近断层的 TG19-16C 井、TG29-5C 井、TG29-2 井、TG29-3 井、TG10 井因裂缝发育，使总渗透率均相对较好。

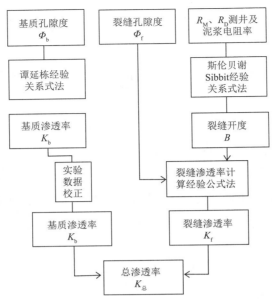

图 11-13　塘沽地区沙三 5 亚段渗透率计算流程图

表11-4　塘沽地区各井沙三5亚段基质渗透率汇总表　　　　（单位：mD）

井号	K_b均值	白云岩			泥质白云岩			白云质泥岩			泥岩		
		最小值	平均值	最大值	最小值	平均值	最大值	最小值	平均值	最大值	最小值	平均值	最大值
TG19-16C 井	3.845	5.453	8.62	20.04	1.822	2.457	3.833	0.633	0.863	1.394	0.806	1.299	1.999
TG2C 井	0.811	0.2659	1.311	4.048	0.0917	0.695	3.915	0.1733	0.636	1.471	0.0113	0.656	1.584
TG29-5C 井	0.651	0	0.2384	5.931	0	0.8452	10.037	0	0.9668	4.9486	0	1.323	2.747
TG10-10C 井	0.515	0	0.586	1.951	0	0.9549	19.932	0	0.1493	1.5294	0	0.417	2.3
TG18-16C 井	0.523	0	0.43	4.263	0.002	0.353	4.228	0	0.66	3.852	0	1.115	3.733
TG10 井	0.481	0	0.5966	1.685	0	0.0631	0.2529	0.0758	0.3773	0.9038	0	0.5025	1.208
TG10-1 井	0.276	0	0.2343	1.0724	0	0.0541	0.3362	0	0.1929	0.7962	0	0.6938	1.2942
TG11 井	0.572				0.1582	0.5933	1.1774	0.0612	0.5778	1.33	0.0827	0.5589	1.2308
TG29-2 井	0.51	0	0.6514	3.378	0	1.2623	2.7318	0	0.1486	0.579	0	0.161	0.6285
TG29-3 井	0.8891	0	0.427	1.3304	0	0.6164	1.616	0	0.1012	0.3018	0	1.285	2.5349

表11-5　塘沽地区各井沙三5亚段裂缝渗透率汇总表　　　　（单位：mD）

井号	K_f均值	白云岩			泥质白云岩			白云质泥岩			泥岩		
		最小值	平均值	最大值	最小值	平均值	最大值	最小值	平均值	最大值	最小值	平均值	最大值
TG19-16C 井	4828.4	0.003	5278	49461	0.111	798.87	12469	0.025	4623	8263	0.003	340.5	1354.5
TG2C 井	647.2	1.253	1838	5511	0.0012	562.2	5353.8	0.001	283.56	1675	0.004	195.26	891
TG29-5C 井	1293.4	0.02	1681.4	2586.7	0.13	905.35	2328	0.24	646.68	840.68	0.26	194	323.34

续表

井号	K_f 均值	白云岩			泥质白云岩			白云质泥岩			泥岩		
		最小值	平均值	最大值	最小值	平均值	最大值	最小值	平均值	最大值	最小值	平均值	最大值
TG10-10C 井	276.1	0	358.89	552.14	0.163	193.25	496.93	0.1336	138.04	179.45	0.171	41.41	69.02
TG18-16C 井	1562.6	1.29	2031.4	3125.2	0.002	1093.8	2812.7	0.001	781.3	1015.7	1.2733	234.39	390.65
TG10 井	2802.1	2.731	3642.8	5604.3	4.163	1961.5	5043.8	1.5758	1401.1	1821.4	5.624	420.32	700.53
TG10-1 井	1154.6	0.376	1500.9	2309.2	0.1439	808.22	2078.3	0.763	577.3	750.49	0.2387	173.19	288.65
TG11 井	425.9				0.1182	298.16	766.69	0.0612	212.97	276.86	0.0827	63.891	106.49
TG29-2 井	3746	3.645	4869.8	7492	6.2743	2622.2	6742.8	9.736	1873	2434.9	3.656	561.9	936.5
TG29-3 井	2665.4	1.634	3465	5330.8	2.462	1865.8	4797.7	4.263	1332.7	1732.5	10.724	399.81	666.35

3. 含油饱和度模型

含油饱和度是油藏评价的关键基础数据。裂缝-孔隙型储层的含油饱和度计算也同样分基质与裂缝两部分。

1) 基质含油饱和度

对于含油饱和度的求解，一直以来都以阿奇公式及其衍生公式为主，这些公式均基于并联导电模型，将储层中的导电介质尽量细化，同时对不同孔隙结构类型给予不同的孔隙度结构指数 m、饱和度指数 n，以实现精确计算的目的。

本书利用普通阿奇公式与考虑裂缝、泥质影响的组合公式进行对比，最后选取拟合度更高的模型进行基质含油饱和度的计算。

（1）阿奇公式：

$$S_w = \sqrt[n]{\frac{abR_w}{\Phi^m R_t}}$$

式中，m 为孔隙结构指数，一般取 2；n 为饱和度指数，一般取 2；岩性指数 $a=b=1$。

（2）考虑裂缝、泥质的并联导电模型：

$$\begin{cases} \dfrac{1}{R_{lld}} = \dfrac{\Phi_b^{m_b} S_{wb}^{n_b}}{R_w} + \dfrac{\Phi_f^{m_f}}{R_m} + \dfrac{V_{sh}^{\alpha}}{R_{sh}} \\ \dfrac{1}{R_{lls}} = \dfrac{\Phi_b^{m_b} S_{wb}^{n_b}}{R_w} + \dfrac{\Phi_f^{m_f} K}{R_m} + \dfrac{V_{sh}^{\alpha}}{R_{sh}} \end{cases}$$

式中，m_f 为裂缝的孔隙结构指数，$m_f = 1.3$；K 为畸变系数，浅侧向测井电阻率受裂缝影响而降低，其畸变系数为 $K = 1.2 \sim 1.3$；α 为地区经验参数，其值为 $1 \sim 2$，一般取 1.5；S_{wb} 为基质含水饱和度；V_{sh} 为泥质含量。

统计该区厚层泥岩电阻率作为其泥质电阻率 $R_{sh} = 5.5\Omega\cdot m$，由此可将以上方程组简化为

$$S_{wb} = \sqrt[n]{\frac{R_w}{\Phi_b^{m_b}} \left(\frac{1}{R_{lld}} - \frac{\Phi_f^{m_f}}{R_m} - \frac{V_{sh}^{\alpha}}{R_{sh}} \right)} = \sqrt[n]{\frac{R_w}{\Phi_b^{2}} \left(\frac{1}{R_{lld}} - \frac{\Phi_f^{1.3}}{R_m} - \frac{V_{sh}^{1.5}}{R_{sh}} \right)}$$

由阿奇公式、并联模型得到的考虑泥质的公式、考虑裂缝及泥质的公式，将以上三个模型的计算结果，与中国石油勘探开发研究院廊坊分院所做的含油饱和度实验数据进行交会，以拟合标定关系模型（图11-14）。

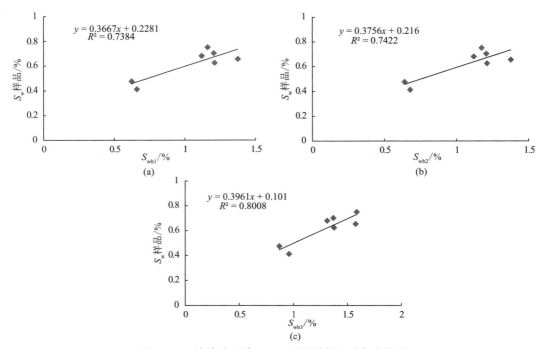

图11-14　塘沽地区沙三5亚段含油饱和度标定模型

（a）阿奇公式模型；（b）考虑泥质并联导电模型；（c）考虑泥质、裂缝的并联导电模型

由图11-14可知，阿奇公式所计算的含油饱和度与实验测定结果相关性最好，因此最终选用经典阿奇公式法进行含油饱和度的计算及标定。其他两种考虑泥质、裂缝的模型，虽从原理上更符合实际，但可能由于泥质、裂缝参数的准确性不足，难以使饱和度结果达到更高准确度。

含油饱和度标定模型：

$$S_{wb}=0.3961S_{wb}+0.101, \qquad R^2=0.8008$$

2）裂缝含油饱和度

利用测井资料在裸眼井中很难计算裂缝含油饱和度，通常由实验室确定。实验研究表明，裂缝中的束缚水饱和度非常低。据傅海成等（2006）转述，法国国家石油研究院通过实验测定已知宽度裂缝壁上的束缚水膜厚度算法，获取了不同开度条件下的裂缝含水饱和度参数表（表11-6）及裂缝开度与束缚水饱和度的关系模型：

$$S_{wf} = \frac{3B_w}{2b}$$

式中，B_w 为裂缝壁水膜厚度，μm；b 为裂缝宽度，μm。

表11-6　裂缝含水饱和度参数表

裂缝宽度 /μm	0.96	1.2	2.4	3.6	4.8	9.6
裂缝含水饱和度 /%	50	40	30	20	10	5

由于研究区储层属于亲油性储层，裂缝含油饱和度与常规亲水性岩石的实验结果不同，暂无实测数据可借鉴。

由于前人对裂缝含油饱和度的实验研究均针对亲水储层，对亲油储层的含油饱和度测定，暂无实验数据可借鉴。考虑烃类流体充注过程及储层润湿性因烃类充注由亲水性变为亲油性的转变，因此，在该区亲油性岩石储层条件下，裂缝含油饱和度模式与亲水储层类似，但整体上提高 10% 以作为该区的裂缝含油饱和度。

由于裂缝孔隙度比基质孔隙度小得多，一般小于总孔隙度的 10%，因此裂缝含油饱和度的变化对总含油饱和度的影响相对较小。

3）含油饱和度计算与结果

由以上含油饱和度模型及校正方法，可按饱和度计算流程图所示流程对研究区的含油饱和度参数进行计算（图 11-15）。

根据以上饱和度模型及计算流程，对塘沽地区数据较齐全的井进行饱和度计算，获得塘沽地区沙三 5 亚段含油饱和度（表 11-7）。

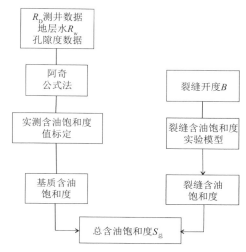

图 11-15　塘沽地区沙三 5 亚段含油饱和度计算流程图

表11-7　塘沽地区沙三5亚段含油饱和度统计表　（单位：%）

井号	S_o 均值	白云岩			泥质白云岩			白云质泥岩			泥岩		
		最小值	平均值	最大值	最小值	平均值	最大值	最小值	平均值	最大值	最小值	平均值	最大值
TG19-16C 井	60.19	72.78	79.17	83.34	56.41	64.91	72.56	17.16	55.59	70.3	15.17	38.05	58.02
TG29-5C 井	45.89	0	47.71	76.91	6.11	36.83	72.86	17.16	51.28	73.1	1.74	36.37	57.13
TG18-16C 井	35.1	1.87	44.77	75.69	0.18	20.06	70.53	0	38.97	70.7	0	9.58	46.5
TG29-2 井	34.33	1.32	42.63	71.58	13	55.19	68.78	1.75	24.81	57.63	0	11.5	25.84
TG29-3 井	34.99	35.69	52.96	60.99	18.2	36.45	53.82	4.86	25.21	45.11	2.39	29.35	47.26
TG2C 井	26.05	24.78	49.57	66.75	7.64	26.74	57.13	0	20.07	56.07	0	13.02	48.11
TG10-10C 井	9.57	0	24	52.75	0	16.33	69.32	0	1.05	15.53	0	2.71	32.41
TG10 井	14.92	0	34.7	53.59	2.54	8.11	22.36	0	14.31	35.25	0	3.82	27.99
TG10-1 井	19.15	7.06	34.14	51.89	0	35.44	15.62	3.08	13.65	47.31	1.19	19.77	43.2
TG11 井	17.89				4.15	24.28	40.16	0.79	16.55	34.18	0.98	17.38	40.68

　　经全区统计，岩性与含油性具有相关性，白云岩含油饱和度相对最高（45.61%），其次为泥质白云岩（33.81%）。单井上看，TG19-16C井整体含油最好（60.19%），其次为TG29-5C井（45.89%），TG29-2井、TG29-3井含油也相对较好，计算结果与生产实际接近，计算结果可信。

11.1.2　三维地质模型

1. 建模基础数据准备及思路

　　储层地质建模针对塘沽地区沙河街组三段下部的沙三5亚段进行建模，层位包括沙三5亚段1小层、沙三5亚段2-1小层、沙三5亚段2-2小层、沙三5亚段3-1小层、沙三5亚段3-2小层。

　　数据准备是储层建模的基础。基本数据主要包括以下几类：地震构造层面，断层多边形，井头数据（主要包括井坐标、井斜、补心高程及井深数据），测井资料，岩性解释数据，成像测井资料，裂缝岩心观察，孔隙度，渗透率及含油饱和度等。

　　塘沽地区建模所用的资料概括如下。

　　钻井资料：共计18口钻井。

　　井资料包括上述各类不同钻井的井位坐标、补心海拔高程、井轨迹、原始测井曲线、录井、测井综合解释岩性、油水层等数据。

　　（1）地质基础资料：塘沽地区单井分层、岩性、裂缝密度平面图数据及储层非均质展布的认识及经验地质知识库数据。

　　（2）地球物理资料：2010年高分辨率地震资料解释的沙三5亚段顶、底面构造图及断层多边形。

　　地质建模在储层综合研究的基础上，运用建模软件Petrel，采用确定性与随机性交互式建模方法，进行该区精细地质模型的构建，具体的建模思路如图11-16所示。

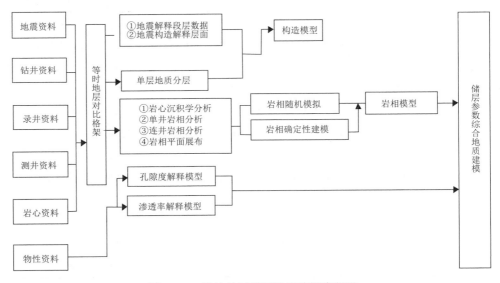

图11-16　塘沽地区储层地质建模流程图

2.构造模型

1）断层模型

首先，导入地震追踪的各层位的断层多边形数据，进行一定的组合，对于没有构造解释和断层多边形数据的层位进行顺延处理，最后通过剖面详细分析，验证断层切面形态合理性（图 11-17）。

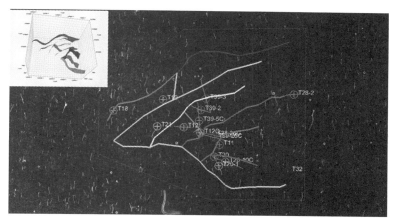

图 11-17　塘沽地区沙三 5 亚段断层模型（左上小图为断层模型结果图）

2）网格化参数

在断层建模的基础上对工区进行网格化，考虑工区范围及砂体分布大小特征，平面上采用 20m×20m 网格，具体不同小层平面网格总数如表 11-8 所示。

表11-8　塘沽地区模型网格化及垂向分层参数

工区层位		塘沽地区		
		X 轴向	Y 轴向	Z 轴向
沙三 5 亚段	1	449	369	16
	2-1			15
	2-1			15
	3-1			15
	3-2			15

3）层面模型

（1）创建层面。

在构造建模时，地震构造解释层面数据可能与单井的分层数据存在一定的细微的误差，所以本书采用地震解释构造面和钻井分层共同控制的方法建立层面模型。

（2）创建地层及细分小层。

针对没有地震构造解释的层面，利用 Petrel 软件的 Make Zones 功能在地震构造解释层面和单井分层的约束下创建其他的层面。全区 5 个小层垂向地层厚度分布直方图如图 11-18 所示。最后利用 Layering 模块对地层进行进一步细分，建好的地质模型在垂向上满足了垂向网格为 1 ～ 1.5m 的要求。

4）三维构造模型

根据构造建模的结果制作各亚段的顶面构造等值线图，各亚段等值线疏密均匀，并与地球物理的解释构造面基本一致，表明构造模型建立的比较理想（图 11-19），通过与已有构造图比较发现两者较一致。

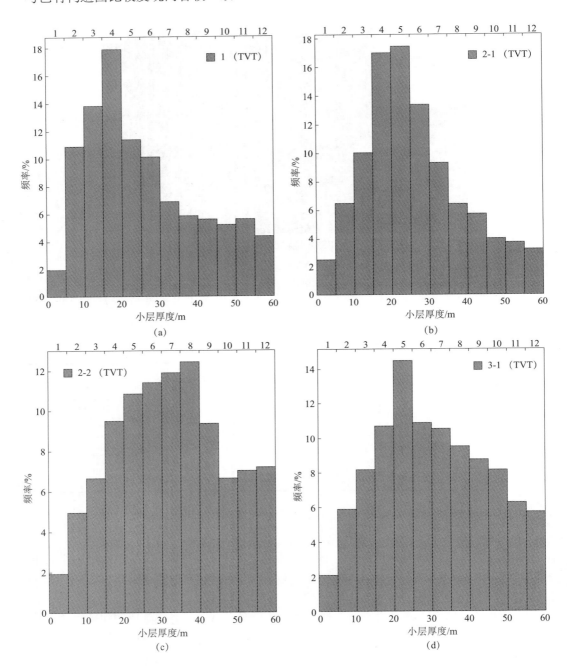

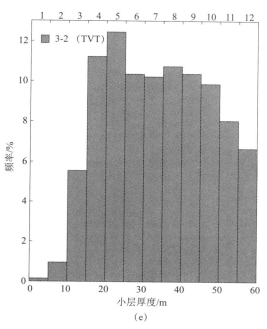

图 11-18　塘沽地区小层厚度分布直方图

3. 岩性模型

岩性模型采用沉积相控制、井点约束的序贯指示模拟方法，主要针对井点不同沉积微相的岩性数据进行空间分析，主要分析白云岩、泥质白云岩、白云质泥岩和泥岩所占比例、变差函数及岩性垂向分布等（表 11-9），并利用分析数据在沉积微相控制下建立岩性三维模型［图 11-20（a）～图 11-20（e）］。

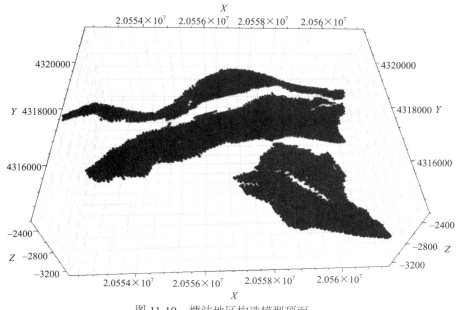

图 11-19　塘沽地区构造模型顶面

表11-9　塘沽地区不同岩相变差函数分析结果表

层位		白云岩				泥质白云岩				白云质泥岩				泥岩			
		主变程/m	次变程/m	垂变程/m	主方位/(°)	主变程/m	次变程/m	垂变程/m	主方位/(°)	主变程/m	次变程/m	垂变程/m	主方位/(°)	主变程/m	次变程/m	垂变程/m	主方位/(°)
沙三5亚段	1									5007	4000	20.3	344	5111	2967	37	341
	2-1	2536	1500	100	339	1879	1464	100	339	2993	1410	21.8	333	1787	1560	43.5	338
	2-2	4549	4003	55	344	3372	2360	47.8	338	2695	1641	100	341	3512	3176	100	350
	3-1	2863	2569	73.9	344	5814	3796	39.6	341	2801	406	100	338	4668	3058	48.5	342
	3-2	2415	1495	100	341	1572	1417	34.3	342	3388	2000	45.9	347	1708	1389	37.3	335

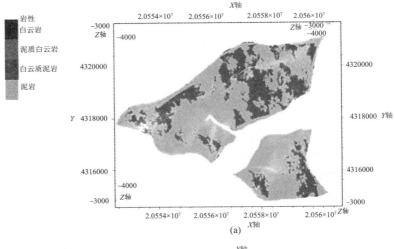

(a)

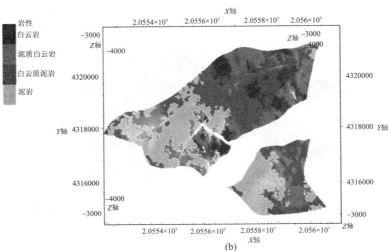

(b)

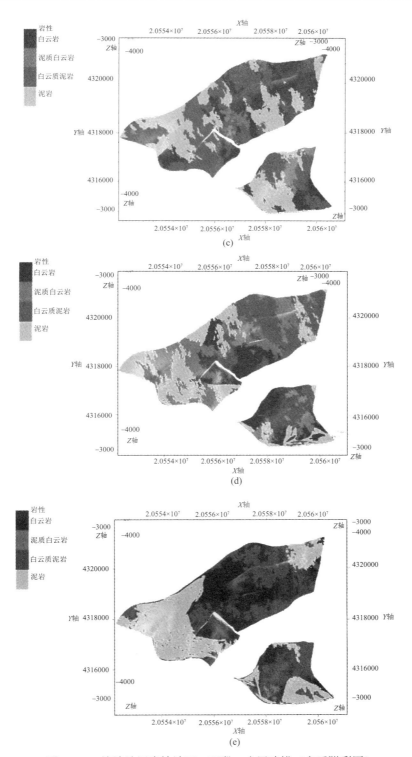

图 11-20　塘沽地区岩性沙三 5 亚段 1 小层建模（文后附彩图）

（a）沙三 5 亚段 2-1 小层；（b）沙三 5 亚段 2-2 小层；（c）沙三 5 亚段 3-1 小层；（d）沙三 5 亚段 3-2 小层；（e）三维图

4. 孔隙度模型

孔隙度模型：在上面的数据分析基础上，采用序贯高斯方法建立在沉积微相约束下的孔隙度模型（图 11-21、图 11-22），不同层的孔隙度在单井粗化前、粗化后和建模后的分布相差不大，说明模型遵从原始数据统计结果，并分别作各层的孔隙度等值线平面图。

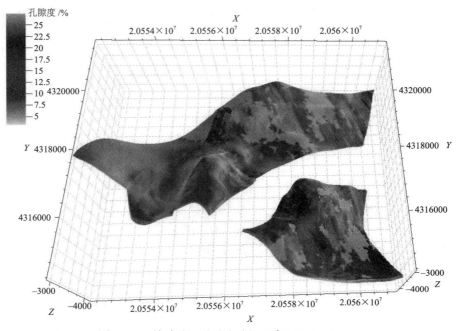

图 11-21　塘沽地区孔隙度建模 Es_3^5-3-1 顶（文后附彩图）

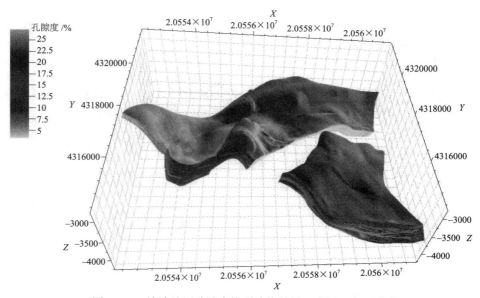

图 11-22　塘沽地区孔隙度模型建模结果三维图（文后附彩图）

5. 渗透率模型

首先对不同岩相内部渗透率的变差函数进行分析，表 11-10 为不同方向统计的变差函数。数据控制转换（transformations）：在不同的沉积微相单元内部，对输入数据、输出数据的最大、最小值及数据的分布进行分析，以便去除杂假数据，图 11-23 为软件中的数据处理窗口。

表11-10　塘沽地区不同岩相单元渗透率变差函数分析结果表

层位		白云岩				泥质白云岩				白云质泥岩				泥岩			
		主变程/m	次变程/m	垂变程/m	主方位/(°)	主变程/m	次变程/m	垂变程/m	主方位/(°)	主变程/m	次变程/m	垂变程/m	主方位/(°)	主变程/m	次变程/m	垂变程/m	主方位/(°)
沙三5亚段	1									4496	3000	14.9	338	4091	1920	27	341
	2-1	2000	1000	55.2	339	1103	827	38	341	1436	720	8.7	338	1507	1340	19.2	341
	2-2	3504	1099	37	339	1201	500	100	347	2168	1680	26.7	333	3274	1715	29.1	329
	3-1	2668	1776	45.9	333	4306	2623	11.9	333	2560	300	53.3	341	4409	2569	53.3	341
	3-2	1932	1327	45	344	1300	100	31.1	341	3273	1500	22.5	341	1580	1340	26.6	347

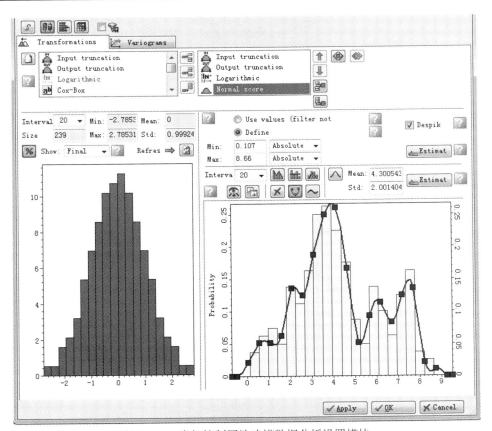

图 11-23　岩相控制属性建模数据分析设置模块

渗透率模型：在数据分析基础上，采用序贯高斯方法建立在沉积微相和孔隙度约束下的渗透率分布模型（图 11-24、图 11-25），不同层的孔隙度在单井粗化前、粗化后和建模后的分布相差不大，并分别制作了各层渗透率等值线平面图。

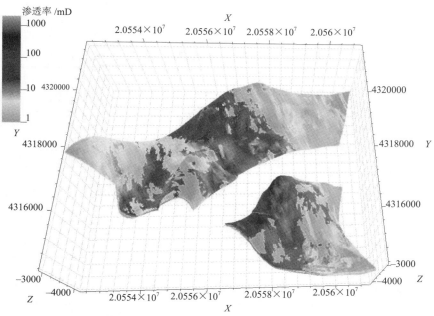

图 11-24　塘沽地区渗透率建模沙三 5 亚段 3-1 顶（文后附彩图）

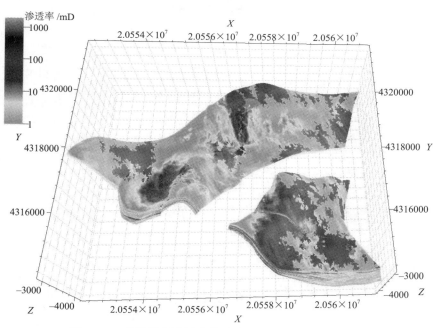

图 11-25　塘沽地区渗透率模型建模结果三维（文后附彩图）

11.2　油藏综合评价

11.2.1　孔缝带评价及分布特征

裂缝 - 孔隙型储层的研究重点是评价孔 - 缝带的发育程度。孔缝带评价方法有三个途径：①通过提取地震属性方法对孔缝带进行识别；②三维地质模型中，利用应力场模拟寻找地质体的裂缝发育带，并与物性模型叠加可分析孔缝带分布；③通过单井孔缝带识别，结合孔缝带控制因素，从单井孔缝带预测井间孔缝带分布，最终实现评价孔缝带全区分布的目的。本书主要采用第三种方法对孔缝带进行评价。

1. 孔缝带评价方法

对孔缝带评价主要考虑孔隙度、裂缝的组合分布特征。本书选取总孔隙度、裂缝孔隙度、裂缝发育指数三个参数合并为综合的孔缝带评价指数（porosity fracture index, PFI），进行孔缝带评价。

由于裂缝孔隙度 Φ_f 对裂缝评价更多反映渗流能力及储集能力，裂缝发育指数 Y 更多反映裂缝密集程度（微裂缝），因此在孔缝带评价中应两者结合。

根据总孔隙度、裂缝孔隙度、裂缝发育指数三个参数对孔缝带评价的重要性给予不同权值，以生产井、试油井中随机筛选的 31 个层（3 ～ 10m / 层，13 个孔缝带样点，18 个非孔缝带样点）作为样本，以试油、生产数据为检验依据（表 11-11），对权重值进行多次试算，最终确定三个参数的权重值分别为 0.5、0.4、0.1，由于总孔隙度比裂缝孔隙度、裂缝发育程度高一个数量级，因此给裂缝参数均乘以 10，以得到 PFI 的计算式：

$$PFI = 0.5\Phi_{总} + 4\Phi_f + Y$$

式中，Y 为裂缝发育指数。

该方法所计算的 PFI 值可以较准确地区分孔缝带、非孔缝带（如裂缝带、孔隙带），并获得孔缝带的评价指标及其测井特征表（表 11-12）。

2. 孔缝带发育控制因素

孔缝带控制因素的研究需综合孔隙度、裂缝两方面进行分析。从裂缝特征、孔隙度模型、油藏特征等前期研究可总结归纳孔隙度、裂缝的主要控制因素。

1）沉积相带 / 岩性

由裂缝参数统计及孔隙度参数分析结果可知，裂缝发育程度与脆性矿物白云石、方沸石含量呈正比，裂缝发育程度、孔隙度与泥质含量呈反比，白云石的晶间孔贡献了大量储集空间，因此白云岩、泥质白云岩是孔缝带的主体岩性。

表11-11　塘沽地区孔缝段数据统计表

井号	井段 /m	岩性	$\Phi_{总}$/%	Φ_f/%	Y 指数	PFI			评价结果	产能特征
						最小值	平均值	最大值		
TG2C 井	3133.88 ～ 3137.88	D、AD	10.8	0.56	0.21	6.88	7.76	9.02	Z	中产
TG2C 井	3139.25 ～ 3142.5	D	13.2	0.52	0.34	7.02	9.03	10.3	Z	中产
T19-16C 井	3446 ～ 3448.5	D	25.3	0.27	0.91	11.8	14.6	17.8	Z	高产

井号	井段 /m	岩性	$\Phi_{总}/\%$	$\Phi_f/\%$	Y 指数	PFI			评价结果	产能特征
						最小值	平均值	最大值		
TG19-16C 井	3449.38 ~ 3453.5	D	25.1	0.19	1.02	12.6	14.3	15.5	Z	高产
TG19-16C 井	3472.38 ~ 3475	D、AD	21.9	0.49	0.16	6.48	13	15.4	Z	中–高
TG29-5C 井	3888.63 ~ 3890.38	D	11.4	0.86	0.05	5.82	9.13	14.1	Z	中产
TG10-10C 井	3718.25 ~ 3720.63	D	8.46	0.49	0.66	5.73	6.83	7.93	Z	中产
TG10-10C 井	3736 ~ 3743	AD	10.6	0.29	0.72	5.55	7.17	9.13	Z	中产
TG29-2 井	3561.88 ~ 3568.75	DM、D	11.5	0.16	0.63	5.05	7.01	9.99	Z	中产
TG2C 井	3124.88 ~ 3128.5	M	7.33	0.16	0.02	3.37	4.29	5.79	NZ	低产
TG2C 井	3171 ~ 3175	AD	7.67	0.16	0.04	3.41	4.51	6.37	NZ	中–低
TG2C 井	3180 ~ 3184	AD、DM	7.4	0.03	0.03	3.45	3.86	4.2	NZ	中–低
TG29-5C 井	3831.38 ~ 3833.13	D	9.59	0.2	0.08	3.43	5.58	7.99	NZ	中–低
TG29-5C 井	3890.88 ~ 3893.5	D、DM	6.6	0.08	0.03	2.06	3.64	4.78	NZ	低产
TG10-10C 井	3729.38 ~ 3733	AD	8.17	0.34	0.59	5.11	6.05	7.75	NZ	中–低
TG29-3 井	3832.75 ~ 3837.75	D、DM	8.4	0.34	0.97	4.48	6.53	7.37	NZ	低产
TG29-2 井	3547 ~ 3550.75	DM	7.05	0.21	0.21	4.18	4.57	5.07	NZ	低产

注：D 代表白云岩；AD 代表泥质白云岩；DM 代表白云质泥岩；M 代表泥岩；Z 代表孔缝带；NZ 代表非孔缝带。

表11-12　研究区孔缝带评价指标及测井特征表

总孔隙度 $\Phi_{总}/\%$	裂缝孔隙度 $\Phi_f/\%$	裂缝发育指数 Y	孔缝带评价指数 PFI	DEN/(g/cm^3)	AC/$(\mu s/m)$	CNL/%
≥9	0.11 ~ 0.86	0.1 ~ 1.02	≥6.5	< 2.37	≥270	≥22.8

2）构造作用

构造活动与孔缝带的关系从两种构造形态进行分析：一是断层，从岩心上剪切缝与断裂活动的联系，到物性模型研究中断裂位置与裂缝孔隙度分布的相关性，都表明断层对裂缝发育起控制作用；二是褶皱 / 层面曲率，地层曲率大的部位因应力集中易破裂形成张裂缝，岩心裂缝分析中也发现大量张裂缝。

3）溶蚀作用

基于岩心及薄片分析，发现大量针状溶蚀孔。油藏特征研究中，对 TG19-16C 井、TG29-5C 井等的异常高孔隙进行分析，认为属于生排烃过程中有机酸流体沿断裂运移强烈溶蚀造成。溶蚀作用形成的异常高孔隙对优质孔缝带分布起控制作用。

4）压实作用

由于研究区断裂活动强烈，压实差异较大，TG19-16C 井顶面埋深仅 2927.85m，TG2C 井顶面埋深为 2959.16m，TG29-5C 井则达 3444.56m，顶面埋深相差达 485.4 ~ 516.71m，可造成深部储层基质相对更致密，白云岩、泥质白云岩的基质孔隙度平均值降低约 0.5%。因此埋深压实也可能对储集性有一定影响。

3. 孔缝带分布特征

根据 PFI 值对各井孔缝带进行评价，统计各井孔缝带厚度等参数（表 11-13），以孔缝带发育厚度的比例排序，发现中央地垒控制的两侧区域（TG19-16C 井、TG10 井、TG2C 井）是孔缝带分布的最主要区域，其次为 NE-SW 向主要断层的邻近区域（TG29-3 井、TG29-5C 井、TG29-2 井）。

表11-13　研究区各井孔缝带评价结果汇总表

井号	PFI 均值			孔缝带（垂厚）/m	孔缝带厚度比例 /%
	最小值	平均值	最大值		
TG19-16C 井	4.401	9.18	18.034	75.53	74.59
TG29-3 井	2.611	5.834	8.561	17.60	40.49
TG10 井	2.753	5.686	11.557	27.00	29.55
TG2C 井	3.28	5.47	11.34	22.46	22.52
TG29-5C 井	1.786	4.992	14.108	19.72	19.17
TG29-2 井	2.566	4.901	9.99	8.07	17.45
TG10-10C 井	2.476	4.697	17.36	17.86	13.89
TG18-16C 井	1.958	4.57	10.6	19.84	12.82
TG10-1 井	2.369	4.597	6.958	1.71	1.72
TG11 井	3.509	4.886	6.774	0.25	0.21

以各井孔缝带为基础，根据研究区的白云岩类展布特征、断裂情况、溶蚀作用分布、埋深等对井间孔缝带进行预测，绘制孔缝带分布剖面及平面图。

剖面上，根据两条连井剖面分析孔缝带与岩性的关系可知，孔缝带与白云岩类分布呈较好相关性。该区孔缝带主要分布于 2-2、3-1 小层。中央地垒两侧不仅裂缝发育，且遭受埋藏溶蚀使储层物性变好，因此 TG19-16C 井区断块高部位、TG29-2 井区断块高部位及主要断裂两侧成为孔缝带主要分布区（图 11-26、图 11-27）。

11.2.2　储层分级及有利区块评价

油藏等级划分，即通过综合油藏各项参数，确定油藏分类定级的评价标准，不同级别的油藏，其孔喉结构、岩石类型、储集空间、储层厚度、含油性、产能、电性等特征均不相同，油藏评价的结果将其确定优质储量的分布，为勘探开发的重点区域作指导。

1. 油藏评价标准

根据《油气储层评价方法》（SY/T6285—2011），通过综合储层物性（孔隙度、裂缝孔隙度）、储层产能、测井参数（AC、DEN、R_T）及辅助参数（储层有效厚度、含油饱和度、压力系数等），将研究区油藏等级划定为 I、II、III 三个级别，并对各级油藏的岩性、储层类型、含油性特征、测井特征等进行统计，最终获得研究区沙三 5 亚段油藏评价标准（表 11-14）。

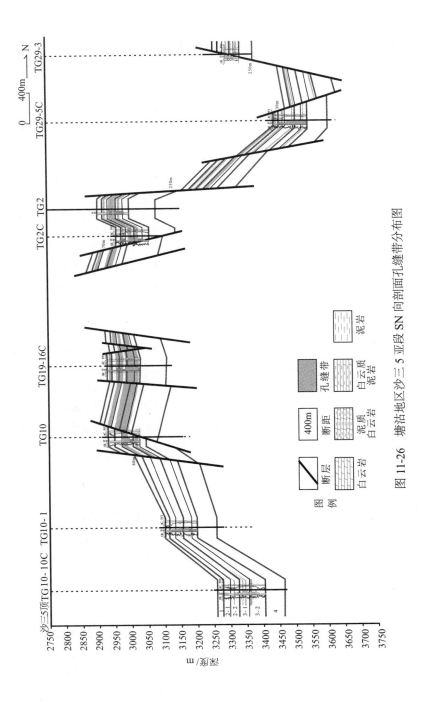

图 11-26　塘沽地区沙三 5 亚段 SN 向剖面孔缝带分布图

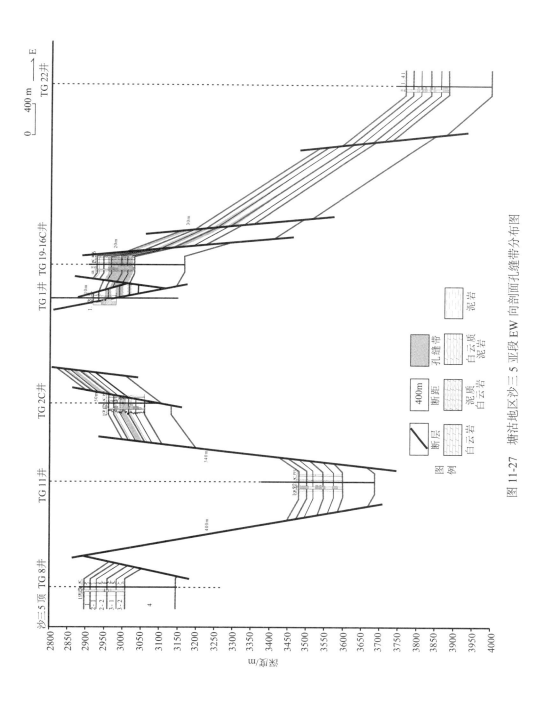

图 11-27　塘沽地区沙三 5 亚段 EW 向剖面孔缝带分布图

表11-14 塘沽地区沙三5亚段油藏评价标准表

评价等级		I 类		II 类		III 类	
岩石类型		白云岩、泥质白云岩		白云岩、泥质白云岩		白云岩、泥质白云岩、白云质泥岩	
物性特征	总孔隙度 /%	≥12	≥15	8～12	10～15	<8	6.6～10
	裂缝孔隙度 /%	≥0.1	<0.1	≥0.15	<0.15	≥0.15	<0.15
含油饱和度 S_o/%		≥60		≥45		≥30	
储集空间		溶孔/洞、裂缝		晶间溶孔、裂缝		晶间（溶）孔、裂缝	
储集类型		孔缝型	孔洞型	孔缝型	孔隙型	裂缝型	孔隙型
压力特征		超压		超压		超压/常压	
储层有效厚度 /m		≥10		5～10		1～5	
电性特征	密度 /(g/cm³)	<2.3		<2.4		≥2.4	
	声波时差 /(μs/m)	≥300		280～300		<280	
	电阻率 /(Ω·m)	≥15		≥10		6～10	
压裂产能特征 /t		≥8		2～8		<2	

根据以上油藏评价标准，对各级油藏的具体特征进行总结如下。

I 类：以白云岩、泥质白云岩为主，总孔隙度不小于12%，以总孔隙度与裂缝孔隙度的参数组合不同，分为孔缝型和孔洞型两种储集类型，含油饱和度大于60%，电阻率大于15 Ω·m，即纯油层。超压发育使储层中生产压差增大，储层流体流动性增强，生产特征表现为高产能、含水率低。

II 类：以白云岩、泥质白云岩、白云质泥岩为主，总孔隙度为8%～15%，分为孔缝型和孔隙型两种储集类型，形成孔-缝储集空间组合，含油饱和度大于45%，电阻率大于10 Ω·m，主要为油层及含油较好的油水同层。超压发育使生产压差增大，储层流体流动性增强，生产特征表现为中等产能、含水率基本稳定或逐渐降低。

III 类：以白云岩、泥质白云岩、白云质泥岩为主，总孔隙度小于10%，包括裂缝型和孔隙型两种储集类型，含油饱和度大于30%，电阻率为6～10 Ω·m，主要为油水同层、低产油层。超压或常压断块均有分布，生产特征总体表现为低产能、含水率较高且会逐渐升高，虽裂缝型储层初期产量高，但递减极快。

2. 油藏等级的分布特征

油藏级别分布的研究将以单井评价数据为基础，结合构造、沉积特征对剖面、平面两个层次进行研究。

根据研究区沙三5亚段油藏分级标准，对研究区各井的四类储层垂直厚度进行统计，并重点统计I、II类油藏的总厚度及所占比例，以反映单井所处位置储量的优劣（表11-15）。

表11-15　塘沽地区各井沙三5亚段油藏分级垂厚统计表

井号	I 类 /m	II 类 /m	III 类 /m	I+II 总和 /m	I+II 比例 /%
TG2C 井	3.50	17.03	17.63	20.53	20.61
TG19-16C 井	56.17	27.19	7.61	83.37	82.32
TG29-5C 井	3.36	29.57	47.72	32.93	32.03
TG10-10C 井	0.54	7.58	8.99	8.12	6.31
TG18-16C 井	9.02	34.37	45.18	43.39	28.05
TG11 井	0	0	7.88	0	0
TG29-2 井	5.78	9.64	10.85	15.42	33.42
TG29-3 井	0	9.54	20.46	9.54	20.50
TG10 井	0	6.00	15.25	6.00	6.57
TG10-1 井	0	0	15.76	0	0

从单井看，TG19-16C 井的 I、II 类厚度最大，其次为 TG18-16C 井、TG29-5C 井、TG29-2 井等，评价结果与实际生产、试油结果匹配效果较好。

1）剖面分布

根据单井上各类油藏等级的评价结果，按层位进行研究区各层位油藏分级垂厚统计（表 11-16）。从层位看，2-2、3-1 及 2-1 小层为研究区沙三 5 亚段 I、II 类油藏的主要发育层位，与白云岩类的主要发育层位一致。

表11-16　塘沽地区沙三5亚段各单层油藏分类垂厚统计表

单层	I 类 /m	II 类 /m	III 类 /m	I+II 总和 /m	I+II 比例 /%
1	0.00	0.56	2.92	0.56	3.09
2-1	2.26	3.99	2.91	6.25	30.06
2-2	3.43	5.37	8.59	8.80	28.66
3-1	1.81	4.73	4.15	6.54	29.78
3-2	1.48	1.71	3.81	3.19	16.11

2）平面分布

根据单井上各类油藏评价的结果，在研究区沙三 5 亚段构造顶面图的基础上，综合孔缝带、含油性、单井油藏等级评价等资料，绘制沙三 5 亚段油藏分级平面分布图（图 11-27）。

由图可知，I 类主要分布在 TG19-16C 井区断块高部位及 TG29-2 井区断块局部；II 类同样主要发育于 TG19-16C 井区断层及 TG29-2 井区断块，另外 TG2C 井区断块、TG10-10C 井区断块、TG29-3 井区断块的构造高部位也有较大面积分布。

经沉积、构造、成岩与含油性、储层物性、孔缝带的关系研究，综合判断 I、II 类油藏主要特征为白云岩类沉积厚度大（总厚度大于 40m）、断层附近裂缝发育且局部遭受溶蚀（孔隙度大于 10%，尤其是 I 类因裂缝或溶蚀发育，孔隙度一般大于 13%）、构造断块的高部位、超压发育（压力系数大于 1.5，含油饱和度大于 50%）。

　　3）有利区展布

　　有利目标区以 I、II 类油藏等级为核心，分析 I、II 类优质储量的展布情况及主要特征，为勘探开发的决策提供依据。根据前述分析可知，I、II 类油藏主要分布于 TG19-16C 井区断块及 TG29-2 井区断块高部位，主要发育层位均为 2-2、3-1 及 2-1 单层。

　　考虑溶蚀发育情况，认为研究区的有利目标区为 TG19-16C 井区断块高部位；其次为 TG29-2 井区断块的高部位，该断块虽溶蚀发育相对较弱，但由于高压存在，储层物性、含油性均相对较好，同样具有勘探前景（图 11-28）。

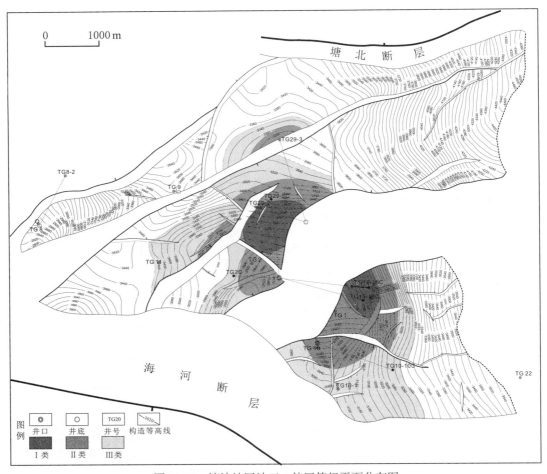

图 11-28　塘沽地区沙三 5 储层等级平面分布图

参 考 文 献

卞德智，赵伦，陈烨菲，等.2011.异常高压碳酸盐岩储集层裂缝特征及形成机制——以哈萨克斯坦肯基亚克油田为例.石油勘探与开发，38（04）：394-399.

从爽.2009.面向 MATLAB 工具箱的神经网络理论与应用.合肥：中国科学技术大学出版社.

储昭宏，马永生，林畅松.2006.碳酸盐岩储层渗透率预测.地质科技情报，25（04）：27-32.

陈世悦，李聪，杨勇强，等.2012a.黄骅坳陷歧口凹陷沙一下亚段湖相白云岩形成环境.地质学报，86（10）：1679-1687.

陈世悦，王玲，李聪，等.2012b.歧口凹陷古近系沙河街组一段下亚段湖盆咸化成因.石油学报，33（01）：40-47.

陈丽华，郭舜玲，王衍琦.1994.中国油气储层研究图集（卷五）之自生矿物、显微荧光、阴极发光.北京：石油工业出版社.

陈登辉，巩恩普，梁俊红，等.2011.辽西上白垩统义县组湖相碳酸盐岩碳氧稳定同位素组成及其沉积环境.地质学报，85（06）：987-992.

陈红汉，鲁子野，曹自成，等.2016.塔里木盆地塔中地区北坡奥陶系热液蚀变作用.石油学报，37（01）：43-63.

陈艳华，朱庆杰，苏幼坡.2003.基于格里菲斯准则的地下岩体天然裂缝分布的有限元模拟研究.岩石力学与工程学报，22（03）：364-369.

陈莹，谭茂金.2003.利用测井技术识别和探测裂缝.测井技术，27（S1）：11-14，87.

大港油田石油地质志编委会.1991.中国石油地质志卷四：大港油田.北京：石油工业出版社.

大港油田科技丛书编委会.1999.第三系石油地质基础.北京：石油工业出版社.

戴俊生，商琳，王彤达，等.2014.富台潜山凤山组现今地应力场数值模拟及有效裂缝分布预测.油气地质与采收率，21（06）：33-36，113.

戴朝成，郑荣才，文华国，等.2008.辽东湾盆地沙河街组湖相白云岩成因研究.成都理工大学学报（自然科学版），35（02）：187-193.

范子菲，李孔绸，李建新，等.2014.基于流动单元的碳酸盐岩油藏剩余油分布规律.石油勘探与开发，41（05）：578-584.

冯增昭.1994.中国沉积学.北京：石油工业出版社.

冯有良，周海民，任建业，等.2010.渤海湾盆地东部古近系层序地层及其对构造活动的响应.中国科学：地球科学，40（10）：1356-1376.

冯有良，张义杰，王瑞菊，等.2011.准噶尔盆地西北缘风城组白云岩成因及油气富集因素.石油勘探与开发，38（06）：685-692.

邓宏文，钱凯.1993.沉积地球化学与环境分析.兰州：甘肃科学技术出版社.

邓攀，陈孟晋，高哲荣，等.2002.火山岩储层构造裂缝的测井识别及解释.石油学报，23（06）：32-36,5.

邓荣敬，柴公权，杨桦，等.2001.北塘凹陷第三系油气藏形成条件与油气分布.石油勘探与开发，28（01）：27-29,14-7,6.

邓荣敬，徐备，漆家福，等.2005.北塘凹陷塘沽—新村地区古近系异常高压特征及其石油地质意义.石油勘探与开发，32（06）：46-51.

邓运华，张服民.1990.歧口凹陷沙一段下部碳酸盐岩储层的成岩后生作用研究.石油学报，11（04）：33-40.

傅海成，祁新中，赵良孝，等.2006.轮南奥陶系碳酸盐岩储层流体饱和度计算模型研究.测井技术，30（1）：60-63.

高有峰，王璞珺，程日辉，等.2009.松科1井南孔白垩系青山口组一段沉积序列精细描述：岩石地层、沉积相与旋回地层.地学前缘，16（02）：314-323.

高翔，王平康，李秋英，等.2010.松科1井嫩江组湖相含铁白云石的准确定名和矿物学特征.岩石矿物学杂志，29（02）：213-218.

高翔，王平康，彭强，等.2011.松科1井嫩江组湖相白云岩的成因研究//中国矿物岩石地球化学学会第13届学术年会.

高胜利，王连敏，武玺，等.2012.黄骅拗陷齐家务地区储层地球化学特征及其相关问题讨论.地质学报，86（10）：1688-1695.

国家能源局.2010.储层参数的测井计算方法.北京：石油工业出版社.

国家能源局.2011.油气储层评价方法.北京：石油工业出版社.

郭华，李明，李守林，等.2002.板内造山带主要构造特征研究：以燕山和大别山造山带为例.北京：地质出版社.

郭小波，黄志龙，涂小仙，等.2013.马朗凹陷芦草沟组致密储集层复杂岩性识别.新疆石油地质，34（06）：649-652.

郭建钢，赵小莉，刘巍，等.2009.乌尔禾地区风城组白云岩储集层成因及分布.新疆石油地质，30（06）：699-701.

郭强，钟大康，张放东，等.2012.内蒙古二连盆地白音查干凹陷下白垩统湖相白云岩成因.古地理学报，14（01）：59-68.

郭强，李子颖，秦明宽，等.2014.内蒙古二连盆地白音查干凹陷热水沉积序列探讨.沉积学报，32（05）：809-815.

侯凤香，董雄英，吴立军，等.2012.冀中拗陷马西洼槽异常高压与油气成藏.天然气地球科学，23（04）：707-712.

郝芳.2005.超压盆地生烃作用动力学与油气成藏机理.北京：科学出版社.

郝芳，姜建群，邹华耀，等.2004.超压对有机质热演化的差异抑制作用及层次.中国科学（D辑：地球科学），34（05）：443-451.

郝芳，邹华耀，方勇，等.2006.超压环境有机质热演化和生烃作用机理.石油学报，27（05）：9-18.

韩银学，李忠，韩登林，等.2009.塔里木盆地塔北东部下奥陶统基质白云岩的稀土元素特征及其成因.岩石学报，25（10）：2405-2416.

黄志龙，郭小波，柳波，等.2012.马朗凹陷芦草沟组源岩油储集空间特征及其成因.沉积学报，30（06）：

1115-1122.

黄思静,石和,沈立成,等.2004.西藏晚白垩世锶同位素曲线的全球对比及海相地层的定年.中国科学（D 辑：地球科学）,34（04）：335-344.

黄思静,兰叶芳,黄可可,等.2014.四川盆地西部中二叠统栖霞组晶洞充填物特征与热液活动记录.岩石学报,30（03）：687-698.

黄杏珍,闫存凤,王随继,等.1999.苏打湖型的湖相碳酸盐岩特征及沉积模式.沉积学报,17（S1）：728-733.

黄杏珍,邵宏舜,闫存凤,等.2001.泌阳凹陷下第三系湖相白云岩形成条件.沉积学报,19（02）：207-213.

黄继新,彭仕宓,王小军,等.2006.成像测井资料在裂缝和地应力研究中的应用.石油学报,6（06）：65-69.

胡作维,黄思静,李志明,等.2012.川东北地区三叠系飞仙关组白云化流体温度.中国科学：地球科学,42（12）：1817-1829.

胡文瑄,陈琪,王小林,等.2010.白云岩储层形成演化过程中不同流体作用的稀土元素判别模式.石油与天然气地质,31（06）：810-818.

胡瑞波,常静春,张文胜,等.2012.歧口凹陷湖相碳酸盐岩储层岩性识别及储集类型研究.测井技术,36（02）：179-182,187.

匡立春,唐勇,雷德文,等.2012.准噶尔盆地二叠系咸化湖相云质岩致密油形成条件与勘探潜力.石油勘探与开发,39（06）：657-667.

匡立春,胡文瑄,王绪龙,等.2013.吉木萨尔凹陷芦草沟组致密油储层初步研究：岩性与孔隙特征分析.高校地质学报,19（03）：529-535.

雷从众,林军,彭建成,等.2008.克拉玛依油田八区下乌尔禾组油藏裂缝识别方法.新疆石油地质,29（03）：354-357.

李道品.2003.低渗透油田高效开发决策论.北京：石油工业出版社.

李乐,姚光庆,刘永河,等.2015.大港油田 TG0 井区沙河街组方沸石白云岩储层特征.石油学报,36（10）：1210-1220.

李军,王炜,王书勋.2004.青西油田沉凝灰岩储集特征.新疆石油地质,25（03）：288-290.

李军,王德发,范洪军.2007.甘肃酒泉盆地青西油田裂缝特征及成因分析.现代地质,21（04）：691-696.

李善军,肖永文,汪涵明,等.1996.裂缝的双侧向测井响应的数学模型及裂缝孔隙度的定量解释.地球物理学报,39（06）：845-852.

李得立,谭先锋,夏敏全,等.2010.东营凹陷沙四段湖相白云岩沉积特征及成因.断块油气田,17（04）：418-422.

李素杰,李喜海.2000.测井技术在曙光低潜山带碳酸盐岩裂缝型储层评价中的应用.特种油气藏,7（03）：8-10,49.

李红,柳益群,梁浩,等.2012a.新疆三塘湖盆地中二叠统芦草沟组湖相白云岩成因.古地理学报,14（01）：45-58.

李红,柳益群,梁浩,等.2012b.三塘湖盆地二叠系陆相热水沉积方沸石岩特征及成因分析.沉积学报,30（02）：205-218.

李聪.2011.歧口凹陷沙一下段湖相白云岩形成机理及储层特征.东营：中国石油大学（华东）博士学

位论文.

柳益群, 李红, 朱玉双, 等. 2010. 白云岩成因探讨: 新疆三塘湖盆地发现二叠系湖相喷流型热水白云岩. 沉积学报, 28 (05): 861-867.

柳益群, 焦鑫, 李红, 等. 2011. 新疆三塘湖跃进沟二叠系地幔热液喷流型原生白云岩. 中国科学: 地球科学, 41 (12): 1862-1871.

柳益群, 周鼎武, 焦鑫, 等. 2013. 一类新型沉积岩: 地幔热液喷积岩——以中国新疆三塘湖地区为例. 沉积学报, 31 (05): 773-781.

刘万洙, 王璞珺. 1997. 松辽盆地嫩江组白云岩结核的成因及其环境意义. 岩相古地理, 17 (01): 25-29.

刘之的, 赵靖舟. 2014. 鄂尔多斯盆地长 7 段油页岩裂缝测井定量识别. 天然气地球科学, 25 (02): 259-265.

刘争. 2003. 人工神经网络在测井 - 地震资料联合反演中的应用研究. 北京: 科学出版社.

刘传联. 1998. 东营凹陷沙河街组湖相碳酸盐岩碳氧同位素组分及其古湖泊学意义. 沉积学报, 16 (03): 109-114.

刘传联, 成鑫荣. 1996. 渤海湾盆地早第三纪非海相钙质超微化石的锶同位素证据. 科学通报, 41 (10): 908-910.

刘士林, 刘蕴华, 林舸, 等. 2006. 渤海湾盆地南堡凹陷新近系泥岩稀土元素地球化学特征及其地质意义. 现代地质, 20 (03): 449-456.

刘宏, 蔡正旗, 谭秀成, 等. 2008. 川东高陡构造薄层碳酸盐岩裂缝性储集层预测. 石油勘探与开发, 35 (04): 431-436.

刘宏, 吴兴波, 谭秀成, 等. 2010. 多旋回复杂碳酸盐岩储层渗透率测井评价. 石油与天然气地质, 31 (05): 678-684.

刘德良, 孙先如, 李振生, 等. 2006. 鄂尔多斯盆地奥陶系白云岩碳氧同位素分析. 石油实验地质, 28 (02): 155-161.

刘金华, 杨少春, 陈宁宁, 等. 2009. 火成岩油气储层中构造裂缝的微构造曲率预测法. 中国矿业大学学报, 38 (06): 815-819, 845.

廖明光, 李士伦, 付晓文, 等. 2001. 储层岩石渗透率估算模型的建立. 天然气工业, 21 (04): 45-48, 7.

廖静, 董兆雄, 翟桂云, 等. 2008. 渤海湾盆地歧口凹陷沙河街组一段下亚段湖相白云岩及其与海相白云岩的差异. 海相油气地质, 13 (01): 18-24.

鲁红, 李建民, 杨青山. 1996. 进行声波测井资料校正的一种方法. 大庆石油地质与开发, 15 (01): 71-72, 80.

罗利, 胡培毅, 周政英. 2001. 碳酸盐岩裂缝测井识别方法. 石油学报, 22 (03): 32-35,7-6.

穆龙新, 赵国良, 田中园, 等. 2009. 储层裂缝预测研究. 北京: 石油工业出版社.

潘晓添, 郑荣才, 文华国, 等. 2013. 准噶尔盆地乌尔禾地区风城组云质致密油储层特征. 成都理工大学学报(自然科学版), 40 (03): 315-325.

强子同. 1998. 碳酸盐岩储层地质学. 北京: 中国石油大学出版社.

史忠生, 陈开远, 何生. 2005. 东濮凹陷古近系锶、硫、氧同位素组成及古环境意义. 地球科学, 30(04): 430-436.

司马立强, 疏壮志. 2009. 碳酸盐岩储层测井评价方法及应用. 北京: 石油工业出版社.

孙加华,肖洪伟,幺忠文,等.2006.声电成像测井技术在储层裂缝识别中的应用.大庆石油地质与开发,25(03):100-102,110.

孙尚如.2003.预测储层裂缝的两种曲率方法应用比较.地质科技情报,22(04):71-74.

孙星,潘良云,闫群,等.2011.青西油田的裂缝特征.石油地球物理勘探,45(S1):139-143,163+174.

孙永传,李蕙生,邓新华,等.1991.泌阳断陷盐湖盆地的沉积体系及演化.地球科学,16(04):419-428.

孙维凤,宋岩,公言杰,等.2015.青西凹陷下白垩统下沟组泥云岩致密油储层特征.地质科学,50(01):315-329.

孙钰,钟建华,袁向春.2007.惠民凹陷沙河街组一段白云岩特征及其成因分析.沉积与特提斯地质,27(03):78-84.

宋健,赵省民,陈登超,等.2012.内蒙古西部额济纳旗及邻区二叠纪暗色泥岩微量元素和稀土元素地球化学特征.地质学报,86(11):1773-1780.

宋柏荣,韩洪斗,崔向东,等.2015.渤海湾盆地辽河拗陷古近系沙河街组四段湖相方沸石白云岩成因分析.古地理学报,17(01):33-44.

斯伦贝谢测井公司.1998.测井解释常用岩石矿物手册.北京:石油工业出版社.

同济大学海洋地质系.1980.海、陆相地层辨认标志.北京:科学出版社.

唐勇,郭晓燕,浦世照,等.2003.马朗凹陷芦草沟组储集层特征及有利储集相带.新疆石油地质,24(04):299-301.

汤好书,陈衍景,武广,等.2009.辽东辽河群大石桥组碳酸盐岩稀土元素地球化学及其对Lomagundi事件的指示.岩石学报,25(11):3075-3093.

汪必峰.2007.储集层构造裂缝描述与定量预测.东营:中国石油大学(华东)博士学位论文.

王俊怀,刘英辉,万策,等.2014.准噶尔盆地乌—夏地区二叠系风城组云质岩特征及成因.古地理学报,16(02):157-168.

王俊鹏,张荣虎,赵继龙,等.2014.超深层致密砂岩储层裂缝定量评价及预测研究——以塔里木盆地克深气田为例.天然气地球科学,25(11):1735-1745.

王冠民,鹿洪友,姜在兴.2002.惠民凹陷商河地区沙一段碳酸盐岩沉积特征.石油大学学报(自然科学版),26(04):1-4,9.

王娜娜,2009.神经网络在测井岩性识别中的应用.北京:北京化工大学硕士学位论文.

王志章,熊琦华,宋杰英.1994.枣园油田枣南孔二段测井资料数据标准化及应用.石油大学学报(自然科学版),18(06):26-29.

王志章,熊琦华,宋杰英.1995.视标准层的构成与测井资料数据标准化.石油大学学报(自然科学版),19(01):13-18.

王怿,朱怀诚,李军.2004.四川广元晚志留世植物碎片(英文).微体古生物学报,21(01):25-31.

王濮,潘兆橹,翁玲宝.1982.系统矿物学.北京:地质出版社:95-100.

王珂,戴俊生,张宏国,等.2014.裂缝性储层应力敏感性数值模拟——以库车拗陷克深气田为例.石油学报,35(01):123-133.

王觉民.1987.安棚碱矿的沉积特征及成矿条件初探.石油勘探与开发,(05):93-99.

王随继,黄杏珍,妥进才,等.1997.泌阳凹陷核桃园组微量元素演化特征及其古气候意义.沉积学报,15(01):66-71.

文华国.2005.酒西盆地青西凹陷下沟组湖相"白烟型"喷流岩研究.成都:成都理工大学硕士学位

论文.

文华国. 2008. 酒泉盆地青西凹陷湖相"白烟型"热水沉积岩地质地球化学特征及成因. 成都: 成都理工大学博士学位论文.

文华国, 郑荣才, 吴国瑄, 等. 2009. 酒泉盆地青西凹陷下沟组湖相热水沉积岩锶同位素地球化学特征. 沉积学报, 27 (04): 642-649.

文华国, 郑荣才, Qing H R, 等. 2010. 酒泉盆地清西凹陷下沟组湖相热水沉积岩流体包裹体特征. 地质学报, 84 (01): 106-116.

文华国, 郑荣才, Qing H R, 等. 2014. 青藏高原北缘酒泉盆地青西凹陷白垩系湖相热水沉积原生白云岩. 中国科学: 地球科学, 44 (04): 591-604.

肖坤叶, 邓荣敬, 杨桦, 等. 2004. 北塘凹陷新港探区新生代岩浆活动的石油地质意义. 石油勘探与开发, 31 (02): 25-28.

肖奕, 王汝成, 陆现彩, 等. 2003. 低温碱性溶液中微纹长石溶解性质研究. 矿物学报, 23 (04): 333-340.

肖春平. 2007. 歧口斜坡区沙一段下部碳酸盐岩储层地质特征综合研究. 成都: 西南石油大学硕士学位论文.

鲜继渝. 1985. 风成城地区风城组岩矿及储层特征探讨. 新疆石油地质, (03): 28-34, 111-114.

徐彦伟, 康世昌, 张玉兰, 等. 2011. 夏季纳木错湖水蒸发对当地大气水汽贡献的方法探讨: 基于水体稳定同位素的估算. 科学通报, 56 (13): 1042-1049.

薛晶晶, 孙靖, 朱筱敏, 等. 2012. 准噶尔盆地二叠系风城组白云岩储层特征及成因机理分析. 现代地质, 26 (04): 755-761.

许同海. 2005. 致密储层裂缝识别的测井方法及研究进展. 油气地质与采收率, 12 (03): 75-78, 88.

姚光庆, 孙尚如, 周锋德. 2004. 非常规陆相油气储层: 以湖相低渗透砂砾岩和裂缝性白云岩储层为例. 武汉: 中国地质大学出版社.

姚益民, 梁鸿德, 蔡治国, 等. 1994. 中国油气区第三系 (Ⅳ) 渤海湾盆地油气区分册. 北京: 石油工业出版社.

杨扬. 2014. 白云岩地球化学特征与古气候和海侵事件的关系. 吉林: 吉林大学博士学位论文.

杨扬, 高福红, 蒲秀刚. 2014. 歧口凹陷古近系沙河街组白云岩稀土元素特征及成因. 中国石油大学学报 (自然科学版), 38 (02): 1-9.

杨斌, 匡立春, 孙中春, 等. 2005. 神经网络及其在石油测井中的应用. 北京: 石油工业出版社.

殷建国, 丁超, 辜清, 等. 2012. 准噶尔盆地西北缘乌风地区风城组白云质岩类储层特征及控制因素分析. 岩性油气藏, 24 (05): 83-88, 106.

尤兴弟. 1986. 准噶尔盆地西北缘风城组沉积相探讨. 新疆石油地质, 7 (01): 47-52.

尤广芬. 2010. 储层裂缝预测的三维有限元数值模拟研究. 成都: 成都理工大学硕士学位论文.

由雪莲, 孙枢, 朱井泉, 等. 2011. 微生物白云岩模式研究进展. 地学前缘, 18 (04): 52-64.

尹路, 瞿建华, 祁利祺, 等. 2013. 准噶尔盆地风城地区二叠系白云岩化模式. 新疆石油地质, 34 (05): 542-544.

雍世和, 张超谟. 1996. 测井数据处理与综合解释. 东营: 石油大学出版社.

袁波, 陈世悦, 袁文芳, 等. 2008. 济阳拗陷沙河街组锶硫同位素特征. 吉林大学学报 (地球科学版), 38 (04): 613-617.

袁静, 赵澄林, 张善文. 2000. 东营凹陷沙四段盐湖的深水成因模式. 沉积学报, 18 (01).

赵军龙, 巩泽文, 李甘, 等. 2012. 碳酸盐岩裂缝性储层测井识别及评价技术综述与展望. 地球物理学进展, 27 (02): 537-547.

臧娅琳, 王建力, 田立德, 等. 2014. 羊卓雍错湖水稳定同位素空间变化特征研究. 西南大学学报 (自然科学版), 36 (04): 127-132.

查明, 曲江秀, 张卫海. 2002. 异常高压与油气成藏机理. 石油勘探与开发, 29 (01): 19-23.

赵焕欣, 高祝军. 1995. 用声波时差预测地层压力的方法. 石油勘探与开发, 22 (02): 80-85, 102.

赵秀兰, 赵传本, 关学婷, 等. 1992. 利用孢粉资料定量解释我国第三纪古气候. 石油学报, 13 (02): 215-225.

赵继龙, 王俊鹏, 刘春, 等. 2014. 塔里木盆地克深 2 区块储层裂缝数值模拟研究. 现代地质, 28 (06): 1275-1283.

赵辉, 石新, 司马立强. 2012. 裂缝性储层孔隙指数、饱和度及裂缝孔隙度计算研究. 地球物理学进展, 27 (06): 2639-2645.

张兆辉, 高楚桥, 刘娟娟. 2012. 基于地层组分分析的储层孔隙度计算方法研究. 岩性油气藏, 24 (01): 97-99, 107.

张士三. 1988. 沉积岩层中镁铝含量比的研究及其应用. 矿物岩石地球化学通讯, (02): 112-113.

张志军, 尹观, 张其春, 等. 2003. 碳酸盐岩锶同位素比值测定中的残渣分析. 岩矿测试, 22 (02): 151-153.

张杰, 何周, 徐怀宝, 等. 2012. 乌尔禾 - 风城地区二叠系白云质岩类岩石学特征及成因分析. 沉积学报, 30 (05): 859-867.

张永生, 王国力, 杨玉卿, 等. 2005. 江汉盆地潜江凹陷古近系盐湖沉积盐韵律及其古气候意义. 古地理学报, 7 (04): 461-470.

张永生, 侯献华, 张海清, 等. 2006. 江汉盆地潜江凹陷上始新统含盐岩系准原生白云岩的沉积学特征与形成机理. 古地理学报, 8 (04): 441-455.

张涛, 莫修文. 2007. 基于交会图与模糊聚类算法的复杂岩性识别. 吉林大学学报 (地球科学版), 37 (S1): 109-113.

张玉宾. 1997. 济阳拗陷及其邻近地区早第三纪海侵问题之我见. 岩相古地理, 17 (01): 45-49.

张程恩, 潘保芝, 张晓峰, 等. 2011. FMI 测井资料在非均质储层评价中的应用. 石油物探, 50 (06): 630-633, 530.

张超, 马昌前, 廖群安, 等. 2009. 渤海湾黄骅盆地晚中生代—新生代火山岩地球化学: 岩石成因及构造体制转换. 岩石学报, 29 (05): 1159-1177.

郑荣才, 王成善, 朱利东, 等. 2003. 酒西盆地首例湖相 "白烟型" 喷流岩——热水沉积白云岩的发现及其意义. 成都理工大学学报 (自然科学版), 30 (01): 1-8.

郑荣才, 文华国, 范铭涛, 等. 2006a. 酒西盆地下沟组湖相白烟型喷流岩岩石学特征. 岩石学报, 22 (12): 3027-3038.

郑荣才, 文华国, 高红灿, 等. 2006b. 酒西盆地青西凹陷下沟组湖相喷流岩稀土元素地球化学特征. 矿物岩石, 26 (04): 41-47.

钟大康, 朱筱敏, 王贵文, 等. 2004. 南襄盆地泌阳凹陷溶孔溶洞型白云岩储层特征与分布规律. 地质论评, 50 (02): 162-169, 229.

钟大康, 姜振昌, 郭强, 等. 2015. 内蒙古二连盆地白音查干凹陷热水沉积白云岩的发现及其地质与矿产意义. 石油与天然气地质, 36 (04): 587-595.

邹妞妞,张大权,吴涛,等.2015.准噶尔西北缘风城组云质碎屑岩类储层特征及控制因素.天然气地球科学,26(05):861-870.

周灿灿.2003.柏各庄地区构造样式及储层构造裂缝识别与预测.广州:中国科学院研究生院(广州地球化学研究所)博士学位论文.

周建民,王吉平.1989.河南泌阳凹陷含碱段的浅水蒸发环境.沉积学报,7(04):149-156.

周新桂,操成杰,袁嘉音,等.2004.油气盆地储层构造裂缝定量预测研究方法及其应用.吉林大学学报(地球科学版),34(01):79-84.

周立宏,卢异,肖敦清,等.2011.渤海湾盆地歧口凹陷盆地结构构造及演化.天然气地球科学,22(03):373-382.

周立宏,蒲秀刚,肖敦清,等.2013.箕状断陷斜坡区沉积储层与油气成藏以渤海湾盆地为例.北京:石油工业出版社.

曾德铭,赵敏,石新,等.2010.黄骅拗陷古近系沙一段下部湖相碳酸盐岩储层特征及控制因素.新疆地质,28(02):186-190.

曾联波,文世鹏,肖淑蓉.1998.低渗透油气储集层裂缝空间分布的定量预测.勘探家,3(02):24-26,6.

曾联波,李跃纲,张贵斌,等.2007.川西南部上三叠统须二段低渗透砂岩储层裂缝分布的控制因素.中国地质,34(04):622-627.

曾联波,漆家福,王成刚,等.2008.构造应力对裂缝形成与流体流动的影响.地学前缘,15(03):292-298.

朱世发,朱筱敏,陶文芳,等.2013.准噶尔盆地乌夏地区二叠系风城组云质岩类成因研究.高校地质学报,19(01):38-45.

朱世发,朱筱敏,刘英辉,等.2014.准噶尔盆地西北缘北东段下二叠统风城组白云质岩岩石学和岩石地球化学特征.地质论评,60(05):1113-1122.

朱凯,王振林.2010.精通 Matlab 神经网络.北京:电子工业出版社.

朱筱敏.2008.沉积岩石学·第三版.北京:石油工业出版社.

Allan J R, Wiggins W D. 1993. Dolomite reservoirs: Geochemical techniques for evaluating origin and distribution. Tulsa: American Association of Petroleum Geologists: 1-19.

Arvidson R S, MackenZie F T. 1999. The dolomite problem: Control of precipitation kinetics by temperature and saturation state. American Journal of Science, 299(4):257-288.

Ataman G, Gündoğdu N. 1982. Analcimic Zones in the tertiary of Anatolia and their geological positions. Sedimentary Geology, 31(1):89-99.

Baker P A, Kastner M. 1981. Constraints on the formation of sedimentary dolomite. Science, 213(4504):214-216.

Ball J W, Nordstrom D K. 1991. User's manual for WATEQ4F, with revised thermodynamic data base and text cases for calculating speciation of major, trace, and redox elements in natural waters. California: U S Geological Survey: 23-47.

Bathurst R G C. 1972. Carbonate Sediments and Their Ddiagenesis. Amsterdam: Elsevier.

Bhatia M, Crook K W. 1986. Trace element characteristics of graywackes and tectonic setting discrimination of sedimentary basins. Contributions to Mineralogy and Petrology, 92(2):181-193.

Boggs S. 2009. Petrology of Sedimentary Rocks. Second edition. New York: Cambridge University Press.

Boggs S, Krinsley D. 2006. Application of Cathodoluminescence Imaging to the Study of Sedimentary Rocks. New York: Cambridge University Press.

Bontognali T R R, Vasconcelos C. Warthmann R J, et al. 2010. Dolomite formation within microbial mats in the coastal sabkha of Abu Dhabi (United Arab Emirates). Sedimentology, 57 (3): 824-844.

Bradley W H. 1929. The Occurrence and Origin of Analcite and Meerschaum Beds in the Green River Formation of Utah, Colorado, and Wyoming. Washington: US Government Printing Office: 1-7.

Bradley W H, Eugster H P. 1969. Geochemistry and Paleolimnology of the Trona Deposits and Associated Authigenic Minerals of the Green River Formation of Wyoming. Wshington: US Government Printing Office: 51-62.

Braithwaite C J R, Rizzi G, Darke G. 2004. The geometry and petrogenesis of dolomite hydrocarbon reservoirs: Introduction. Geological Society of London, Special Publications, 235 (1):1-6.

Buchheim H P, Surdam R C. 1977. Fossil catfish and the depositional environment of the Green River Formation, Wyoming. Geology, 5 (4): 196-198.

Carman P C. 1997. Fluid flow through granular beds. Chemical Engineering Research and Design, 75: S32-S48.

Cerling T E. 1979. Paleochemistry of plio-pleistocene lake Turkana, Kenya. Palaeogeography, Palaeoclimatology, Palaeoecology, 27: 247-285.

Chilingar G V, Bissell H J, Fairbridge R W. 1967. Carbonate Rocks: Origin, Occurrence and Classification. Amsterdam: Elsevier.

Chilingar G V, Serebryakov V A, Robertson J O. 2002. Origin and Prediction of Abnormal Formation Pressures. Amsterdam: Elsevier.

Chilingarian G V, Chang J, Bagrintseva K I. 1990. Empirical expression of permeability in terms of porosity, specific surface area, and residual water saturation of carbonate rocks. Journal of Petroleum Science and Engineering, 4 (4): 317-322.

Chopra S, Marfurt K J. 2014. Observing fracture lineaments with euler curvature. The Leading Edge, 33 (2): 122-124, 126.

Clayton R N, Jones B F. 1968. Isotope studies of dolomite formation under sedimentary conditions. Geochimica et Cosmochimica Acta, 32 (4): 415-432.

Clyde H M, William J W. 2013. Carbonate Reservoirs-Porosity and Diagenesis in A sequence Stratigraphic Framework. Amsterdam: Elsevier.

Condie K C. 1993. Chemical composition and evolution of the upper continental crust: Contrasting results from surface samples and shales. Chemical Geology, 104 (1-4): 1-37.

Coombs D S, Whetten T. 1967. Composition of analcime from sedimentary and burial metamorphic rocks. Geological Society of America Bulletin, 78 (2): 269-282.

Coplen T B, Kendall C, Hopple J. 1983. Comparison of stable isotope reference samples. Nature, 302(5905): 236-238.

Corkeron M, Webb G E, Moulds J, et al. 2012. Discriminating stromatolite formation modes using rare earth element geochemistry: Trapping and binding versus in situ precipitation of stromatolites from the NeoproteroZoic Bitter Springs Formation, Northern Territory, Australia. Precambrian Research, 212: 194-206.

Cox R, Lowe D R. Cullers R L. 1995. The influence of sediment recycling and basement composition on evolution of mudrock chemistry in the southwestern United States. Geochimica et Cosmochimica Acta, 59 (14): 2919-2940.

Craddock P R, Bach W, Seewald J S, et al. 2010. Rare earth element abundances in hydrothermal fluids from the Manus Basin, Papua New Guinea: Indicators of sub-seafloor hydrothermal processes in back-arc basins . Geochimica et Cosmochimica Acta, 74 (19): 5494-5513.

Cuadrado D G, Carmona N B, Bournod C N. 2012. Mineral precipitation on modern siliciclastic tidal flats colonized by microbial mats. Sedimentary Geology, 271: 58-66.

Deckker P D, Last W M. 1988. Modern dolomite deposition in continental, saline lakes, western Victoria, Australia. Geology, 16 (1): 29-32.

Deelman J C, Land L S, Folk R L. 1975. Mg/Ca ratio and salinity; two controls over crystallization of dolomite. AAPG Bulletin, 59 (10): 2056-2057.

Deng S, Dong H, Lv G, et al. 2010. Microbial dolomite precipitation using sulfate reducing and halophilic bacteria: Results from Qinghai Lake, Tibetan Plateau, NW China. Chemical Geology, 278 (3-4): 151-159.

Depaolo D J, Ingram B L. 1985. High-resolution stratigraphy with strontium isotopes. Science, 227 (4689): 938-941.

Do Campo M, del Papa C, JiméneZ-Millán J, et al. 2007. Clay mineral assemblages and analcime formation in a Palaeogene fluvial-lacustrine sequence (Maíz Gordo Formation Palaeogen) from northwestern Argentina. Sedimentary Geology, 201 (1-2): 56-74.

Enayati-Bidgoli A H, Rahimpour-Bonab H, Mehrabi H. 2014. Flow unit characterisation in the Permian-Triassic carbonate reservoir succession at south Pars gasfield, offshore Iran. Journal of Petroleum Geology, 37 (3): 205-230.

English P M. 2001. Formation of analcime and moganite at Lake Lewis, central Australia: Significance of groundwater evolution in diagenesis. Sedimentary Geology, 143 (3-4): 219-244.

Epstein S, Mayeda T. 1953. Variation of ^{18}O content of waters from natural sources. Geochimica et Cosmochimica Acta, 4 (5): 213-224.

Eugster H P, Surdam R C. 1973. Depositional environment of the Green River formation of Wyoming: Apreliminary report. Geological Society of America Bulletin, 84 (4): 1115-1120.

Fischer A G, Roberts L T. 1991. Cyclicity in the Green River formation (lacustrine Eocene) of Wyoming. Journal of Sedimentary Research, 61 (7): 1146-1154.

Fisher R V, Schmincke H-U. 1984. Pyroclastic Rocks. Berlin Heidelberg: Springer-Verlag.

Floyd P A, Leveridge B E. 1987. Tectonic environment of the Devonian Gramscatho basin, south Cornwall: Framework mode and geochemical evidence from turbiditic sandstones. Journal of the Geological Society, 144 (4): 531-542.

Füchtbauer H, Goldschmidt H. 1965. Beziehungen zwischen calciumgehalt und bildungsbedingungen der dolomite. Geologische Rundschau, 55 (1): 29-40.

Funahashi, Ken-Ichi. 1989. On the approximate realization of continuous mappings by neural networks. Neural Networks, 2 (3): 183-192.

Gao S, Wedepohl K H. 1995. The negative Eu anomaly in Archean sedimentary rocks: Implications for decomposition, age and importance of their granitic sources. Earth and Planetary Science Letters, 133(1-2): 81-94.

Goldstein R H, Reynolds T J. 1993. Systematics of fluid inclusions in diagenetic minerals. Tulsa: SEPM Society for Sedimentary Geology: 23-40,149-181.

Goodwin J H, Surdam R C. 1967. ZeolitiZation of tuffaceous rocks of the Green River formation, Wyoming. Science, 157 (3786): 307-308.

Gudmundsson A. 2011. Rock Fractures in Geological Processes. New York: Cambridge University Press.

Gunter G W, Finneran J M, Hartmann D J, et al. 1997. Early determination of reservoir flow units using an integrated petrophysical method. SPE Annual Technical Conference and Exhibition.

Haeri-Ardakani O, Al-Aasm I, Coniglio M. 2013. Fracture mineralization and fluid flow evolution: An example from Ordovician-Devonian carbonates, southwestern Ontario, Canada. Geofluids, 13(1): 1-20.

Hay R L. 1966. Zeolites and Zeolitic reactions in sedimentary rocks. Geological Society of America Special Papers, 85: 1-122.

Hay R L. 1970. Silicate reactions in three lithofacies of a semi-arid basin, Olduvai Gorge, TanZania. Mineralogical Society of America Special Paper, 3: 237-255.

Hayashi K I, Fujisawa H, Holland H D, et al. 1997. Geochemistry of ~1.9 Ga sedimentary rocks from northeastern Labrador, Canada. Geochimica et Cosmochimica Acta, 61 (19): 4115-4137.

Henderson P. 1984. Rare Earth Element Geochemistry. Amsterdam: Elsevier.

High L R, Picard M D. 1965. Sedimentary petrology and origin of analcime-rich Pogo Agie Member, Chugwater (Triassic) Formation, west-central Wyoming. Journal of Sedimentary Research, 35(1): 49-70.

Huang C Y, Wang H, Zhou L H, et al. 2009. Provenance system characters of the third member of Shahejie formation in the paleogene in Beitang sag. Earth Science - Journal of China University of Geosciences, 34 (6): 975-984.

Humphrey J D. 2000. New geochemical support for mixing-zone dolomitization at Golden Grove, Barbados. Journal of Sedimentary Research, 70 (5): 1160-1170.

Iijima A. 2001. Zeolites in petroleum and natural gas reservoirs. Reviews in Mineralogy and Geochemistry, 45 (1): 347-402.

Iijima A, Hay R L. 1968. Analcime composition in tuffs of the Green River Formation of Wyoming. American Mineralogist, 53: 184-200.

Imchen W, Thong G T, Pongen T. 2014. Provenance, tectonic setting and age of the sediments of the Upper Disang Formation in the Phek District, Nagaland. Journal of Asian Earth Sciences, 88: 11-27.

Jones B, Manning D A C. 1994. Comparison of geochemical indices used for the interpretation of palaeoredox conditions in ancient mudstones. Chemical Geology, 111 (1-4): 111-129.

Jones B F. 1965. The hydrology and mineralogy of Deep Springs Lake, Inyo County, California. Washington: U S Government Printing Offile.

Karakaya N, Karakaya M C, Temel A. 2013. Mineralogical and chemical properties and the origin of two types of analcime in sw Ankara, Turkey. Clays and Clay Minerals, 61 (3): 231-257.

Keith M L, Weber J N. 1964. Carbon and oxygen isotopic composition of selected limestones and fossils. Geochimica et Cosmochimica Acta, 28 (10-11): 1787-1816.

Land L S. 1980. The isotopic and trace element geochemistry of dolomite: The state of the art//Concepts and

Models of Dolomitization. Oklahoma: Society of Economic Paleontologists and Mineralogists: 87-111.

Land L S. 1992. The dolomite problem: Stable and radiogenic isotope clues//Isotopic Signatures and Sedimentary Records. Berlin Heidelberg: Springer.

Langella A, Cappelletti P, Gennaro R D. 2001. Zeolites in closed hydrologic systems. Reviews in Mineralogy and Geochemistry, 45 (1) : 235-260.

Last W M. 1990. Lacustrine dolomite : An overview of modern, Holocene, and Pleistocene occurrences. Earth-Science Reviews, 27 (3) : 221-263.

Lee D. 2006. Neotectonism and hydrocarbon accumulation in HuangHua depression, China. Wuhan: China University of Geosciences Press.

Liu Y Q, Jiao X, Li H, et al. 2012. Primary dolostone formation related to mantle-originated exhalative hydrothermal activities, Permian Yuejingou section, Santanghu area, Xinjiang, NW China. Science China Earth Sciences, 55 (2) : 183-192.

Lundell L L, Surdam R C. 1975. Playa-lake deposition: Green River formation, Piceance Creek Basin, Colorado. Geology, 3 (9) : 493-497.

Luo P, Machel H G. 1995. Pore size and pore throat types in a heterogeneous dolostone reservoir, Devonian Grosmont formation, western Canada sedimentary basin. AAPG Bulletin, 79 (11) : 1698-1720.

Mange M A, Wright D T. 2007. Heavy Minerals in Use. Oxford: Elsevier.

Martin A J, Solomon S T, Hartmann D J. 1997. Characterization of petrophysical flow units in carbonate reservoirs. AAPG Bulletin, 81 (5) : 734-759.

Mason G M, Surdam R C. 1992. Carbonate mineral distribution and isotope-fractionation: An approach to depositional environment interpretation, Green River Formation, Wyoming, USA. Chemical Geology: Isotope Geoscience Section, 101 (3-4) : 311-321.

Mavromatis V, Schmidt M, Bot Z R, et al. 2012. Experimental quantification of the effect of Mg on calcite-aqueous fluid oxygen isotope fractionation. Chemical Geology, 310-311: 97-105.

McHargue T R, Price R C. 1982. Dolomite from clay in argillaceous or shale-associated marine carbonates. Journal of Sedimentary Research, 52(3): 873-886.

McLennan S M. 1989. Rare earth elements in sedimentary rocks; influence of provenance and sedimentary processes. Reviews in Mineralogy and Geochemistry, 21(1): 169-200.

McLennan S M, Hemming S, McDaniel D K, et al. 1993. Geochemical approaches to sedimentation, provenance, and tectonics. Special Papers-Geological Society of America, 284: 21-40.

Meister P, Reyes C, Beaumont W, et al. 2011. Calcium and magnesium-limited dolomite precipitation at Deep Springs Lake, California. Sedimentology, 58 (7) : 1810-1830.

Moosavirad S M, Janardhana M R, Sethumadhav M S, et al. 2011. Geochemistry of lower Jurassic shales of the Shemshak Formation, Kerman Province, Central Iran: Provenance, source weathering and tectonic setting. Chemie der Erde - Geochemistry, 71 (3) : 279-288.

Mowers T T, Budd D A. 1996. Quantification of porosity and permeability reduction due to calcite cementation using computer-assisted petrographic image analysis techniques. AAPG Bulletin, 80(3): 309-322.

Narr W, Suppe J. 1991. Joint spacing in sedimentary rocks. Journal of Structural Geology, 13(9): 1037-1048.

Nehring R. 2007. Growing and indispensable: the contribution of production from tight-gas sands to U. S. gas production// Understanding, Exploring, and Developing Tight-gas Sands. Tulsa: American Association of Petroleum Geologists: 1-5.

Nelson R A. 2001. Geologic Analysis of Naturally Fractured Reservoirs Second Edition. Woburn: Gulf Professional Publishing.

Nouri-Taleghani M, Kadkhodaie-llkhchi A, Karimi-Khaledi M. 2015. Determining hydraulic flow units using a hybrid neural network and multi-resolution graph-based clustering method: Case study from South Pars gasfield, Iran. Journal of Petroleum Geology, 38 (2) : 177-191.

Palmer M R, Edmond J M. 1989. The strontium isotope budget of the modern ocean. Earth and Planetary Science Letters, 92 (1) : 11-26.

Pettijohn F J, Potter P E, Siever R. 1987. Sand and Sandstone. 3rd. New York: Springer-Verlag.

Purser B, Tucker M, Zenger D. 1994. Dolomites : A Volume in Honour of Dolomieu. Oxford: Blackwell Scientific Publication.

Qian K, Wang S M, Liu S F, et al. 1982. Evaluation of salinity of lake water in Teriary of the Dongying depression. Acta Petrolei Sinica, (4) :95-102.

Rahimpour-Bonab H, Mehrabi H, Navidtalab A, et al. 2012. Flow unit distribution and reservoir modelling in cretaceous carbonates of the Sarvak formation, Abteymour oilfield, Dezful Embayment, Sw Iran. Journal of Petroleum Geology, 35 (3) : 213-236.

Remy R R, Ferrell R E. 1989. Distribution and origin of analcime in marginal lacustrine mudstones of the Green River Formation, south-central Uinta Basin, Utah. Clays and Clay minerals, 37 (5) : 419-432.

Renaut R W. 1993. Zeolitic diagenesis of late Quaternary fluviolacustrine sediments and associated calcrete formation in the Lake Bogoria Basin, Kenya Rift Valley. Sedimentology, 40 (2) : 271-301.

Ross C S. 1928. Sedimentary analcite. American Mineralogist, 13: 195-197.

Ross C S. 1941. Sedimentary analcite. American Mineralogist, 26: 627-629.

Roy P D, SmykatZ-Kloss W, Sinha R. 2006. Late Holocene geochemical history inferred from Sambhar and Didwana playa sediments, Thar Desert, India: Comparison and synthesis. Quaternary International, 144(1): 84-98.

Rudnick R L, Gao S. 2003. 3.01-Composition of the Continental Crust// Treatise on Geochemistry. Oxford: Pergamon: 1-64.

RuiZ R, Blanco C, Pesquera C, et al. 1997. ZeolitiZation of a bentonite and its application to the removal of ammonium ion from waste water. Applied Clay Science, 12 (1-2) : 73-83.

SáncheZ-Román M, McKenZie J A, de Luca Rebello Wagener A, et al. 2009. Presence of sulfate does not inhibit low-temperature dolomite precipitation. Earth and Planetary Science Letters, 285 (1-2) : 131-139.

Schieber J, Bose P K, Eriksson P, et al. 2007. Atlas of Microbial Mat Features Preserved within the Siliciclastic Rock Record. Amsterdam: Elsevier.

Shahvar M B, Kharrat R. 2012. Multiple-Zones flow unit modeling of Ilam and Sarvak carbonate formations of Iran through an integrated approach. Nigeria Annual International Conference and Exhibition, Lagos.

Sharma A, Sensarma S, Kumar K, et al. 2013. Mineralogy and geochemistry of the Mahi river sediments in tectonically active western India: Implications for Deccan large igneous province source, weathering and mobility of elements in a semi-arid climate. Geochimica et Cosmochimica Acta, 104: 63-83.

Sharp Z. 2006. Principles of Stable Isotope Geochemistry. New Jersey: Prentice Hall: 153-172.

Shields G, Stille P. 2001. Diagenetic constraints on the use of cerium anomalies as palaeoseawater redox proxies: An isotopic and REE study of Cambrian phosphorites. Chemical Geology, 175 (1-2) : 29-48.

Sibbit A M, Faivre O. 1985. The dual laterolog response in fractured rocks. SPWLA 26th Annual Logging Symposium, Texas.

Siddiqui S, Okasha T M, Funk J J, et al. 2006. Improvements in the selection criteria for the representative special core analysis samples. SPE Reservoir Evaluation & Engineering, 9(06): 647-653.

Surdam R C, Eugster H P. 1976. Mineral reactions in the sedimentary deposits of the Lake Magadi region, Kenya. Geological Society of America Bulletin, 87 (12) : 1739-1752.

Surdam R C, Wolfbauer C A. 1975. Green River Formation, Wyoming: A Playa-Lake Complex. Geological Society of America Bulletin, 86(3): 335-345.

Taylor R. 2009. Ore Textures: Recognition and Interpretation. Berlin Heidelberg: Springer.

Taylor S R, McLennan S M. 1985. The Continental Crust: Its Composition and Evolution. London: Blackwell: 57-72.

Utada M. 2001. Zeolites in hydrothermally altered rocks. Reviews in Mineralogy and Geochemistry, 45 (1) : 305-322.

Van Lith Y, Vasconcelos C, Warthmann R, et al. 2002. Bacterial sulfate reduction and salinity: Two controls on dolomite precipitation in Lagoa Vermelha and Brejo do Espinho (Brazil). Hydrobiologia, 485 (1-3) : 35-49.

Van Lith Y, Warthmann R, Vasconcelos C, et al. 2003a. Microbial fossilization in carbonate sediments: A result of the bacterial surface involvement in dolomite precipitation. Sedimentology, 50 (2) : 237-245.

Van Lith Y, Warthmann R, Vasconcelos C, et al. 2003b. Sulphate-reducing bacteria induce low-temperature Ca-dolomite and high Mg-calcite formation. Geobiology, 1 (1) : 71-79.

Vasconcelos C, McKenzie J A. 1997. Microbial mediation of modern dolomite precipitation and diagenesis under anoxic conditions (Lagoa Vermelha, Rio de Janeiro, Brazil). Journal of Sedimentary Research, 67 (3) : 378-390.

Vasconcelos C, McKenzie J A, Bernasconi S, et al. 1995. Microbial mediation as a possible mechanism for natural dolomite formation at low temperatures. Nature, 377 (6546) : 220-222.

Vasconcelos C, McKenZie J A, Warthmann R, et al. 2005. Calibration of the $\delta^{18}O$ paleothermometer for dolomite precipitated in microbial cultures and natural environments. Geology, 33 (4) : 317-320.

Wacey D, Wright D T, Boyce A J. 2007. A stable isotope study of microbial dolomite formation in the Coorong Region, South Australia. Chemical Geology, 244 (1-2) : 155-174.

Walker C T, Price N B. 1963. Departure curves for computing paleosalinity from boron in illites and shale. AAPG Bulletin, 47 (5) : 833-841.

Warren J. 2000. Dolomite: Occurrence, evolution and economically important associations. Earth-Science Reviews, 52 (1-3) : 1-81.

Warthmann R, van Lith Y, Vasconcelos C, et al. 2000. Bacterially induced dolomite precipitation in anoxic culture experiments. Geology, 28 (12) : 1091-1094.

Welton J E. 1984. SEM Petrology Atlas. Oklahoma: The American Association of Petroleum Geologists:

47-55.

Wen H G, Zheng R C, Qing H R, et al. 2013. Primary dolostone related to the Cretaceous lacustrine hydrothermal sedimentation in Qingxi Sag, Jiuquan Basin on the northern Tibetan Plateau. Science China: Earth Sciences, 56（12）: 2080-2093.

Wilkin R, Barnes H. 1998. Solubility and stability of zeolites in aqueous solution: I. Analcime, Na-, and K-clinoptilolite. American Mineralogist, 83（7-8）: 746-761.

Wolfbauer C A, Surdam R C. 1974. Origin of nonmarine dolomite in Eocene Lake Gosiute, Green River Basin, Wyoming. Geological Society of America Bulletin, 85（11）: 1733-1740.

Wright D T. 1999. The role of sulphate-reducing bacteria and cyanobacteria in dolomite formation in distal ephemeral lakes of the Coorong region, South Australia. Sedimentary Geology, 126（1-4）: 147-157.

Wright D T, Wacey D. 2004. Sedimentary dolomite: A reality check. London: Geological Society. Special Publications, 235（1）: 65-74.

Wright D T, Wacey D. 2005. Precipitation of dolomite using sulphate-reducing bacteria from the Coorong Region, South Australia: Significance and implications. Sedimentology, 52（5）: 987-1008.

Wright V P, Harris P M. 2013. Carbonate dissolution and porosity development in the burial（Mesogenetic）environment. AAPG Annual Convention and Exhibition, Pennsylvania.

Yang J H, Wu F Y, Wilde S A, et al. 2008. Petrogenesis of an Alkali Syenite-Granite-Rhyolite Suite in the Yanshan Fold and Thrust Belt, Eastern North China Craton: Geochronological, geochemical and Nd-Sr-Hf Isotopic evidence for lithospheric thinning. Journal of Petrology, 49(2): 315-351.

Yang X F, He D F, Wang Q C, et al. 2012. Provenance and tectonic setting of the carboniferous sedimentary rocks of the east Junggar basin, China: Evidence from geochemistry and U-Pb zircon geochronology. Gondwana Research, 22（2）: 567-584.

Zeng L, Su H, Tang X, et al. 2013. Fractured tight sandstone oil and gas reservoirs: A new play type in the Dongpu depression, Bohai bay basin, China. AAPG Bulletin, 97(3): 363-377.

Zenger D H, Bourrouilh-Le Jan F G, CaroZZi A V. 1994. Dolomieu and the First Description of Dolomite// Dolomites: A Volume in Honour of Dolomieu. Oxford: Blackwell Scientific Publications.

Zhao H, Jones B. 2013. Distribution and interpretation of rare earth elements and yttrium in cenozoic dolostones and limestones on Cayman Brac, British West Indies. Sedimentary Geology, 284-285: 26-38.

附　　录

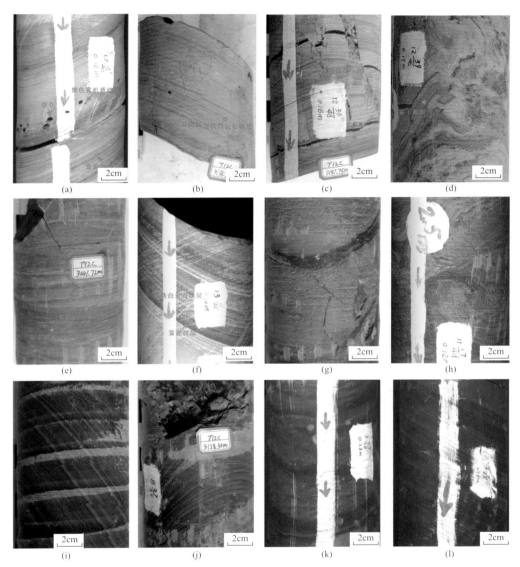

图 1　塘沽地区沙三 5 亚段典型白云岩类及泥岩类岩心照片

（a）灰白色白云岩，下部及上部水平纹理发育，中部发育块状层理，见溶孔及黑色有机质结核，3146.42m；（b）灰白色白云岩，水平纹理发育，富方沸石纹层及富铁白云石纹层垂向交替产出，3150.19m；（c）灰白色白云岩，水平纹理发育，富方沸石纹层及富铁白云石纹层垂向交替出现，亦见褐灰色富干酪根纹层夹于其中，3151.75m；（d）灰白色白云岩，强烈揉皱变形形成包卷层理构造，3152.46m；（e）浅灰色泥质白云岩，水平纹理发育，3141.72m；（f）褐灰色泥质白云岩，富泥纹层、富方沸石纹层交替产出，3155.4m；（g）暗黄色泥质白云岩，块状层理发育，中间夹薄层泥岩，3135.97m；（h）浅灰色泥质白云岩，局部见强烈褶皱后形成的揉皱层理，3140.2m；（i）浅褐色白云质泥岩，水平纹理发育，富暗色纹层出现频率高，间夹富方沸石和白云石亮色纹层，3129.72m；（j）深灰色白云质泥岩，水平纹理发育，3128.3m；（k）块状深灰色白云质泥岩，内部难见纹层，上部及下部为水平纹理泥岩，3114.6m；（l）灰黑色泥岩，水平纹理发育，3094.45m

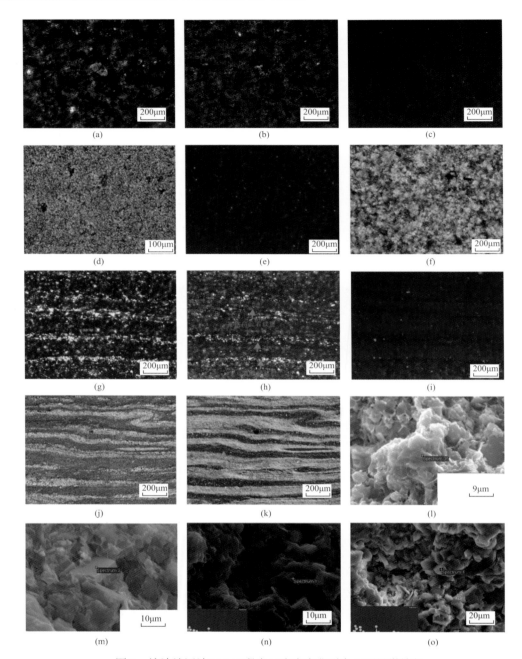

图2 塘沽地区沙三5亚段白云岩类中典型白云石显微特征

（a）均匀分散的白云石，块状纹理白云岩，3148.86m，（－）；（b）正交偏光（＋）；（c）（CL）视野同（a）；（d）粉晶白云石均匀分散于基质中，块状层理泥质白云岩，3140.67m，（－）；（e）（＋）视野同（d）；（f）染色后呈蓝色的粉晶白云石，块状层理泥质白云岩，3127.98m，（＋）；（g）泥晶白云石主要集中于富铁白云石纹层之中，富粉砂纹层中亦见少量白云石，水平纹理白云岩，3146.4m，（－）；（h）（CL）、（i）（＋）视野同（g）；（j）泥晶白云石在富铁白云石纹层中聚集，在富方沸石纹层中相对分散，水平纹理泥质白云岩，3135.22m，（－）；（k）（＋）视野同（j）；（l）他形晶，难观察到其形貌，水平纹理白云岩，3138.75m；（m）他形晶，旁边矿物为方沸石，块状白云岩，3139.82m；（n）菱面形白云石，水平纹理泥质白云岩，3121m；（o）菱面形白云石，水平纹理白云岩，3152.12m

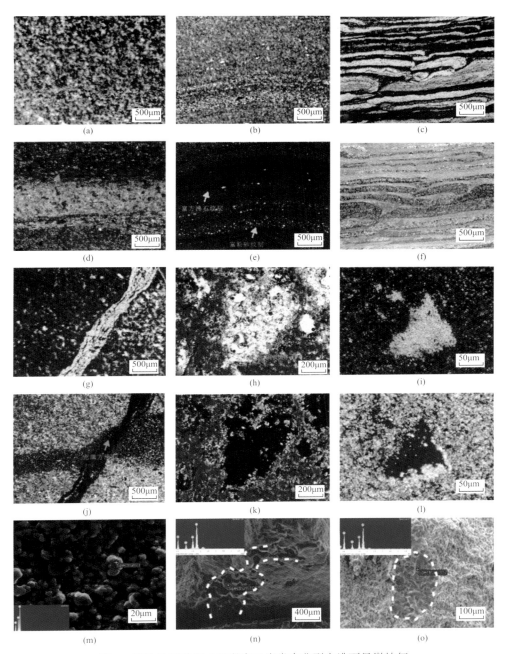

图 3　塘沽地区沙三 5 亚段白云岩类中典型方沸石显微特征

（a）富方沸石纹层与富铁白云石纹层交替产出，水平纹理白云岩，3146.4m，（－）；（d）（+）视野同（a）；（b）富方沸石纹层与富粉砂纹层垂向交替出现，水平纹理白云岩，3151.64m，（－）；（e）（+）视野同（b）；（c）富方沸石纹层、富干酪根纹层及富泥纹层垂向上交替产出，水平纹理泥质白云岩，3129.42m，（－）；（f）（+）视野同（c）；（g）裂缝充填方沸石切穿富白云石及富方沸石纹层，水平纹理泥质白云岩，3131.05m，（－）。（j）（+）视野同（g）；（h）溶孔充填方沸石，块状层理白云岩，3145.1m，（－）；（k）（+）视野同（h）；（i）基质中的斑块型方沸石，块状层理泥质白云岩，3127.98m，（－）；（l）（+）视野同（i）；（m）近球状他形方沸石，纹层状泥质白云岩，3128.14m；（n）裂缝充填粉晶方沸石，水平纹理泥质白云岩，3828.58m，TG 29-3 井；（o）溶孔充填方沸石，水平纹理泥质白云岩，3828.58m，塘 39-3 井

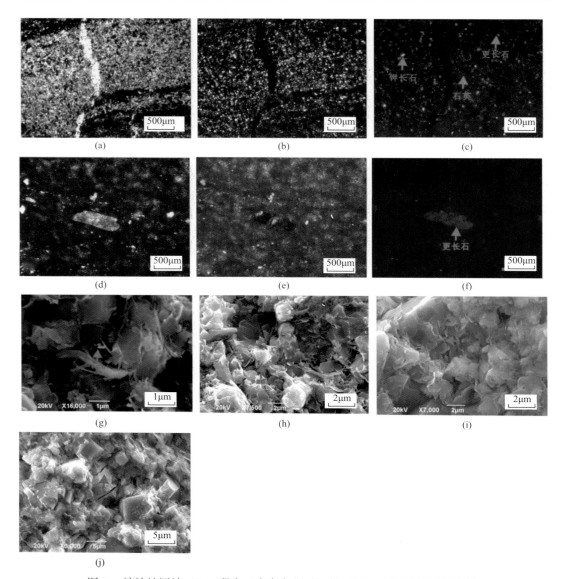

图 4　塘沽地区沙三 5 亚段白云岩类中典型石英、长石及黏土矿物显微特征

（a）石英及长石聚集于富粉砂纹层之中，（－）；（b）（＋）及（c）（CL）与（a）为同一视野；（d）细砂级长石"漂浮"在基质之中，水平纹理白云岩，3152.7 m；（e）（－）及（f）（CL）与（d）为同一视野；（g）丝缕状伊利石呈搭桥状充填于孔隙之中，水平纹理白云岩，3145.28m；（h）丝缕状伊利石及片状蒙脱石组成伊蒙混层，水平纹理白云岩，3147.78m；（i）片状蒙脱石充填于孔隙之中，水平纹理泥质白云岩，3121m；（j）长石（？）颗粒表面呈蜂窝状的蒙脱石，水平纹理泥质白云岩，3121m

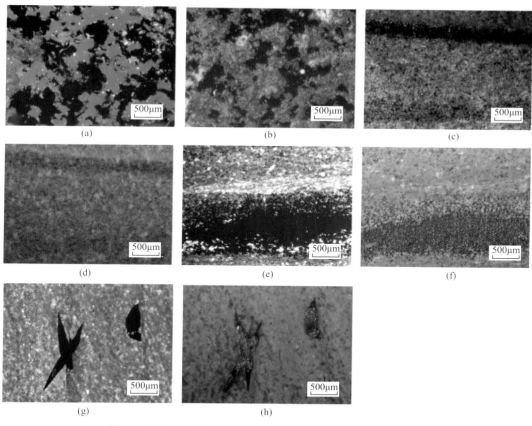

图 5　塘沽地区沙三 5 亚段白云岩类中典型黄铁矿显微特征

（a）岩心黑色结核内部结构，黑色物质富含黄铁矿，块状层理白云岩，3147.29m，（－）；（b）视野同（a），为反射光照片；（c）黄铁矿微粒聚集于纹层中，水平纹理泥质白云岩，3143.17m，（－）；（d）视野同（c），为反射光照片；（e）富黄铁矿条带，水平纹理泥质白云岩，3123.89 m，（－）；（f）视野同（e），为反射光照片；（g）富黄铁矿碎片斑块，水平纹理泥质白云岩，3152.7m；（h）视野同（g），为反射光照片

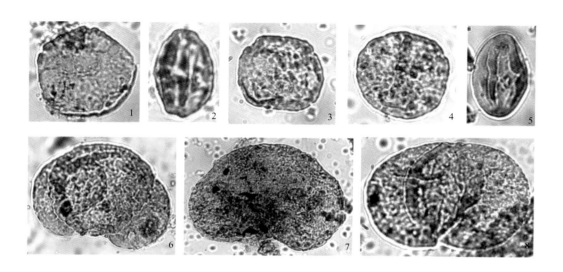

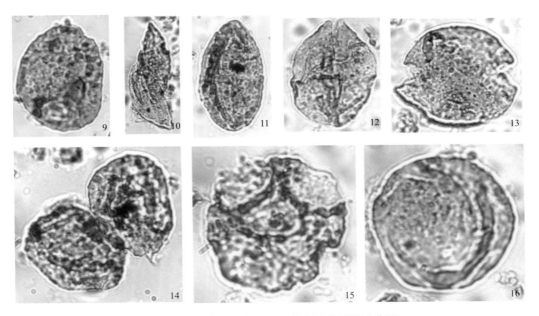

图 6　塘沽地区沙三 5 亚段孢粉及藻类属种图

高地针叶植物花粉：1 ～ 3. *Pinuspollenites*，松粉属；落叶阔叶植物花粉：4. *Juglancepollenites*，胡桃粉属；5. *Quercoidites*，栎粉属；6，7. *Ulmipollenites*，榆粉属；8. *Meliacoidites*，楝粉属；喜湿生的植物孢子和花粉：9. *Polypodiaceaesporites*，水龙骨单缝孢属；10. *Taxodiaceaepollenites*，杉粉属；喜旱生的植物花粉：11. *Ephedripites*，麻黄粉属；海相甲藻门植物孢子：12. *Paraperidimium*，多甲藻属；半咸水生活的疑源类植物孢子：13. *Psiloschizosporis*，对裂藻；淡水生活的疑源类植物孢子：14. *Rugasphaera*，皱面球藻属；15. *Dictyotidium*，网面球藻属；16. *Granodisusgranulatus*，粒面球藻

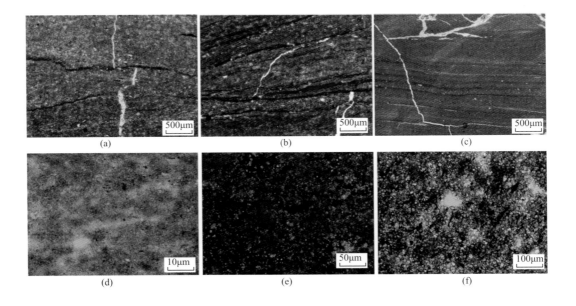

图 7　塘沽地区沙三 5 亚段白云石化相关现象

（a）微生物席，水平纹理白云岩，3152.92m；（b）微生物席，水平纹理泥质白云岩，3141.12m；（c）微生物席，水平纹理泥质白云岩，3833.39m，TG 29-3 井；（d）泥晶白云石，形状不规则，水平纹理泥质白云岩，3160.39 m，（－）；（e）泥晶白云石，形状不规则，3140.67m，（+）；（f）粉晶白云石，形状不规则，水平纹理泥质白云岩，3100.07m；（g）近球形白云石，纹层状白云质泥岩，3158.37m；（h）近球形白云石，块状层理白云岩，3158m，（+）；（i）近球形白云石，纹层状白云岩，3151.75m

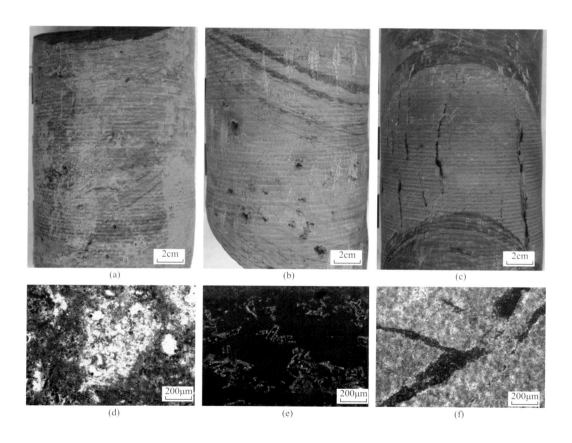

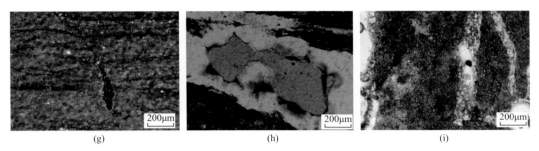

图8　塘沽地区沙三5亚段典型溶蚀现象

　　（a）分散针状溶孔发育（红色箭头处），水平纹理泥质白云岩，3140.91m；（b）灰白色块状白云岩，豆状溶孔发育（红色箭头处），块状层理白云岩，3144.96m；（c）溶缝发育，块状层理泥质白云岩，3161.88m；（d）盐结核溶蚀形成盐模孔，溶蚀孔内部充填的方沸石再次发生溶蚀形成第二期溶蚀孔，块状层理白云岩，3145.1m，（－）（e）盐结核溶蚀形成盐模孔，盐模孔形成后被方沸石充填，块状层理白云岩，3152.12m，（＋）；（f）局部扩大的溶蚀缝，水平纹理泥质白云岩，3140.67m，（＋）；（g）溶缝，水平纹理白云岩，3151.65m，（＋）；（h）微裂缝，缝内充填方沸石发生溶蚀形成溶孔，铸体薄片，泥质白云岩，3116.79m，（－）；（i）微裂缝，缝内充填方沸石部分发生溶蚀，沥青残留于裂缝内及浸染两侧基质，水平纹理泥质白云岩，3140.67m，（－）

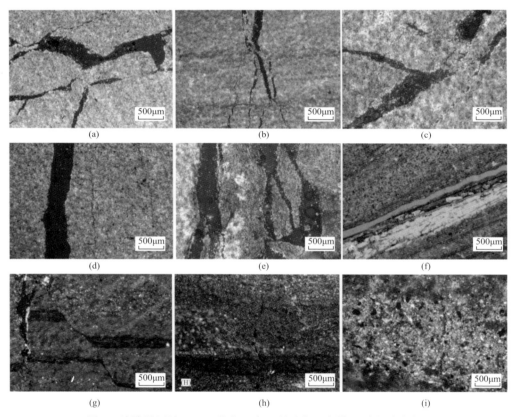

图9　塘沽地区沙三5亚段白云岩、泥质白云岩微观裂缝裂缝特征

　　（a）泥质泥晶白云岩，网状裂缝发育，正交偏光，10×5，3140.67m；（b）泥质泥晶白云岩，帚状裂缝组合，正交偏光，10×5，3126.54m；（c）泥质泥晶白云岩，网状裂缝组合，正交偏光，10×5，3140.67m；（d）含泥泥晶白云岩，小裂缝发育，右侧见两条微裂缝，正交偏光，10×10，3131.05m；（e）泥质泥晶白云岩，帚状裂缝组合，正交偏光，10×5，3140.67m；（f）泥晶白云岩，顺层裂缝，单偏光，铸体薄片，10×10，3143.17m；（g）泥晶白云岩，小裂缝及闭合缝切穿纹层，正交偏光，10×5，3151.65m；（h）泥晶白云岩，微裂缝切穿方沸石纹层，正交偏光，10×5，3143.17m；（i）泥晶白云岩，微裂缝碎屑纹层正交偏光，10×10，3145.73m

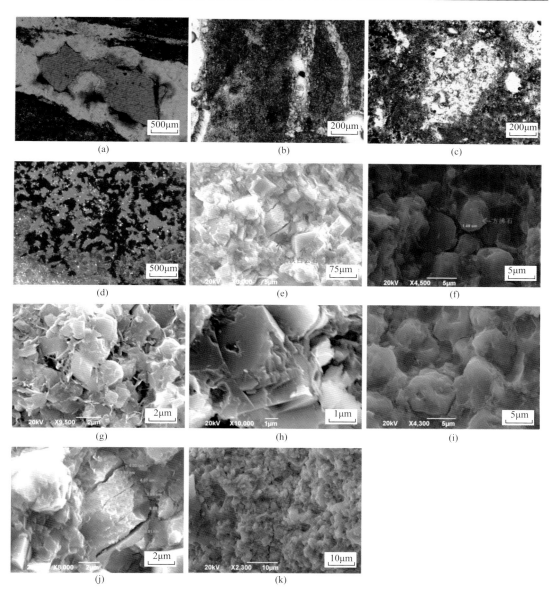

图 10　塘沽地区沙三 5 亚段典型微观孔隙特征

（a）方沸石裂缝充填溶蚀孔，内附沥青，铸体薄片，3116.79 m，（一）；（b）方沸石裂缝充填溶蚀孔，两侧基质为沥青浸染，3140.67m，（一）；（c）方沸石溶孔充填溶蚀孔，3145.1m，（一）；（d）黑色有机质颗粒，内部孔隙极为发育，3147.29m，（+）；（e）铁白云石晶间孔，3121m；（f）方沸石晶间孔，3138.75m；（g）晶间孔为伊利石矿物充填，3147.78m；（h）铁白云石晶内孔，3158.78m；（i）方沸石晶内孔，3158.78m；（j）视野同（e），局部放大，矿物晶粒破裂形成的晶内微裂缝；（k）微裂缝，缝宽小于 1μm，3145.28m

彩 图

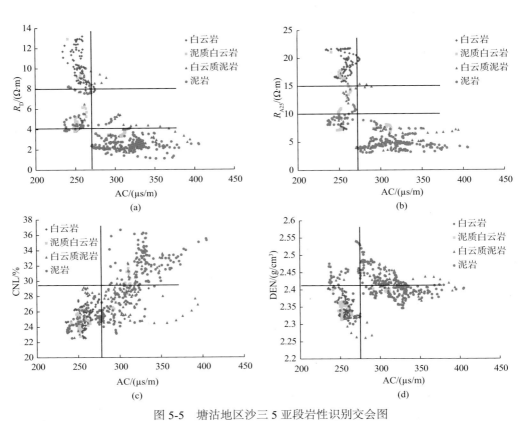

图 5-5 塘沽地区沙三 5 亚段岩性识别交会图

（a）AC-R_D 交会图；（b）AC-R_{A25} 交会图；（c）AC-CNL 交会图；（d）AC-DEN 交会图

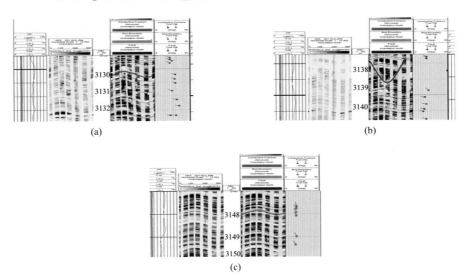

图 8-12 TG2C 井 XRMI 电成像测井解释成果图

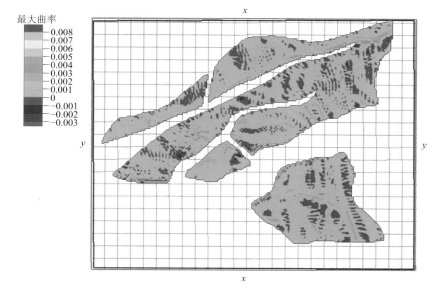

图 8-18　塘沽地区沙三 5 亚段 1 小层顶面最大曲率分布图

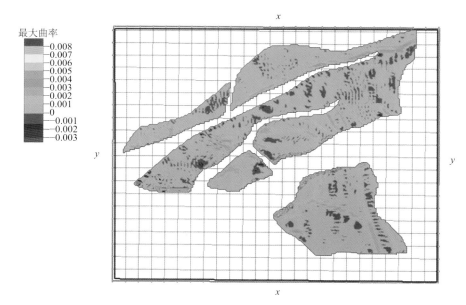

图 8-19　塘沽地区沙三 5 亚段 2 小层顶面最大曲率分布图

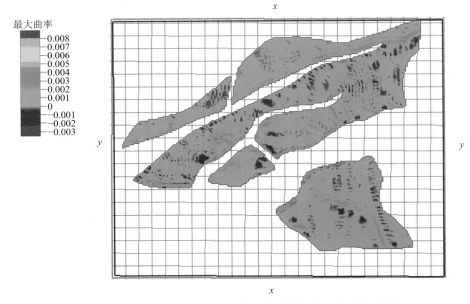

图 8-20　塘沽地区沙三 5 亚段 3 小层顶面最大曲率分布图

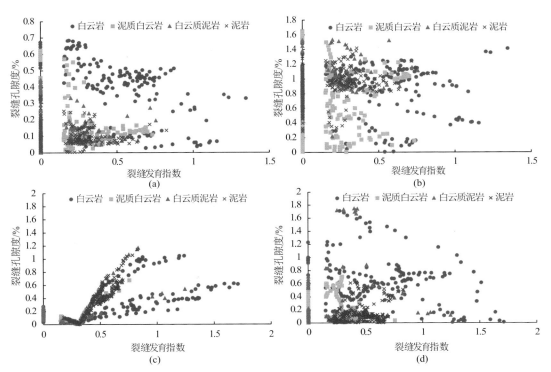

图 11-8　TG2C 井 [(a)、(b)] 及 TG19-16C 井 [(c)、(d)] 裂缝孔隙度与裂缝发育指数关系

(a) 和 (c) 为 R_M - R_D 结果，(b) 和 (d) 为 R_S - R_D 结果

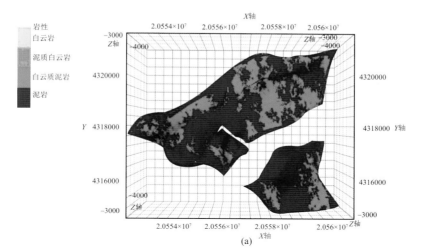

(a)

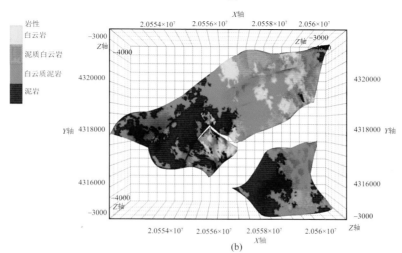

(b)

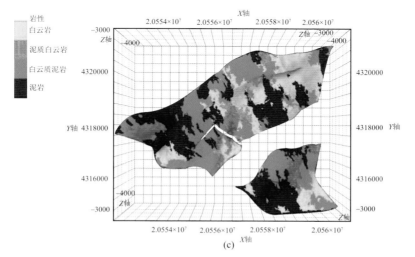

(c)

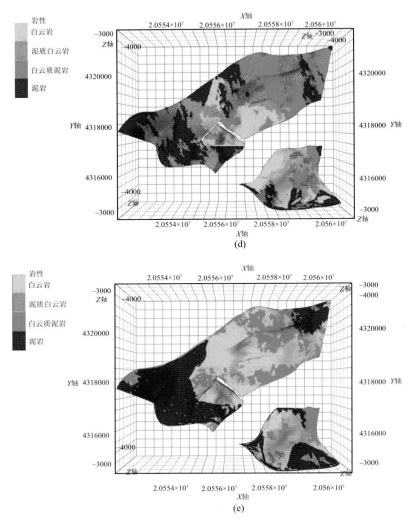

图 11-20　塘沽地区岩性沙三 5 亚段 1 小层建模

（a）沙三 5 亚段 2-1 小层；（b）沙三 5 亚段 2-2 小层；（c）沙三 5 亚段 3-1 小层；（d）沙三 5 亚段 3-2 小层；（e）三维图

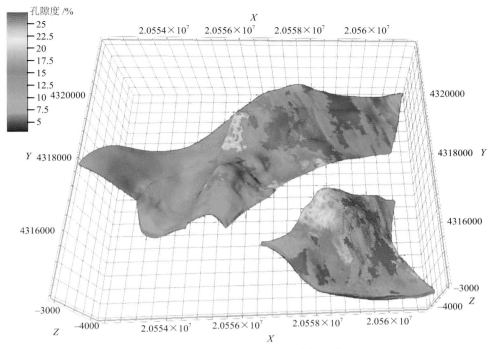

图 11-21　塘沽地区孔隙度建模 $Es_3^5$3-1 顶

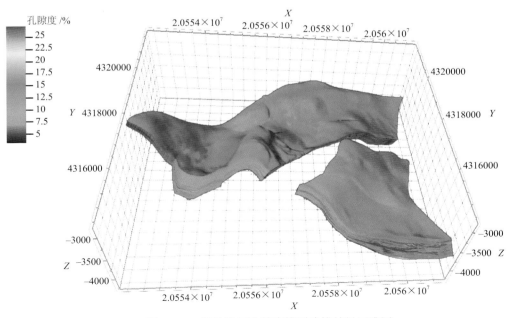

图 11-22　塘沽地区孔隙度模型建模结果三维图

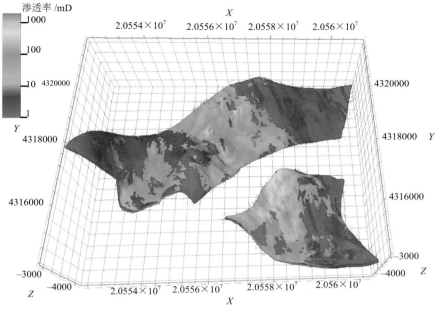

图 11-24　塘沽地区渗透率建模沙三 5 亚段 3-1 顶

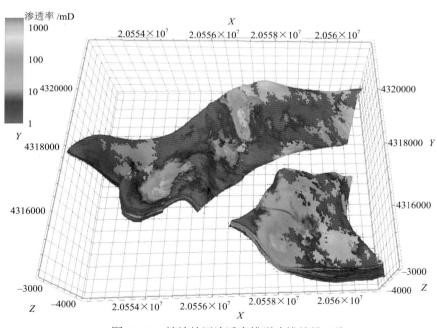

图 11-25　塘沽地区渗透率模型建模结果三维